住房城乡建设部土建类学科专业“十三五”规划教材
高等学校土木工程专业应用型人才培养规划教材

工程地质

姜景山　主　编
徐　杨　梁化强　副主编
施　斌　主　审

中国建筑工业出版社

图书在版编目（CIP）数据

工程地质/姜景山主编. —北京：中国建筑工业出版社，2016.6（2023.3重印）
住房城乡建设部土建类学科专业“十三五”规划教材. 高等学校土木工程专业应用型人才培养规划教材
ISBN 978-7-112-19391-2

Ⅰ.①工… Ⅱ.①姜… Ⅲ.①工程地质-高等学校-教材 Ⅳ.①P642

中国版本图书馆CIP数据核字（2016）第087056号

工程地质是高等学校土木工程专业本科生的一门专业基础课。本教材阐述了工程地质的基本理论、常见的工程地质问题及防治措施。

全书除绪论外共有9章，分为两部分，第一部分是基础地质知识（第2章矿物和岩石，第3章地层与地质构造，第4章水的地质作用）；第二部分是工程地质知识（第5章岩土体的工程性质，第6章常见的地质灾害，第7章地基工程的地质问题，第8章地下工程的地质问题，第9章边坡工程的地质问题，第10章工程地质勘察）。本书通俗易懂、言简意赅、注重实践、内容丰富、重点突出、图文并茂，便于教学和自学。

本书可作为高等学校土木工程专业应用型人才培养教材，亦可作为土木工程技术人员或成人教育的参考书和教材。

为了更好地支持教学，我社向采用本书作为教材的教师提供课件，有需要者可与出版社联系，索取方式如下：建工书院 http://edu.cabplink.com，邮箱 jckj@cabp.com.cn，电话（010）58337285。

* * *

责任编辑：仕 帅 吉万旺 王 跃
责任设计：韩蒙恩
责任校对：刘梦然 关 健

住房城乡建设部土建类学科专业“十三五”规划教材
高等学校土木工程专业应用型人才培养规划教材
工程地质
姜景山 主 编
徐 杨 梁化强 副主编
施 斌 主 审
*
中国建筑工业出版社出版、发行（北京海淀三里河路9号）
各地新华书店、建筑书店经销
霸州市顺浩图文科技发展有限公司制版
北京建筑工业印刷厂印刷
*
开本：787×1092毫米 1/16 印张：14½ 字数：354千字
2017年3月第一版 2023年3月第六次印刷
定价：**30.00**元（赠教师课件）
ISBN 978-7-112-19391-2
（28659）

高等学校土木工程专业应用型人才培养规划教材
编委会成员名单

（按姓氏笔画排序）

出版说明

近年来，我国高等教育教学改革不断深入，高校招生人数逐年增加，对教材的实用性和质量要求越来越高，对教材的品种和数量的需求不断扩大。随着我国建设行业的大发展、大繁荣，高等学校土木工程专业教育也得到迅猛发展。江苏省作为我国土木建筑大省、教育大省，无论是开设土木工程专业的高校数量还是人才培养质量，均走在了全国前列。江苏省各高校土木工程专业教育蓬勃发展，涌现出了许多具有鲜明特色的应用型人才培养模式，为培养适应社会需求的合格土木工程专业人才发挥了引领作用。

中国土木工程学会教育工作委员会江苏分会（以下简称江苏分会）是经中国土木工程学会教育工作委员会批准成立的，其宗旨是为了加强江苏省具有土木工程专业的高等院校之间的交流与合作，提高土木工程专业人才培养质量，促进江苏省建设事业的蓬勃发展。中国建筑工业出版社是住房城乡建设部直属出版单位，是专门从事住房城乡建设领域的科技专著、教材、标准规范、职业资格考试用书等的专业科技出版社。作为本套教材出版的组织单位，在教材编审委员会人员组成、教材主参编确定、编写大纲审定、编写要求拟定、计划出版时间以及教材特色体现和出版后的营销宣传等方面都做了精心组织和协调，体现出了其强有力的组织协调能力。

经过反复研讨，《高等学校土木工程专业应用型人才培养规划教材》定位为以普通应用型本科人才培养为主的院校通用课程教材。本套教材主要体现适用性，充分考虑各学校土木工程专业课程开设特点，选择20种专业基础课、专业课组织编写相应教材。本套教材主要特点为：抓住应用型人才培养的主线；编写中采用先引入工程背景再引入知识，在教材中插入工程案例等灵活多样的方式；尽量多用图、表说明，减少篇幅；编写风格统一；体现绿色、节能、环保的理念；注重学生实践能力的培养。同时，本套教材编写过程中既考虑了江苏的地域特色，又兼顾全国，教材出版后力求能满足全国各应用型高校的教学需求。为满足多媒体教学需要，我们要求所有教材在出版时均配有多媒体教学课件。

本套《高等学校土木工程专业应用型人才培养规划教材》是中国建筑工业出版社成套出版区域特色教材的首次尝试，对行业人才培养具有非常重要的意义。今年正值我国“十三五”规划的开局之年，本套教材有幸整体入选《住房城乡建设部土建类学科专业“十三五”规划教材》。我们也期待能够利用本套教材策划出版的成功经验，在其他专业、其他地区组织出版体现区域特色的教材。

希望各学校积极选用本套教材，也欢迎广大读者在使用本套教材过程中提出宝贵意见和建议，以便我们在重印再版时得以改进和完善。

中国土木工程学会教育工作委员会江苏分会
中国建筑工业出版社
2016年12月

前　言

工程地质是高等学校土木工程专业本科生的一门专业基础课。本课程系统地阐述了工程地质的基本理论、常见的工程地质问题及防治措施。通过本课程的学习，使学生了解工程建设中常见的工程地质现象和问题以及对工程建设的影响，能正确提出相应的防治措施；了解工程地质勘察的任务和要求，能合理利用勘察成果解决规划、设计、施工等过程中出现的问题。

本书是中国土木工程学会教育委员会江苏分会和中国建筑工业出版社共同策划的高等学校土木工程专业应用型人才培养规划教材。本书结合高等学校土木工程专业应用型人才培养的特点和《高等学校土木工程本科指导性专业规范》对该课程的基本要求进行编写。本着通俗易懂、言简意赅、注重实践的编写原则，在章节设计和编写内容方面力求深入浅出地介绍相关的工程地质知识，并采用新规范、新技术和新材料，反映最新的专业知识和学科发展动态，适用于应用型高等学校土木工程专业本科的教学。

本书的第1章、第2章、第5章、第7章、第10章由南京工程学院姜景山编写，第3章、第4章和第6章由金陵科技学院徐杨编写，第8章和第9章由徐州工程学院梁化强编写，全书最后由姜景山统稿。

本书编写过程中参考了大量的教材、著作、论文及其他资料，在此对相关作者表示感谢。由于参考文献较多，部分参考文献可能未在书末一一列出，在此表示歉意。

本书由南京大学施斌教授主审，施斌教授对本书的编写提出了许多宝贵的意见和建议，在此表示衷心的感谢。河海大学高磊副教授也详细地审阅了本书并提出了许多宝贵的建议，在此一并表示衷心的感谢。

在本书出版过程中，得到了中国建筑工业出版社的领导和编辑老师的大力支持和帮助，特别是编辑仕帅老师为本书的最终出版做了大量认真细致的工作，在此表示衷心的感谢。

此外，教材编写过程中，南京工程学院的本科生费寒蕊和吴可帮助绘制了部分章节的插图，在此表示感谢！

由于编者水平有限，加上编写时间比较仓促，书中不当之处在所难免，恳请大家批评指正，以便在修订时及时更正，编者将不胜感激。

编　者

2016 年 5 月

目　录

第1章　绪　　论

本章要点及学习目标

本章要点：

(1) 了解地质学与工程地质学的概念。

(2) 掌握工程地质条件与工程地质问题的概念。

(3) 掌握工程地质学的主要研究目的和研究内容。

学习目标：

(1) 了解地质学与工程地质学之间的关系。

(2) 掌握地质环境与工程建设之间的相互关系。

(3) 掌握工程地质学在土木工程建设中的作用。

1.1　工程地质学的主要研究内容

1.1.1　地质学及主要研究内容

地质学是一门研究地球的自然科学，主要研究固体地球表层的组成、构造、形成和演化等方面的内容。

（1）研究组成地球的物质。有矿物学、岩石学、地球化学等分支学科。

（2）研究地壳与地球的构造特征。研究岩石或岩石组合的空间分布，分支学科有区域地质学、构造地质学、地球物理学等。

（3）研究地球的历史及生物的演化。分支学科有地史学、古生物学等。

（4）研究分析地质学的方法及手段。如同位素地质学、遥感地质学、数学地质学等。

（5）研究应用地质学。为工程建设、资源探寻、环境地质分析服务。

1.1.2　工程地质学及主要研究内容

1.1.2.1　工程地质学

工程地质学是地质学的一个分支，是研究与工程建设有关的地质问题的学科。工程地质学从生产实践中发展起来，已成为一门独立的学科。

地壳表层是进行工程建设活动的场所，因此，地壳表层的地质环境必然对土木工程的安全性和经济性等方面带来影响。

2014 年 5 月 2 日阿富汗东北部巴达赫尚省的一处偏远山区发生山体滑坡，共造成近 2700 人死亡，原因是连续多日降雨造成自然地质环境恶化，从而引发重大地质灾害，见

图 1-1。

图 1-1 地质环境恶化引发的山体滑坡

同时，工程建设活动反过来又会影响地质环境，甚至引发地质灾害。因此，地质环境与工程建设活动之间既相互作用又相互制约。

2015 年 12 月 20 日深圳光明新区恒泰裕工业园发生山体滑坡，滑坡覆盖面积约 38 万 m^2，淤泥渣土厚度达数米至数十米不等，造成 33 栋建筑物被掩埋或受损，70 多人死亡或失踪，是一起典型的由不当的人类工程活动所造成的地质灾害，见图 1-2。

1.1.2.2 工程地质条件

影响工程建设的地质因素有很多，如地形地貌、地质构造、水文地质条件、物理地质现象、岩土类型及工程性质、地理物质环境、天然建筑材料等，这些因素都会对工程建设活动带来一定的影响。如软土地区修建建筑，若地基不经处理很可能产生地基剪切破坏、沉降或不均匀沉降过大等问题，从而造成建筑物的破坏。把与工程建设有关的地质因素的综合称之为工程地质条件。

1.1.2.3 工程地质问题

工程地质问题是指工程地质条件与建筑物之间存在的矛盾或问题。由于工程地质条件复杂多变，加上建筑的类型、规模、结构形式等不尽相同，对工程地质条件的要求也不一样，因此，工程地质问题是复杂多样的。

1.1.2.4 工程地质学的研究目的及主要研究内容

工程地质学的研究目的在于：

（1）查明建筑场地的工程地质条件。

（2）分析和预测可能存在或发生的工程地质问题及其对工程建设的影响。

（3）选择最佳的建筑场地。

（4）提出防治不良地质作用的工程措施。

（5）为工程建设的规划、设计、施工和运营提供可靠地质依据。

工程地质学的主要研究内容有：

（1）岩土体的分布及工程性质研究。

（2）不良地质现象及防治研究。

(a)

恒泰裕工业园　红坳村　柳溪工业园　滑坡前

恒泰裕工业园　红坳村　柳溪工业园　滑坡现场　滑坡后

(b)

图 1-2　人为因素引起的山体滑坡

(a) 滑坡现场；(b) 滑坡前后影像对比

(3) 工程地质勘察技术研究。

(4) 区域工程地质研究。

1.2　工程地质在土木工程中的作用

各种土木工程（如房建、水利、矿山、公路、铁路、机场等工程）都是修建在地表或地下的工程建筑。这些工程在规划、设计、施工和运营阶段都离不开工程地质工作。大量工程实践表明，在工程建设过程中进行详细的工程地质勘察，就能保证工程在施工和运营阶段的安全。反之，不重视工程地质工作，就会给工程建设带来隐患，轻者修改设计、增加投资、延长工期，重者会使建筑物损害，甚至导致人员伤亡。

湖北远安县盐池河磷矿，在生产过程中对崩塌的重视和了解程度不足，导致在 1980 年 6 月 3 日发生了重大崩塌灾害，标高 839m 的鹰嘴崖部分山体从 700m 标高处俯冲到 500m 标高的谷地，岩体崩塌量达 100 万 m^3，最大岩块有 2700 多吨重，顷刻之间，盐池河上筑起一座高达 38m 的堤坝，气浪将磷矿的五层大楼冲撞到对岸山坡上击碎，共造成 307 人死亡，见图 1-3。

图 1-3 湖北远安县盐池河崩塌

1.3 工程地质课程的主要内容和学习要求

工程地质课程是土木工程专业的一门专业基础课，是应用工程地质的基本理论和知识解决工程建设中各种地质问题的一门学科。

本课程主要由两部分组成，即基础地质部分（第 2～4 章）和工程地质部分（第 5～10 章），共 9 章，如图 1-4 所示。

- 工程地质
  - 基础地质
    - 第 2 章 矿物和岩石（主要造岩矿物的类型、特征，三大岩类的成因、组成、结构和构造等）
    - 第 3 章 地层与地质构造（地壳运动、地质作用、岩层、产状、地层的概念，褶皱构造、断裂构造对工程建筑的影响，地质图）
    - 第 4 章 水的地质作用（地表水与地下水的地质作用）
  - 工程地质
    - 第 5 章 岩土体的工程性质（风化作用，岩土的工程分类，岩土和特殊土的工程性质）
    - 第 6 章 常见的地质灾害（滑坡、泥石流、崩塌、岩堆、岩溶、地震、地面沉降等地质灾害及防治）
    - 第 7 章 地基工程的地质问题（地基工程地质问题及防治措施）
    - 第 8 章 地下工程的地质问题（岩体、岩体结构及地应力的概念，洞室围岩变形与破坏的类型、围岩的分类、稳定性分析及防治措施）
    - 第 9 章 边坡工程的地质问题（边坡的变形与破坏、稳定性分析及防治措施）
    - 第 10 章 工程地质勘察（勘察的目的、任务、阶段、内容和方法，岩土物理力学性质试验，长期观测，勘察资料整理）

图 1-4 工程地质课程的主要内容

作为土木工程专业的本科生，经过本课程的学习后应达到以下要求：

(1) 掌握工程地质的基本理论和知识，能正确应用工程勘察资料进行施工和设计。

(2) 了解常见地质灾害的形成条件，掌握常见地质灾害的防治措施。

(3) 熟悉土木工程中常见的地质问题，掌握工程建设过程中常见地质问题的防治措施。

(4) 了解工程地质勘察的内容、方法和成果要求，能对一般工程开展地质勘察工作。

本章小结

(1) 工程地质学是地质学的一个重要分支学科，主要研究与工程建设有关的地质问题，是一门应用性很强的学科。

(2) 工程建设与地质环境之间既相互作用又相互制约，地质环境各项因素的综合组成了工程地质条件，工程地质条件与工程建设之间的矛盾和问题产生了工程地质问题。

(3) 任何土木工程都是修建于地表或地下的工程建筑，工程建设过程中都应开展并重视工程地质工作，保证工程建筑的安全，避免工程地质问题给建筑带来的安全隐患。

思考与练习题

1-1 工程地质学与地质学之间的相互关系是怎样的?

1-2 工程活动与地质环境之间的相互关系是怎样的?

1-3 什么是工程地质条件? 什么是工程地质问题?

1-4 工程地质学的主要研究内容是什么?

1-5 工程地质学在土木工程中的作用是什么?

1-6 工程地质课程学习的基本要求是什么?

第 2 章　矿物和岩石

本章要点及学习目标

本章要点：
(1) 理解矿物的形态、光学性质和力学性质。
(2) 掌握主要造岩矿物的鉴定特征。
(3) 掌握三大岩石的成因、产状、成分、结构和构造等。
(4) 掌握三大岩石的识别与分类。
学习目标：
(1) 掌握主要造岩矿物的性质及鉴别方法。
(2) 掌握三大岩类的鉴定方法。

2.1　地球概况

2.1.1　地球的形状和大小

地球是一个不规则的椭球体，赤道半径（6378km）比极地半径（6357km）略大，表面也参差起伏。地球总表面积约为 $5.1\times10^8km^2$，陆地面积约占 29.2%，海洋面积约占 70.8%。

2.1.2　地球的圈层构造

地球由内部圈层（地壳、地幔和地核）和外部圈层（大气圈、水圈和生物圈）两部分组成，如图 2-1 所示。

2.1.2.1　内部圈层

地球是由不同物质、不同状态的圈层组成的，从地表到地心根据莫霍面和古登堡面可将地球分为地壳、地幔和地核三个内部圈层。

1. 地壳

地壳是指莫霍面以上地球表面的一层薄壳，平均厚度约为 33km，陆壳较厚，约 15～80km，洋壳较薄，约 2～11km。地壳主要由镁铁质岩浆岩（玄武岩和辉长岩）组成，平均密度约为 $2.7\sim2.8g/cm^3$。人类工程活动主要在地壳表层进行，深度一般不超过 1～2km，最深的石油和科研钻井深度截止 2011 年已超过了 12km。

地壳是由岩石组成的，岩石是由矿物组成的，而矿物是由各种化学元素或化合物组成的。地壳中的化学元素主要由氧、硅、铝、铁、钙、钠、钾、镁、钛、氢等元素组成，约占元素总质量的 99.96%，而氧、硅、铝三种元素就占了 82.96%，如表 2-1 所示。地壳

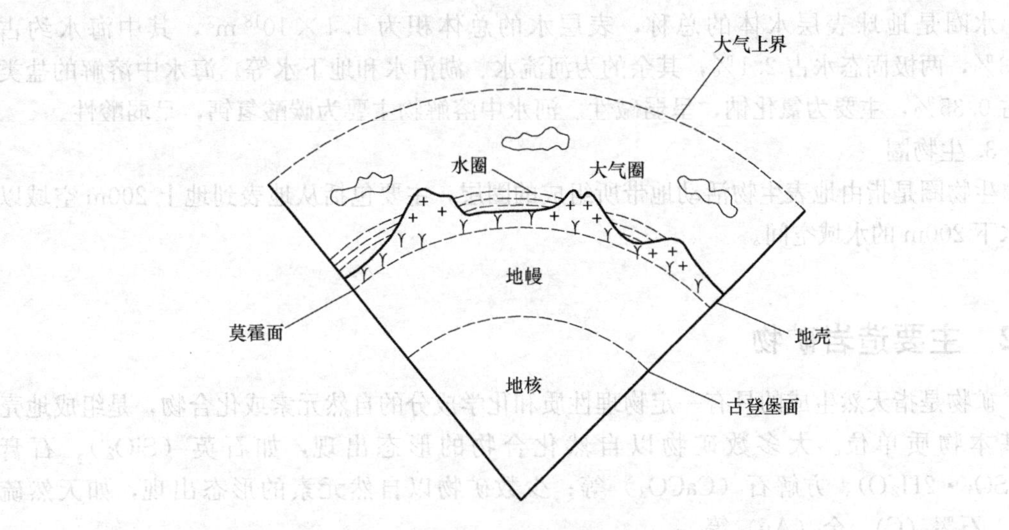

图 2-1 地球的圈层构造

中的化学元素多以化合物的形式出现，少数以单质元素存在。

地壳中主要元素的质量百分比 表 2-1

元素	质量百分比(%)	元素	质量百分比(%)
氧(O)	46.95	钠(Na)	2.78
硅(Si)	27.88	钾(K)	2.58
铝(Al)	8.13	镁(Mg)	2.06
铁(Fe)	5.17	钛(Ti)	0.62
钙(Ca)	3.65	氢(H)	0.14

2. 地幔

地幔是地壳与地核之间的中间层，深度约为地下 33～2900km，地壳和地幔的分界面称为莫霍面。地幔主要由富含铁、镁的硅酸盐物质组成，平均密度约为 3.3～4.6g/cm^3。

3. 地核

地核是指地幔以下直到地心的部分，半径约为 3489km，密度约为 11～16g/cm^3。地核由液态外核和固态内核组成，物质成分主要是铁和镍，其中外核主要由液态铁组成，含约 10%的镍及 15%的硅、硫、氧、钾、氢等元素，内核由固体铁镍合金组成。

2.1.2.2 外部圈层

1. 大气圈

大气圈主要由氮、氧、氩、二氧化碳、水蒸气等成分组成，其中氮占 78%，氧占 21%，二氧化碳占 0.03%，水蒸气占 0～2%。地表处大气的密度为 1.2kg/m^3。

由地面至地面以上 15km 高度的范围为对流层；对流层顶至地面以上 50km 高度的范围为平流层，平流层中含有大量的臭氧，臭氧可以有效地过滤掉太阳光中的紫外线；从平流层顶到地面以上 80～85km 高度的范围为中间层；再向上至 500km 高度范围为外逸层。

2. 水圈

水圈是地球表层水体的总称，表层水的总体积为 1.4×10^{18} m^3，其中海水约占 97.3%，两极固态水占 2.1%，其余的为河流水、湖泊水和地下水等。海水中溶解的盐类约占 0.35%，主要为氯化钠，呈弱碱性。河水中溶解物主要为碳酸氢钙，呈弱酸性。

3. 生物圈

生物圈是指由地表生物活动地带所组成的圈层，主要包括从地表到地上 200m 空域以及水下 200m 的水域空间。

2.2 主要造岩矿物

矿物是指天然生成的具有一定物理性质和化学成分的自然元素或化合物，是组成地壳的基本物质单位。大多数矿物以自然化合物的形态出现，如石英（SiO_2）、石膏（$CaSO_4 \cdot 2H_2O$）、方解石（$CaCO_3$）等；少数矿物以自然元素的形态出现，如天然硫（S）、石墨（C）、金（Au）等。

自然界中已发现的矿物约有 3000 种，其中能够构成岩石的矿物称为造岩矿物。在岩石中经常出现、明显影响岩石性质、对鉴别岩石种类起重要作用的矿物称为主要造岩矿物，有 20 余种。

岩石是矿物或火山玻璃组成的天然集合体。矿物在地壳中按一定的规律共生、组合在一起形成一种或几种矿物或火山玻璃组成的天然集合体。主要由一种矿物组成的集合体称为单矿岩，如石英岩由石英组成，石灰岩由方解石组成；由多种矿物组成的集合体称为多矿岩或复矿岩，如花岗岩由石英、正长石组成；按照岩石形成的成因可将岩石分为岩浆岩、沉积岩和变质岩三大类。

2.2.1 矿物的物理性质

矿物的物理性质如形态、颜色、光泽、透明度、条痕、硬度、解理等，都是肉眼鉴定矿物的重要依据。

2.2.1.1 矿物的分类

造岩矿物大多呈固态，极个别的呈液态，如自然汞（Hg）等。而固态的矿物中多数呈结晶质，只有少数为非晶质。

1. 结晶质矿物

结晶质矿物是指内部质点（原子、分子或离子）在三维空间呈有规律的周期性排列并形成空间结晶格子构造的矿物，如岩盐的立方晶体格架，如图 2-2 所示。结晶质矿物只有在晶体生长速度较慢、周围有自由空间的条件下，才能形成固定的有规则的几何外形，这是矿物的固有形态特征，这种晶体称为自形晶体或单晶体，如金刚石、石英等。在自然界中，由于受晶体生长速度和周围自由空间的限制，自形晶体较少见到，多数形成了不规则的几何外形，

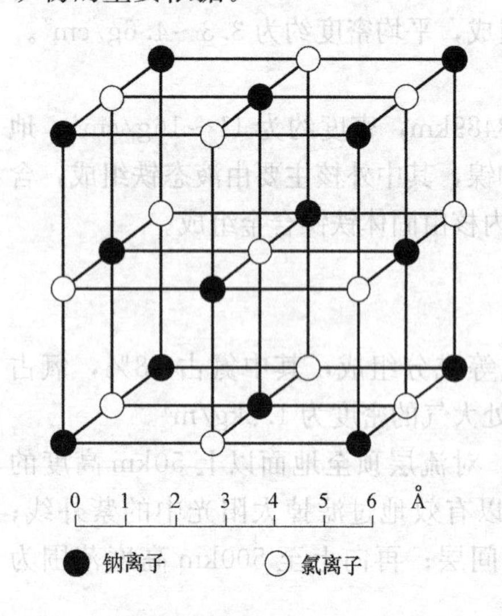

图 2-2 岩盐的立方晶体格架

称之为他形晶体，他形晶体的集合体组成了大多数的造岩矿物。

2. 非晶质矿物

非晶质矿物是指内部质点排列没有规律性、几何外形没有规则的矿物。非晶质矿物主要有玻璃质矿物和胶体质矿物两种。玻璃质矿物是由高温熔融体迅速冷凝而成的，如火山玻璃是火山喷出的岩浆迅速冷凝而成；而胶体质矿物是由胶体溶液沉淀或干涸凝固而成的，如蛋白石是由硅质胶体凝聚而成。

2.2.1.2 矿物的形态

矿物的形态是指矿物单体、矿物规则连生体及同种矿物集合体的形态。

1. 单晶体矿物

(1) 结晶习性

在一定的外界条件下，矿物晶体常常趋向于形成某种特定形态，称为该矿物的结晶习性。根据晶体在三维空间的发育特征分为三种基本类型。

① 一向延伸型：呈柱状、针状、纤维状等，如水晶、角闪石、绿柱石、电气石、金红石等。

② 二向延伸型：呈板状、片状、鳞片状和叶片状等，如重晶石、云母、石墨和绿泥石等。

③ 三向等长型：呈粒状、等轴状等，如黄铁矿、石榴子石和橄榄石等。

(2) 晶面花纹

晶面花纹是指晶面上出现的凹凸花纹，主要有晶面条纹、晶面台阶、生长丘和蚀像。

① 晶面条纹：又称为生长条纹，是指晶面上沿一定方向排列的直线条纹，如黄铁矿的晶面条纹、电气石的晶面条纹等。

② 晶面台阶：由于层生长或螺旋生长而在晶体的晶面上留下的层状台阶或螺旋台阶。

③ 生长丘：是指晶体生长过程中形成的略凸出于晶面之上的丘状体。

④ 蚀像：晶体形成以后晶面受溶蚀而产生的凹坑。

2. 集合体矿物

自然界的矿物很少以单晶体的形态出现，绝大多数呈集合体形态，常见的矿物集合体形态根据矿物颗粒大小可分为显晶集合体、隐晶及胶态集合体。

(1) 显晶集合体

显晶集合体是指肉眼或借助于放大镜能够分辨出矿物各单体的集合体。主要有以下五种：

1) 柱状、针状、纤维状：主要由一向等长型矿物颗粒组成，如柱状石英、针状辉秘矿、纤维状石膏、纤维状石棉等。

2) 片状、板状：主要由两向等长型矿物颗粒组成，如片状白云母等。

3) 粒状：主要由三向等长型矿物颗粒组成，如粒状方铅矿。

4) 晶簇状：以岩石孔洞壁或裂隙壁为基底生长的矿物颗粒集合体，如石英晶簇、方解石晶簇等。

5) 放射状：由长柱状、针状、片状或板状的许多单体围绕某一中心呈放射状排列而成，如放射状红柱石。

(2) 隐晶及胶态集合体

隐晶集合体是指颗粒大小肉眼不能识别，但显微镜能识别，而胶态集合体是指颗粒大小显微镜不能识别的集合体。隐晶及胶态集合体主要有：

1）分泌体：在球状空洞中由胶体或晶质从洞壁逐渐向中心沉淀填充而形成的集合体，卵圆形，同心层状，分泌体中心经常留有空隙，有些还长有晶簇，按分泌体直径大小划分为：

① 直径大于 1cm 为晶腺，如玛瑙；

② 直径小于 1cm 为杏仁体，如火山岩中的杏仁体。

2）结核体：与分泌体形成过程相反（从中心向两边生长），球状、瘤状、透镜状和不规则状，一般直径大于 1cm，内部常呈同心层状、放射纤维状或致密状构造，如黄铁矿、方解石、赤铁矿、褐铁矿结核等。

3）鲕状、豆状、肾状：由胶体物质围绕悬浮状态的细砂粒等层层凝聚并沉积于水底，呈圆球形、卵圆形和同心层状的矿物集合体，具有圈层构造。

① 半数以上球粒的直径小于 2mm 为鲕状集合体，如鲕状赤铁矿、鲕状方解石等。

② 球粒直径一般为数毫米，称为豆状集合体，如豆状赤铁矿等。

③ 球粒直径一般为几厘米，称为肾状集合体，如肾状赤铁矿、肾状硬锰矿等。

4）钟乳状：溶液或胶体因失去水分凝聚而成，常具有同心层状或壳层状构造，如钟乳状方解石、钟乳状孔雀石等。

5）土状：疏松的块状称为土状，如土状高岭石、土状蒙脱石等。

2.2.1.3 矿物的光学性质

1. 颜色

矿物的颜色是指矿物对光线吸收和反射的性能，矿物的颜色是多种多样的，主要取决于矿物的化学成分和内部结构。按成色原因矿物的颜色可以分为自色、他色和假色。矿物的自色可作为鉴别矿物的特征，而他色和假色则不能作为鉴别矿物的依据。

（1）自色：矿物固有的比较稳定的颜色称为自色，如橄榄石为橄榄绿色、黄铁矿为铜黄色等。

（2）他色：由于天然条件下，矿物生成时很容易混入其他杂质，从而改变矿物固有的颜色，称为他色，如纯净的石英是无色透明的，当含有不同杂质时，可以呈现紫红色、乳白色、烟黑色、绿色等颜色。

（3）假色：当矿物表面或内部裂隙的氧化膜对光折射、散射所形成的颜色称为假色，如方解石表面常出现的虹彩。

2. 光泽

光泽是指矿物表面反射光线的能力。根据矿物反光的强弱程度，矿物光泽可分为以下几种：

（1）金属光泽

它是指矿物表面反光强烈，光辉闪耀，如金、银、黄铁矿、方铅矿等。

（2）半金属光泽

它是指矿物表面反光较强，如磁铁矿等。

（3）非金属光泽

一般造岩矿物多呈非金属光泽。根据反光程度又可分为：

1）金刚光泽：反光较强，如金刚石等。

2）玻璃光泽：像平面玻璃的反光，如石英晶面、长石等。

3）油脂光泽：像涂上油脂后的反光，常出现在矿物凹凸不平的断口上，如石英断口上的光泽等。

4）珍珠光泽：像珍珠表面或贝壳内面出现的乳白色彩光，如白云母薄片等。

5）丝绢光泽：出现在纤维状矿物集合体表面上的光泽，如纤维石膏、绢云母、石棉等。

6）土状光泽：是指矿物表面反光暗淡如土，如高岭石等。

3. 透明度

透明度是指矿物能够被光线穿透的程度。根据透明度的大小可将矿物分为透明矿物、不透明矿物和半透明矿物三大类。

（1）透明矿物：玻璃光泽矿物均为透明矿物，如纯净的石英单晶体、纯净的方解石组成的冰洲石等。

（2）不透明矿物：大部分金属光泽和半金属光泽的矿物都为不透明矿物，如黄铁矿、方铅矿、磁铁矿等。

（3）半透明矿物：介于透明矿物和不透明矿物之间的为半透明矿物，如大多数浅色造岩矿物都为半透明矿物，如石英、滑石等。

4. 条痕

条痕是指矿物粉末的颜色，一般是通过观察矿物在白色无釉瓷板上划擦所留下的矿物粉末的颜色来进行鉴别。条痕可以减弱他色，消除假色，常用于鉴定矿物。但只有矿物的条痕与本身颜色不同的某些深色矿物，条痕才是有用的鉴别特征，如黄铁矿为铜黄色，条痕是黑色；角闪石为黑绿色，条痕是淡绿色；辉石为黑色，条痕是浅棕色。

2.2.1.4　矿物的力学性质

1. 硬度

硬度是指矿物抵抗外力机械刻划和研磨的能力。由于矿物的内部结构和化学成分不同，矿物的硬度也不相同，是进行矿物鉴定的一个重要特征。一般采用对比摩氏硬度计（表 2-2）中 10 种常用的矿物来确定矿物的相对硬度，也可以用小钢刀（5～5.5）、指甲（2.5）等作为辅助鉴定标准。

摩氏硬度计　　**表 2-2**

硬度	矿物	硬度	矿物
1	滑石	6	长石
2	石膏	7	石英
3	方解石	8	黄玉
4	萤石	9	刚玉
5	磷灰石	10	金刚石

2. 解理

解理是指矿物晶体在外力敲击下沿一定晶面方向裂开的性能。裂开的晶面称为解理面，一般为平行成组出现。根据解理面的发育程度，可以将解理面分为：

(1) 极完全解理：矿物极易沿着一组解理面裂成薄片，解理面大而完整、平滑光亮，如云母等。

(2) 完全解理：矿物易沿着三组解理面裂成块状或板状，解理面平坦光亮，如方解石裂成菱形六面体等。

(3) 中等解理：矿物沿二组解理面裂成柱状或板状，解理面不连续、不平坦，如角闪石裂成长柱状，长石裂成板状等。

(4) 无解理：矿物很难出现完整的解理面或肉眼难以看到解理面，如单晶体石英、橄榄石、磷灰石等。

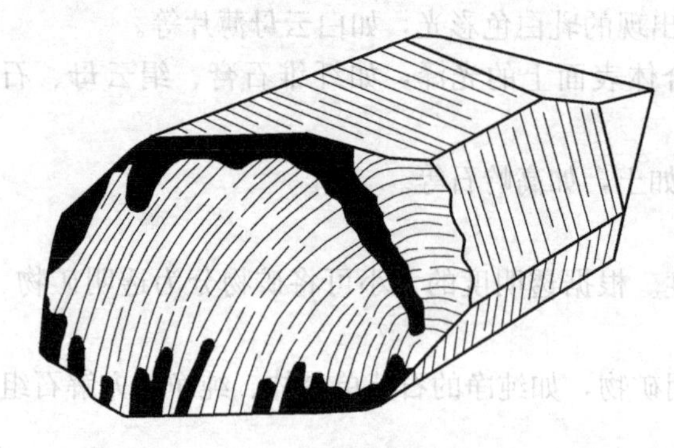

图 2-3 石英的贝壳状断口

3. 断口

不具解理的矿物在外力敲击下可沿任意方向发生不规则的断裂，其断裂面称为断口。断口的形状各异，如石英的贝壳状断口（图 2-3）、黄铁矿的参差状断口、蛇纹石的平坦状断口、自然铜的锯齿状断口等。

2.2.1.5 其他特殊性质

少数矿物具有一些特殊的物理化学性质，可以作为鉴别矿物的有效特征。如滑石薄片有挠性；云母薄片有弹性；方解石遇稀盐酸会剧烈起泡；白云石滴镁试剂会变蓝；高岭石遇水软化等。

2.2.2 主要造岩矿物及鉴定特征

主要造岩矿物及其物理性质见表 2-3。

主要造岩矿物理性质简表 **表 2-3**

矿物名称及成分	形状	颜色	光泽	硬度	解理及断口	主要鉴定特征
石英 SiO_2	纯净的晶体为六方双锥，一般为致密块状或粒状集合体	纯净晶体无色透明，一般为白色、乳白色或其他颜色	晶面玻璃光泽，断口油脂光泽	7	无解理，贝壳状断口	形状，硬度
正长石 $K(AlSi_3O_8)$	单晶为柱状或板柱状，集合体为块状或粒状	肉红或浅玫瑰色	玻璃光泽	6	二组正交解理，粗糙状断口	颜色，解理
斜长石 $Na(AlSi_3O_8)$ $Ca(Al_2Si_2O_8)$	单晶为板状或板条状，集合体为粒状	白色或灰白	玻璃光泽	6～6.5	二组解理，交角 86°，粗糙状断口	颜色，解理面有细条纹
白云母 $KAl_2(AlSi_3O_{10})(OH,F)_2$	单晶为板状、短柱状，横截面为六边形	薄片为无色，集合体浅黄、浅绿、浅灰	玻璃光泽，解理面珍珠光泽	2.5～3	一组平行片状方向的极完全解理	解理，薄片有弹性

续表

矿物名称及成分	形状	颜色	光泽	硬度	解理及断口	主要鉴定特征
黑云母 $K(Mg,Fe)_3(AlSi_3O_{10})(OH,F)_2$	单晶为板状、短柱状，横截面为六边形	棕褐、棕黑或黑色	玻璃光泽或珍珠光泽	2.5～3	一组极完全解理	颜色，解理，薄片有弹性
角闪石 $(Ca,Na)_{2\sim3}(Mg,Fe,Al)_5[Si_6(Si,Al)_2O_{22}](OH,F)_2$	单晶为长柱或针状，集合体为粒状或块状	绿黑色或黑色	玻璃光泽	5～6	二组平行柱状完全解理，交角为56°	形状，颜色
辉石 $(Ca,Mg,Fe,Al)_2[(Si,Al)_2O_6]$	单晶为短柱或粒状，集合体为块状	黑褐色或黑色	玻璃光泽	5.5～6	二组完全解理，交角87°	形状，颜色
橄榄石 $(Mg,Fe)_2SiO_4$	晶体为短柱状，集合体为粒状	浅黄绿至橄榄绿	晶面玻璃光泽，断口油脂光泽	6～7	无解理，贝壳状断口	颜色，硬度
方解石 $CaCO_3$	单晶为菱形六面体，集合体为粒状或块状	纯净晶体无色透明，一般为白色、灰色或其他色	玻璃光泽	3	三组完全解理	解理，硬度，遇稀盐酸剧烈起泡
白云石 $CaMg(CO_3)_2$	单晶为菱形六面体，集合体为粒状或块状	纯净为白色，一般为浅黄、灰褐色	玻璃光泽	3.5～4	三组完全解理，但解理面常弯曲不平	解理，硬度，晶面弯曲，遇稀盐酸微弱起泡，滴镁试剂变蓝
滑石 $Mg_3(Si_4O_{10})(OH)_2$	单晶少见，集合体为块状、片状或鳞片状	白色、浅黄、浅褐色	解理面珍珠光泽，断口蜡状光泽	1	一组完全解理	颜色，硬度，有滑感，薄片可弯曲有挠性、无弹性
石膏 $CaSO_4 \cdot 2H_2O$	单晶多为板状，集合体一般为纤维状或块状	纯净者无色透明，一般为白色、灰白	玻璃光泽或丝绢光泽	2	一组极完全解理	硬度，解理
高岭石 $Al_4[Si_4O_{10}](OH)_2$	单晶极小，肉眼不可见，集合体为土状、块状	纯净为白色，一般为浅灰、浅黄色	土状光泽或蜡状光泽	1～2	一组完全解理	性软，粘舌，有可塑性
蒙脱石 $(Al,Mg)_2(Si_4O_{10})(OH)_2 \cdot nH_2O$	单晶极小，肉眼不可见，集合体多为土状、块状、鳞片状	白色、浅灰、粉红、浅绿色	土状光泽或蜡状光泽	1～2	鳞片状集合体有一组完全解理	性软，滑腻感，吸水膨胀数倍
绿泥石 $(Mg,Al,Fe)_6[(Si,Al)_4O_{10}](OH)_8$	集合体为片状、鳞片状	暗绿色	解理面珍珠光泽	2～3	一组完全解理	颜色，薄片有挠性、无弹性
黄铁矿 FeS_2	单晶为立方体，集合体为粒状或块状	浅铜黄色	强金属光泽	6～6.5	无解理，参差状断口	形状，颜色，光泽

2.3 岩浆岩

2.3.1 岩浆岩的形成过程

2.3.1.1 岩浆和岩浆作用

1. 岩浆

岩浆是指在上地幔和地壳深处形成的以硅酸盐为主要成分、富含挥发性物质的高温（700～1300℃）、高压（高达数千兆帕）的熔融体。

按岩浆中 SiO_2 的含量，可将岩浆分为以下四种，见表 2-4：

岩浆岩按 SiO_2 含量分类　　表 2-4

岩浆分类	SiO_2 含量(%)	颜色	密度	稀稠
超基性岩浆	＜45	深	大	稀
基性岩浆	45～52	↕	↕	↕
中性岩浆	52～65	↕	↕	↕
酸性岩浆	＞65	浅	小	稠

2. 岩浆作用

岩浆作用是指地下深处处于平衡状态的岩浆受地壳运动的影响沿着地壳中开裂或薄弱地带向地表方向活动的这种运动。

根据岩浆运动到达的位置，可将岩浆作用分为：

（1）侵入作用

侵入作用是指岩浆上升未达地表直接在地壳中冷却凝固的这种作用。由岩浆侵入作用所形成的岩石称为侵入岩。按成岩部位的深浅，侵入岩可分为：

1）深成岩：是指成岩深度大于 3km 的侵入岩。

2）浅成岩：是指成岩深度小于 3km 的侵入岩。

（2）喷出作用

喷出作用是指岩浆上升冲出地表在地面上冷却凝固的这种作用。由岩浆喷出作用所形成的岩石称为喷出岩。

2.3.1.2 岩浆岩及其产状

1. 岩浆岩的形成

在岩浆作用后期，岩浆在地壳或地表逐渐冷却凝固所形成的岩石，称为岩浆岩。侵入作用形成侵入岩，喷出作用形成喷出岩。

2. 岩浆岩的产状

岩浆岩的产状是指岩浆岩的形态、大小以及与围岩的相互关系。因此，岩浆岩的产状既与岩浆本身的性质密切相关，也受周围岩体和环境影响。

常见的岩浆岩产状见表 2-5 和图 2-4。

岩浆岩的产状特征　　表 2-5

产状类型	产状特征	岩浆类型	岩浆岩分类
岩基	岩浆侵入地壳冷凝形成岩体中最大的一种，岩基埋藏深，范围大（一般大于 $60km^2$），多为花岗岩，如三峡大坝的坝址就坐落在面积超过 $200km^2$ 的花岗岩——闪长岩之上	多为酸性或中性岩浆	深成侵入岩
岩株	分布面积较小，形态不规则，与围岩接触面较为陡直，呈树枝状		深成侵入岩
岩盘	中间厚度较大呈透镜状或倒盘状的侵入体	多为酸性或中性岩浆	浅成侵入岩
岩盆	中心下凹，形如盆形的层间侵入体	多为基性岩浆	浅成侵入岩
岩床	岩浆沿着层状岩层面侵入并充填在岩层中间形成的厚度不大分布范围广的岩体	多为基性岩浆	浅成侵入岩
岩墙	岩浆沿着近似垂直的围岩裂隙侵入形成的岩体，长数十米至数千米，宽数米至数十米		浅成侵入岩
岩脉	岩浆侵入围岩各种断层和裂隙形成的脉状岩体，长数厘米至数十米，宽数毫米至数米		浅成侵入岩
火山颈	火山爆发时岩浆在火山口通道冷凝而成的岩体，呈近似直立的不规则圆柱形岩体		浅成岩与喷出岩之间
岩钟	黏性大的岩浆喷出火山口后，由于流动性较小，常与火山碎屑物粘结在一起，在火山口周围冷凝而成的岩体，呈钟状或锥状，又称火山锥。如我国的长白山天池就是火山锥形成的	多为酸性岩浆	喷出岩
岩流	黏性小的岩浆在喷出火山口后，迅速向地表较低处流动，边流动边冷凝而成的岩体	多为基性岩浆	喷出岩

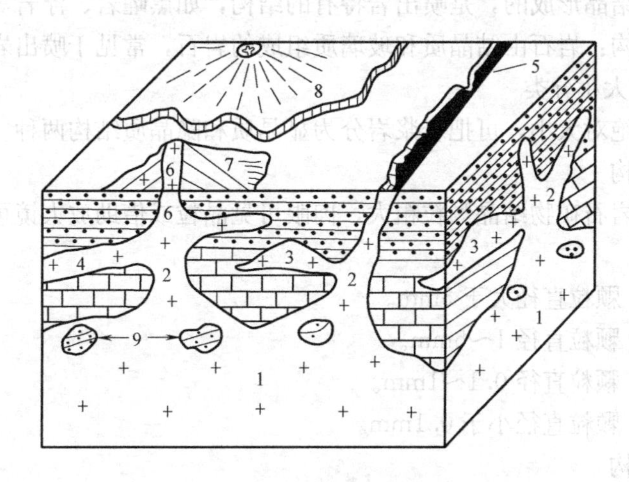

图 2-4　岩浆岩的产状

1—岩基；2—岩株；3—岩盘；4—岩床；5—岩墙；
6—火山颈；7—岩钟；8—岩流；9—捕掳体

2.3.2　岩浆岩的地质特性

岩浆岩的地质特性是指岩石的矿物成分、结构和构造，又称岩浆岩的岩性。岩浆岩的地质特性是由岩浆岩形成过程所决定，也是鉴定岩浆岩的特征。

2.3.2.1 岩浆岩的矿物成分

岩浆岩的主要矿物成分有石英、正长石、斜长石、白云母、黑云母、辉石、角闪石、橄榄石等。主要矿物占岩石中总矿物的90%左右，其中长石含量占岩浆岩成分的60%以上，石英次之，应根据主要矿物的类型和含量来确定岩石的类型和名称。

2.3.2.2 岩浆岩的结构

岩浆岩的结构是指岩石中矿物的结晶程度、晶粒大小、晶粒形态以及晶粒之间的相互关系。岩浆岩的结构可按结晶程度、晶粒绝对大小和晶粒相对大小进行分类。

1. 按结晶程度分类

如图2-5所示，按结晶程度可以把岩浆岩的结构分为三类：

(1) 全晶质结构：岩石全部由结晶矿物组成，岩浆冷凝速度慢，有充足的时间形成结晶矿物，多见于深成岩，如花岗岩。

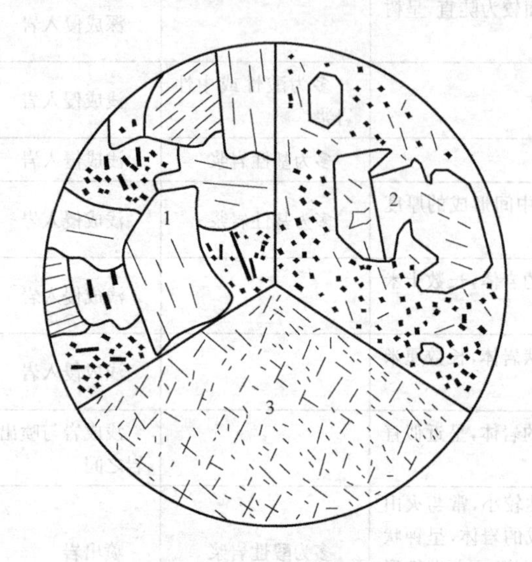

图2-5 岩浆岩按结晶程度划分的三种结构

1—全晶质结构；2—半晶质结构；3—玻璃质结构

(2) 玻璃质结构：岩石全部由非结晶玻璃质组成，是岩浆迅速上升喷出地表后，由于温度骤然下降至岩浆的凝结温度以下，来不及结晶形成的，是喷出岩特有的结构，如黑曜岩、浮岩等。

(3) 半晶质结构：岩石由结晶质和玻璃质组成的岩石，常见于喷出岩，如流纹岩。

2. 按晶粒绝对大小分类

按矿物晶粒的绝对大小，可把岩浆岩分为显晶质和隐晶质结构两种。

(1) 显晶质结构

显晶质结构的岩石矿物结晶颗粒粗大，肉眼可见晶粒或借助放大镜可见。按晶粒直径的大小分为：

1) 粗粒结构：颗粒直径大于5mm。

2) 中粒结构：颗粒直径1～5mm。

3) 细粒结构：颗粒直径0.1～1mm。

4) 微粒结构：颗粒直径小于0.1mm。

(2) 隐晶质结构

隐晶质结构的矿物颗粒细微，一般肉眼和放大镜不能分辨，在显微镜下才可以观察，是喷出岩和部分浅成岩的结构。

3. 按晶粒相对大小分类

按矿物晶粒的相对大小，可将岩浆岩的结构分为三类。

(1) 等粒结构：是指矿物颗粒大小基本相同。

(2) 不等粒结构：是指矿物颗粒大小不等，但相差不是特别悬殊。

（3）斑状结构：是指矿物颗粒大小相差悬殊，大晶粒矿物被细小颗粒包围，大晶粒矿物称为斑晶，细小颗粒称为基质。当基质肉眼可以分辨，即为显晶质时，称似斑状结构，是浅成岩和部分深成岩的结构；当基质极细小，肉眼不可分辨，即为隐晶质时，称为斑状结构，是浅成岩和部分喷出岩的特有结构。

2.3.2.3 岩浆岩的构造

岩浆岩的构造是指岩石矿物在空间的排列和充填方式所反映出来的外貌特征。

1. 块状构造

岩石中的矿物分布均匀，呈无序排列，为均匀的块体。侵入岩和部分喷出岩都是块状构造，是岩浆岩中主要的构造类型。

2. 流纹状构造

岩浆在地表流动的过程中，由于气孔、不同颜色的矿物和玻璃质等被拉长，形成与熔岩流动方向平行的条带，称为流纹状构造，是喷出岩的构造，也是酸性喷出流纹岩特有的构造。

3. 气孔状构造

岩浆喷出地面迅速冷凝的过程中，岩浆中所含的气体或挥发性物质以气泡的形式逸出，在岩石中形成大小不一的气孔，称为气孔状构造，其是喷出岩的构造形式。

4. 杏仁状构造

具有气孔状构造的岩石，气孔在后期被某些次生物质（如石英、方解石等）所充填，形如杏仁，称为杏仁状构造，其是喷出岩的构造形式。

2.3.3 岩浆岩的分类及主要岩浆岩的鉴定特征

2.3.3.1 岩浆岩的分类

根据岩浆岩的化学成分、矿物成分、产状、结构、构造以及共生组合规律等特征，以肉眼鉴定为前提，对岩浆岩进行分类，如表 2-6 所示。

岩浆岩的分类 **表 2-6**

颜色		浅←→深 （浅红、浅灰、灰绿等）（深灰、黑色、暗绿色等）				
岩浆岩类型		酸性	中性		基性	超基性
SiO_2 含量(%)		＞65	65～52		52～45	＜45
成因类型	主要矿物成分	石英 正长石 斜长石	正长石 斜长石	角闪石 斜长石	斜长石 辉石	橄榄石 辉石
	次要矿物成分	云母 角闪石	角闪石 黑云母 辉石 石英 （＜5%）	辉石 黑云母 正长石 （＜5%） 石英 （＜5%）	橄榄石 角闪石 黑云母	角闪石 斜长石 黑云母

续表

<table>
<tr><td rowspan="2" colspan="2">喷出岩</td><td rowspan="2">岩钟
岩流</td><td rowspan="2">杏仁状
气孔状
流纹状
块状</td><td>非晶质
（玻璃质）</td><td colspan="5">玻璃质火山岩（黑曜岩、浮岩、珍珠岩、松脂岩等）</td></tr>
<tr><td>隐晶质
斑状</td><td>流纹岩</td><td>粗面岩</td><td>安山岩</td><td>玄武岩</td><td>苦橄岩
（少见）
金伯利岩</td></tr>
<tr><td rowspan="2">侵入岩</td><td>浅成</td><td>岩床
岩墙</td><td rowspan="2">块状</td><td>斑状
全晶细粒</td><td>花岗斑岩</td><td>正长斑岩</td><td>玢岩</td><td>辉绿岩</td><td>苦橄玢岩
（少见）</td></tr>
<tr><td>深成</td><td>岩株
岩基</td><td>结晶斑状
全晶中、粗粒</td><td>花岗岩</td><td>正长岩</td><td>闪长岩</td><td>辉长岩</td><td>橄榄岩
辉岩</td></tr>
</table>

2.3.3.2 主要岩浆岩的鉴定特征

主要岩浆岩的鉴定特征如表 2-7 所示。

主要岩浆岩的鉴定特征 表 2-7

岩浆类型	岩石名称	矿物成分	颜色	结构	构造	成因	产状
酸性岩石	花岗岩	石英、正长石和斜长石，偶含黑云母、角闪石等	灰白色、肉红色	全晶粒状	块状	深成	岩基 岩株
	花岗斑岩	石英、正长石、斜长石，偶含黑云母、角闪石	灰红色、浅红色	似斑状	块状	浅成	岩株
	流纹岩	长石、石英	浅红、浅灰或灰紫色	隐晶质	流纹状	喷出	岩流 岩丘
中性岩石	正长岩	正长石、斜长石	浅灰或肉红色	全晶粒状	块状	深成	岩株 岩基
	正长斑岩	正长石、斜长石	浅灰或肉红色	斑状	块状	浅成	岩床 岩墙
	粗面岩	正长石、透长石、斜长石	灰色或浅红色	斑状或隐晶质	块状	喷出	岩钟
	闪长岩	角闪石、斜长石	灰色或灰绿色	全晶粒状	块状	深成	岩株 岩床 岩墙
	闪长玢岩	角闪石、斜长石	灰绿、灰褐色	斑状	块状	浅成	岩床 岩墙
	安山岩	角闪石、斜长石	灰色、棕色、绿色	斑状	块状	喷出	岩流
基性岩石	辉长岩	辉石、斜长石	灰黑至暗绿色	全晶中粒	块状	深成	岩株 岩基
	辉绿岩	辉石、斜长石	暗绿色、黑绿色	隐晶质	块状	浅成	岩床 岩墙
	玄武岩	辉石、斜长石	灰绿、黑绿至黑色	隐晶质	块状 气孔状 杏仁状	喷出	岩流 岩被 岩床

续表

岩浆类型	岩石名称	矿物成分	颜色	结构	构造	成因	产状
超基性岩石	橄榄岩	橄榄石和少量辉石	橄榄绿或黄绿色	全晶中、粗粒	块状	深成	岩株岩基
	辉岩	辉石和少量橄榄石	灰黑、黑绿至黑色	全晶粒状	块状	深成	岩株岩基
火山玻璃	黑曜岩	长石、石英	浅红、灰褐及黑色	玻璃质	块状流纹状	喷出	
	浮岩	岩浆中的泡沫物质	灰白、灰黄色	非晶质	气孔状	喷出	

2.4 沉积岩

2.4.1 沉积岩的形成过程

沉积岩是指在地表或接近地表的常温常压的条件下，由原岩经过风化破碎、搬运、沉积和成岩作用形成的岩石。沉积岩的体积仅占地壳岩石总体积的7.9%，但分布面积却占到了陆地总面积的75%，是地球表面最常见的岩石。

2.4.1.1 原岩风化破碎作用

原岩经过风化作用，成为各种松散破碎物质（又称松散沉积物），是形成沉积岩的主要物质来源。此外，在特殊环境下，大量生物遗体堆积形成的物质也成为沉积物的一部分。

原岩风化破碎后的物质可以分为以下三种：

1. 碎屑沉积物

碎屑沉积物是大小不等的岩石或矿物碎屑，是原岩机械破碎后的产物，颗粒粒径大于0.005mm。

2. 黏土沉积物

黏土沉积物是颗粒粒径小于0.005mm的黏粒。

3. 化学沉积物

化学沉积物以离子或胶体分子形式存在于水中，如 K^{+}、Ca^{+}、Mg^{2+}、Na^{+} 等溶于水中形成真溶液，而Al、Fe、Si等元素的氧化物或氢氧化物难溶于水，它们细小的分子质点分散到水中形成胶体溶液。

2.4.1.2 沉积物的搬运作用

原岩风化破碎的产物除少部分残留在原地外，形成Al、Fe的残留物之外，大部分风化产物在流水、风力、冰川和重力作用下被搬运一定距离。搬运方式分为机械搬运和化学搬运两种。

1. 机械搬运

主要搬运对象是碎屑和黏土沉积物。流水搬运是机械搬运的主要形式，在流水搬运过程中，又有三种搬运方式：滚动式、跳跃式和悬浮式，具体哪种方式由搬运力、搬运物的重量和大小决定。沉积物在搬运过程中，互相碰撞和摩擦，原有的棱角逐渐消失，形成浑圆状的颗粒，颗粒磨圆的程度称为磨圆度，搬运距离越长磨圆度越高。

2. 化学搬运

以真溶液或胶体溶液的方式将化学沉积物搬运到湖海等低洼的地方，化学搬运的距离可以很远，直至进入大海。

2.4.1.3 沉积物的沉积作用

当搬运力减小或物理化学环境改变时，被搬运的物质会沉积下来。沉积作用大致可分为机械沉积和化学沉积。

1. 机械沉积

当搬运力减小时，被搬运的物质按照形状、大小和密度的不同，按一定顺序沉积下来。通常是大的、球状的、重的颗粒先沉积，小的、片状的、轻的颗粒后沉积，这就是沉积的分选性，如河流沉积从上游到下游沉积物的颗粒逐渐变小。机械沉积的物质主要是碎屑和黏土沉积物。

2. 化学沉积

化学沉积包括真溶液和胶体沉积两种，当真溶液的溶度超过溶解度时，多余的离子就会重新结晶析出而产生沉淀。当带正电的胶体物质（如 Al_2O_3、Fe_2O_3 等），遇上带负电的胶体物质（如 SiO_2、MnO_2 等）时，由于电价中和而凝聚；此外胶体物质逐渐脱水干燥也会使胶体物质凝聚沉积。

2.4.1.4 成岩作用

松散的沉积物经过压固脱水、胶结、重新结晶和新矿物的生成四种作用转变为坚硬的沉积岩，这种地质作用称为成岩作用。

1. 压固脱水作用

随着沉积的不断进行，沉积厚度逐渐增大，先沉积在下部的沉积物在上部沉积物的重力作用下，下部沉积物的孔隙减小，水分排出，密度增大，称为压固脱水作用。

2. 胶结作用

各种碎屑沉积物被不同胶结物胶结形成岩石的过程称为胶结作用，是碎屑岩成岩的重要环节。常见的胶结物质有硅质（SiO_2）、钙质（$CaCO_3$）、铁质（Fe_2O_3）、泥质等。

3. 重新结晶作用

在温度和压力逐渐增大的条件下，沉积物产生溶解和固体扩散，导致质点重新排列，使非晶质变成结晶物质，称为重新结晶作用，是化学岩和生物化学岩成岩过程中的重要作用。

4. 新矿物的生成

沉积物形成沉积岩的过程中，由于环境变化还会生成与新环境相适应的稳定矿物，如石英、方解石、白云石、黏土矿物、石膏、黄铁矿等。

2.4.2　沉积岩的地质特性

2.4.2.1　沉积岩的矿物成分

沉积岩经过风化破碎、搬运、沉积和成岩作用后，原岩中的很多矿物在风化分解过程中消失，只有石英、长石等少数矿物在岩屑或砂粒中保留下来。此外，沉积岩成岩过程中还形成了与新环境相适应的稳定矿物，如方解石、白云石、黏土矿物、石膏、黄铁矿、燧石、磷灰石、海绿石、蛋白石等。

2.4.2.2　沉积岩的结构

沉积岩的结构是指组成沉积岩岩石成分的颗粒大小、形态和连接形式。沉积岩的结构是划分沉积岩的重要标志。

1. 碎屑结构

由碎屑物质和胶结物质组成的一种结构，碎屑结构的分类有：

(1) 按颗粒大小分类

1) 砾状结构：颗粒粒径大于2mm。根据碎屑形状，磨圆度好的称为圆砾状或砾状，磨圆度差的称为角砾状。

2) 砂状结构：颗粒粒径0.005～2mm。其中，0.005～0.075mm为粉砂结构；0.075～0.25mm为细砂结构；0.25～0.5mm为中砂结构；0.5～2mm为粗砂结构。

(2) 按胶结类型分类

胶结类型是指胶结物与碎屑颗粒的含量及相互关系。如图2-6所示，常见的胶结类型有：

1) 基底式胶结：胶结物含量多，碎屑颗粒散布在胶结物中，是最牢固的胶结方式。

2) 孔隙式胶结：碎屑颗粒紧密接触，胶结物充填在孔隙中间，这种胶结方式较坚固。

3) 接触式胶结：碎屑颗粒相互接触，胶结物较少，仅分布在颗粒接触点处，是最弱的胶结方式。

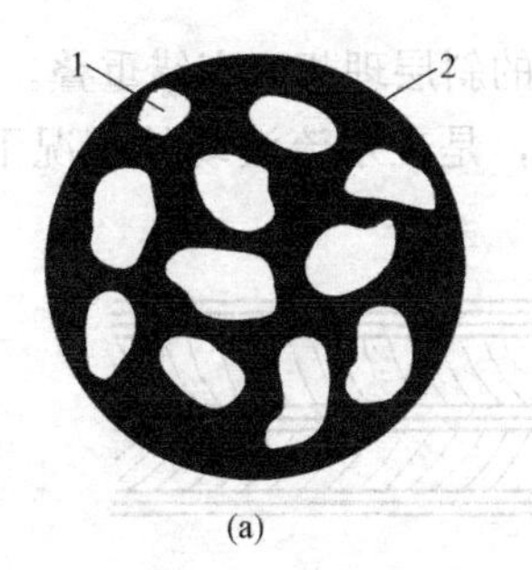

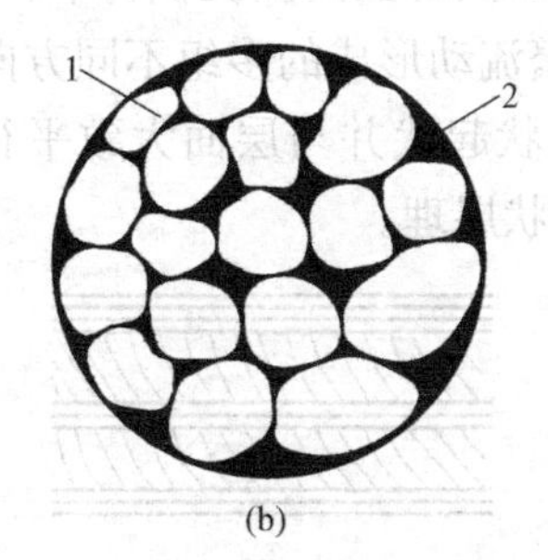

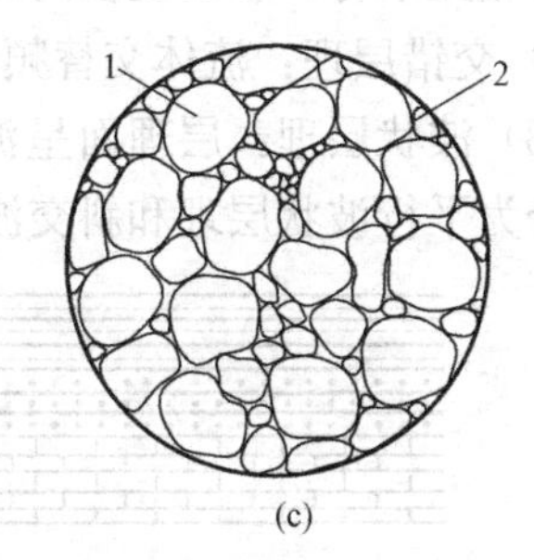

图2-6　碎屑结构的胶结类型

(a) 基底式胶结；(b) 孔隙式胶结；(c) 接触式胶结

1—碎屑颗粒；2—胶结物质

2. 泥状结构

粒径小于0.005mm的黏土颗粒组成的结构。

3. 化学结构和生物化学结构

化学结构是指离子和胶体物质从溶液中沉淀或凝聚出来经结晶或重结晶作用形成的结

构，如石灰岩、白云岩等。生物化学结构是由生物遗体和生物碎片组成的化学结构，如贝壳状、珊瑚状等结构。

2.4.2.3　沉积岩的构造

沉积岩的构造是指沉积岩的各个组成部分的空间分布和排列方式。

1. 层理构造

层理是指岩层中物质的成分、颗粒的大小、形状和颜色在垂直方向上发生变化时所产生的纹理。在地质特性上与相邻层不同的沉积层称为一个岩层，岩层可以是一个单层，也可以是一组层。岩层与岩层之间的分界面称为层面，层面标志着沉积作用的间断或停顿，层面上往往分布着少量的黏土矿物或白云母等碎片，形成了岩层之间的软弱面。一个岩层往往是在一定时段内，沉积条件大致相同的环境下形成的，反映了沉积岩形成时的沉积环境。

上、下层面之间的垂直距离称为层厚。岩层层厚可以分为以下几种：

（1）巨厚层：层厚＞1.0m。

（2）厚层：层厚0.5～1.0m。

（3）中厚层：层厚0.1～0.5m。

（4）薄层：层厚0.001～0.1m。

（5）微层：层厚＜0.001m，又称纹层。

处于两厚层之间的薄层称为夹层，若夹层在不远的延伸距离内一侧逐渐变薄直至消失，称为尖灭，若岩层两侧均尖灭称为透镜体。

按沉积条件和环境，层理（图2-7）可分为：

（1）水平层理：层理面平直并与层面平行，是在稳定和流速很小的水中沉积而成的。

（2）斜交层理：层理面与层面斜交成一定角度。斜交层理可分为：

1）单斜层理：流体的单向流动形成的与层面斜交的细层构造，细层构造朝同一方向倾斜并相互平行，多出现在河床和滨海三角洲沉积物中。

2）交错层理：流体交替频繁流动形成的多组不同方向的斜层理相互交错重叠。

（3）波状层理：层理面呈波状起伏并与层面大致平行，是在水流波动的情况下形成的，分为平行波状层理和斜交波状层理。

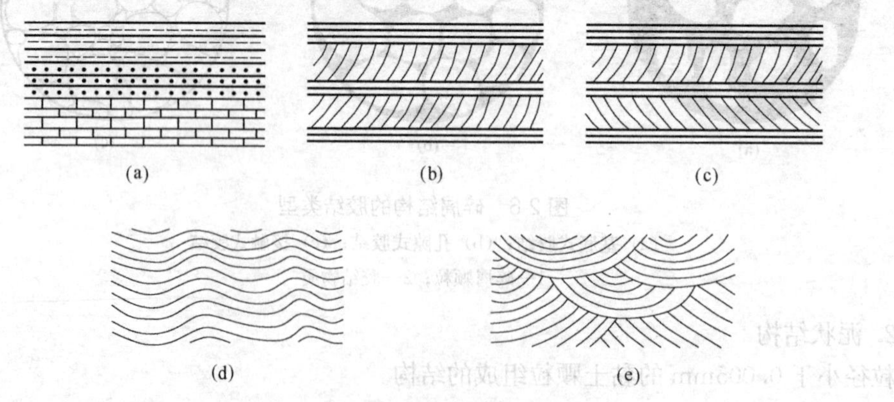

图2-7　层理构造

（a）水平层理；（b）单斜层理；（c）交错层理；（d）平行波状层理；（e）斜交波状层理

在室内鉴定时，若手标本取自厚层均匀沉积岩中的小块时，肉眼不易分辨层理，此时可称为块状构造。碎屑岩或化学岩的手标本，非层理构造即为块状构造，而黏土岩的层理构造称为页理构造。

2. 层面构造

层面构造是指沉积岩形成过程中在层面上保留了沉积时流体运动或自然条件变化时遗留下的痕迹，常见的层面构造有波痕、雨痕、泥裂等。

(1) 波痕：是指流水、波浪或风在未固结的沉积物表面形成的波状起伏的痕迹，见图2-8。

(2) 雨痕：是指雨点打击沉积物表面所留下的痕迹经固化所形成的痕迹。

(3) 泥裂：是指黏土沉积物表面失水收缩开裂，形成“V”字形裂缝，裂缝在后期被泥砂充填，经固结成岩后所形成的痕迹，见图2-9。

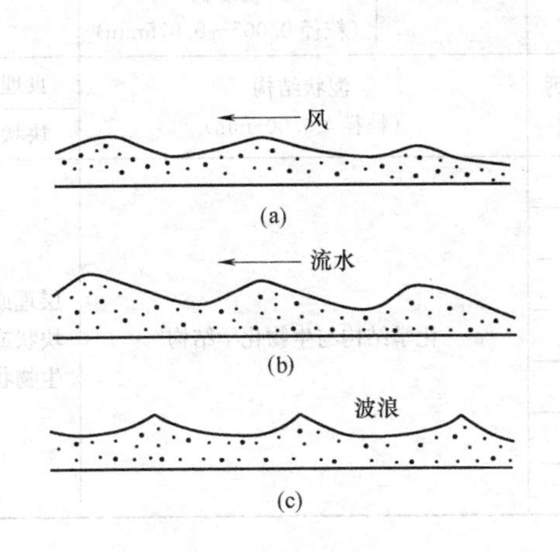

图2-8　层面波痕

(a) 风成波痕；(b) 流水波痕；(c) 浪痕

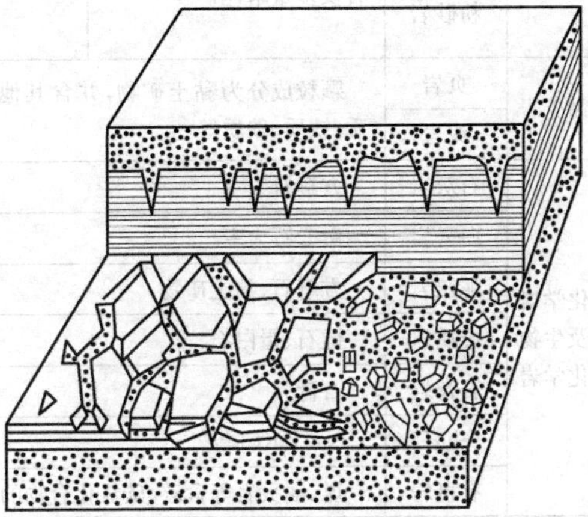

图2-9　泥裂

3. 结核

结核是指沉积岩中常含有与该沉积岩成分不同的球形或不规则形状的矿物集合体的团块。通常是在地下水活动和交代作用下形成的。常见的结核有硅质、钙质、石膏质等。

4. 生物构造

生物遗体或遗迹埋藏于沉积物中，经固结成岩作用保留在沉积岩中，称为生物构造。保留在沉积岩中的生物遗体和遗迹石化称为化石。化石是沉积岩中特有的生物构造，是划分地质年代和研究地质历史的重要依据。

2.4.3　沉积岩的分类及主要沉积岩的鉴定特征

2.4.3.1　沉积岩的分类

沉积岩按沉积方式、物质成分、结构构造等划分为碎屑岩、黏土岩、化学岩及生物化学岩三大类，如表2-8所示。

2.4.3.2　主要沉积岩的鉴定特征

主要沉积岩的鉴定特征见表2-9。

沉积岩的分类 **表 2-8**

分类	岩石名称	矿物成分		结构		构造
碎屑岩	角砾岩	砾石成分为原岩碎屑成分	胶结成分为硅质、钙质、铁质、泥质、碳质等	砾状结构（粒径≥2mm）	角砾状（粒径＞2mm）	层理或块状
	砾岩				砾状（粒径＞2mm）	
	粗砂岩	砂粒成分： 1. 石英砂岩：石英占95%以上。 2. 长石砂岩：长石占25%以上。 3. 杂砂岩：含石英、长石及多量暗色矿物		砂状结构（粒径0.005～2mm）	粗砂状（粒径0.5～2mm）	
	中砂岩				中砂状（粒径0.25～0.5mm）	
	细砂岩				细砂状（粒径0.075～0.25mm）	
	粉砂岩				粉砂状（粒径0.005～0.075mm）	
黏土岩	页岩	颗粒成分为黏土矿物，并含其他硅质、钙质、铁质、碳质等		泥状结构（粒径＜0.005mm）		页理
	泥岩					块状
化学岩及生物化学岩	石灰岩	方解石为主		化学结构与生物化学结构		层理或块状或生物状
	白云岩	白云石为主				
	泥灰岩	方解石、黏土矿物				
	硅质岩	燧石、蛋白石				
	石膏岩	石膏				
	盐岩	NaCl、KCl等				
	有机岩	煤、油页岩等含碳、碳氢化合物的成分				

主要沉积岩的鉴定特征 **表 2-9**

岩石分类	岩石名称	矿物成分	颜色	结构	构造	主要特征
碎屑岩	角砾岩	原岩碎屑成分	多样，易氧化而呈红色	砾状	块状	多为厚层，层理不发育，含棱角状砾石
	砾岩	原岩碎屑成分	多样，易氧化而呈红色	砾状	块状	多为厚层，层理不发育，含浑圆状砾石
	砂岩	石英砂岩	淡褐色、红色等	砂状	层理或块状	有砂粒
黏土岩	页岩	黏土矿物	灰黑、黑色、褐红、棕红、黄、绿色等	泥状	页理	有页理，易风化，吸水及脱水后变形显著
	泥岩	黏土矿物	灰色、红色等	泥状	块状	易风化，吸水及脱水后变形显著
化学岩及生物化学岩	石灰岩	方解石，偶含少量白云石或粉砂粒、黏土矿物等	纯者浅灰白色，含杂质为灰黑至黑色	化学	块状	遇稀盐酸剧烈起泡

续表

岩石分类	岩石名称	矿物成分	颜色	结构	构造	主要特征
化学岩及生物化学岩	白云岩	白云石,有时含少量方解石或其他杂质	灰白色	化学	块状	遇冷盐酸不易起泡,滴镁试剂由紫变蓝
	泥灰岩	方解石、黏土矿物	浅灰、浅黄、浅红色	化学	块状	滴稀盐酸起泡后,表面残留黏土物质
	硅质岩	蛋白石、玉髓、石英	灰黑、黑色	化学或生物化学	层理或块状	多以结核存在于碳酸盐岩石和黏土岩中
	介壳灰岩	方解石、介壳	灰色至深灰	生物化学	块状	含介壳
	珊瑚礁灰岩	方解石、珊瑚	灰白	生物化学	块状	含珊瑚

2.5 变质岩

2.5.1 变质岩的概况

在地球内外力作用下，地壳处于不断演化中，岩石所处的地质环境也在不断变化，为适应新的环境，原岩在各种变质因素的作用下，改变了原有的矿物成分、结构和构造，形成了新的矿物成分、结构和构造，成为新的岩石，称为变质岩。这种引起原岩矿物成分、结构和构造发生变化的地质作用称为变质作用。

变质作用是原岩在固态下原位置发生的，所以变质岩的产状与原岩产状大致相同，称为残余产状。由岩浆岩形成的变质岩称为正变质岩，由沉积岩形成的变质岩称为副变质岩。

变质岩约占地表陆地面积的1/5，岩石生成越早，变质程度越深，如地壳形成过程中7/8的时间是发生在前寒武纪，前寒武纪大多数岩石是变质岩。

2.5.2 变质作用的因素

引起变质的因素主要有温度、压力和化学活泼性流体。

2.5.2.1 温度

温度是引起岩石变质的最主要因素，大多数变质作用是在高温条件下发生的。引起岩石温度升高的热量来源有：

(1) 岩浆侵入地壳带来的热量。

(2) 地温所产生的热量。一般在地表常温带以下，深度每增加33m，温度升高1℃。

(3) 放射性元素蜕变释放的热量。

2.5.2.2 压力

作用于地壳岩体中的压力有静压力和动压力两种。

(1) 静压力：由上覆岩体的重力所引起，随深度的增加而增大，是一种各向相等的压力。静压力使岩石体积变小、密度增大，并产生新矿物，如钠长石在高压下能生成石英和硬玉。

(2) 动压力：由地壳运动产生的一种定向压力。由于地壳各处的运动方向和强烈程度都不相同，故岩石所受的动应力的方向、大小和性质也各不一样。

2.5.2.3 化学活泼性流体

化学活泼性流体是岩浆分化后期的产物，它们与周围原岩的矿物接触发生化学交替或分解作用，形成了新的矿物。化学活泼性流体主要有 CO_2、O_2、水蒸气、含活泼性 B、S 等元素的气体和液体。

2.5.3 变质作用的类型

自然界中，原岩变质较少受单一因素的影响，基本受两种或以上因素的作用，其中一种起主要作用，其他因素起辅助作用。根据变质作用的因素，变质作用的类型主要有以下四种：

(1) 接触变质作用

主要是受到高温（通常是岩浆侵入带来的热量）作用的影响而使岩石变质，又称热力变质作用，接触变质作用主要使原岩结构特征发生改变。

(2) 交代变质作用

主要是受化学活泼性流体因素的影响而使岩石变质，又称汽化热液变质作用。交代变质作用主要使原岩矿物和结构特性发生改变。

(3) 动力变质作用

主要是受动压力因素（构造运动产生的定向压力）影响而使岩石变质，主要使原岩的结构和构造发生改变，甚至产生变质岩特有的片理构造。

(4) 区域变质作用

在地质构造和岩浆活动都比较强烈的地区，由于受温度、压力和化学活泼性流体的综合作用，使大范围（如数百至数千平方千米）地下深处的岩石受到变质作用，称为区域变质作用，一般变质岩都属于区域变质作用。

2.5.4 变质岩的地质特性

2.5.4.1 变质岩的矿物成分

变质岩在形成过程中，部分原岩的矿物被保留下来，同时也生成了变质岩特有的新矿物。原有的矿物主要有岩浆岩中的石英、长石、角闪石等以及沉积岩中的方解石、白云石、黏土矿物等。新矿物主要有红柱石、石榴子石、滑石、绢云母、十字石、阳起石、蛇纹石、石墨等，是变质岩的特征性矿物。

2.5.4.2 变质岩的结构

1. 变晶结构

变质岩中矿物重新结晶程度较好，基本为显晶，是大多数变质岩的结构特征。变质岩和岩浆岩结构较为相似，通常在变质岩结构名称前加“变晶”以与岩浆岩相区别，如等粒变晶结构、斑状变晶结构等。

2. 变余结构

变质程度较浅，原岩的部分结构被保留下来的称为变余结构，如变余花岗结构、变余粒状结构等。

3. 压碎结构

主要是在较高压力作用下，原岩经变形、破碎、变质而成的结构。若压力较小，原岩碎裂成块状称为碎裂结构；若压力极大，原岩碎裂成细微颗粒，并有一定的定向排列，称为糜棱结构。

2.5.4.3 变质岩的构造

1. 片理构造

片理构造是指变质岩中的矿物呈平行定向排列的构造，是变质岩的特有构造。根据变质程度的深浅以及矿物成分的不同，可以分为四类：

(1) 片麻状构造

变质程度最深，由深、浅两种颜色的矿物平行定向排列形成的构造称为片麻状构造。为显晶质变晶结构，颗粒粗大，深色矿物被浅色矿物隔开呈不连续的条带状。深色矿物多为片状黑云母或针状角闪石等，而浅色矿物多为粒状石英或长石。

(2) 片状构造

变质程度较深，重结晶作用明显，以某一种针状或片状矿物沿片理面平行定向排列的构造。

(3) 千枚状构造

岩石基本由重新结晶的矿物组成，并有平行定向排列的现象，片理明显，是区域变质较浅的构造。由于变质程度较浅，结晶颗粒细小，肉眼难以辨认，仅能在片理面上观察到针状或片状丝绢光泽。

(4) 板状构造

泥质岩和砂质岩在受到挤压后，在与压力垂直的方向形成密集而平坦的破裂面，岩石极易沿着此破裂面剥成薄板，称为板状构造。板状构造矿物颗粒极细，肉眼难以分辨，仅能在显微镜下观察到剥离面上出现的重新结晶的片状矿物，是变质程度最浅的一种构造。

2. 非片理构造

非片理构造是指岩石由粒状矿物组成，矿物分布均匀，无定向排列，又称块状构造，如石英岩、大理岩等。

2.5.5 变质岩的分类及主要变质岩的鉴定特征

2.5.5.1 变质岩的分类

变质岩的分类见表 2-10。

变质岩的分类 表 2-10

<table>
<tr><th>岩石名称</th><th>主要矿物成分</th><th>结构</th><th colspan="2">构造</th><th>变质类型</th></tr>
<tr><td>板岩</td><td>黏土矿物、云母、绿泥石、石英、长石等</td><td>变余</td><td rowspan="4">片理</td><td>板状</td><td rowspan="4">区域
浅
↑
变质程度
↓
深</td></tr>
<tr><td>千枚岩</td><td>绢云母、石英、长石、绿泥石、方解石等</td><td>变余</td><td>千枚状</td></tr>
<tr><td>片岩</td><td>云母、角闪石、绿泥石、石墨、滑石、石榴子石等</td><td>变晶</td><td>片状</td></tr>
<tr><td>片麻岩</td><td>石英、长石、云母、角闪石、辉石等</td><td>变晶</td><td>片麻状</td></tr>
</table>

续表

岩石名称	主要矿物成分	结构	构造	变质类型
大理岩	方解石、白云石	变晶	非片理(块状)	接触或区域
石英岩	石英	变晶		
蛇纹岩	蛇纹石	隐晶		交代
云英岩	白云母、石英	变晶		
断层角砾岩	岩石碎屑、矿物碎屑	压碎		动力
糜棱岩	石英、长石、绢云母、绿泥石	糜棱		

2.5.5.2 主要变质岩的鉴定特征

主要变质岩的鉴定特征见表2-11。

主要变质岩的鉴定特征 表2-11

岩石名称	颜色	结构	构造	其他主要特征	变质情况
板岩	深灰、黑色、土黄色	变余或隐晶	板状	黏土及其他矿物,肉眼难辨矿物,具有片理,锤击有清脆声,丝绢光泽	变质最浅
千枚岩	灰色、绿色、棕红、黑色	变余或显微鳞片状变晶	千枚状	肉眼可辨绢云母、黏土矿物及新生细小的石英、绿泥石、角闪石矿物颗粒,具有片理,锤击有清脆声,丝绢光泽明显	变质较浅
片岩	颜色较多,取决于于主要矿物成分	显晶质变晶	片状	叶片状或鳞片状	变质较深
片麻岩	颜色较复杂	中、粗粒粒状变晶	片麻状	深色矿物多为针状或片状的黑云母、角闪石等,浅色矿物多为粒状的石英、长石。深、浅矿物形成条带状相间排列	变质最深
大理岩	纯质为白色,含杂质为灰白、浅红、淡绿甚至黑色	等粒变晶	块状	遇盐酸起泡	由石灰岩、白云岩经接触变质或区域变质作用而成
石英岩	纯质为暗白色,含杂质为灰白、褐色等	等粒变晶	块状	硬度高(近7°),有玻璃光泽,贝壳状断口,石英含量>85%	由石英砂岩或其他硅质岩经变质作用而成
蛇纹岩	暗绿或黑绿色,风化面为黄绿色或灰白色	隐晶	块状	硬度较低,断口不平坦	由富含镁的超基性岩经交代变质而成
云英岩	灰白、浅灰色	等粒变晶	致密块状	主要发育在花岗岩体的顶部或边缘,常伴生大量的稀有金属矿物	由花岗岩经交代变质而成
构造角砾岩	斑杂色	碎裂	块状	碎屑大小形状不均,粒径可由数毫米至数米;胶结物多为细粉粒岩屑或溶液中的沉积物	断层错动带中的产物,原岩经极大动压力破碎后经胶结作用

续表

岩石名称	颜色	结构	构造	其他主要特征	变质情况
糜棱岩	较多	糜棱	块状	一般比较均匀，外貌致密、坚硬，粒径较原岩减小，产生在一个相当狭窄的面状地带中，出现强化面理和线理	断层错动带中的产物，高动压力把原岩碾磨成粉末状细屑，又在高压力下重新结合成致密坚硬的岩石

本章小结

(1) 地球是一个赤道半径比两极半径稍大的不规则椭球体。地球由内部圈层和外部圈层组成。内部圈层包括地壳、地幔和地核。外部圈层包括大气圈、水圈和生物圈。

(2) 矿物是天然生成的具有一定物理性质和化学成分的自然元素或化合物，其主要物理性质包括形态（单晶体和集合体）、光学性质（颜色、光泽、透明度和条痕）和力学性质（硬度、解理和断口），是鉴定矿物的主要特征。

(3) 岩浆岩是岩浆沿着地壳薄弱或开裂地带上升侵入地壳或喷出地表冷却凝固后形成的岩石。侵入作用形成侵入岩，喷出作用生成喷出岩。侵入岩分为深成侵入岩和浅成侵入岩。深成侵入岩的产状多为岩基和岩株，粗粒或中粒显晶质结构、块状构造；浅成侵入岩的产状多为岩墙、岩床、岩盆、岩盖等，多为细粒显晶质或斑状结构，块状构造。喷出岩的产状多为岩溶流、岩溶被，多为斑状、隐晶或玻璃质结构，气孔、杏仁或流纹状构造。花岗岩是分布最广的岩浆岩，力学强度高，是优良的建筑地基和建筑材料；而玄武岩是分布最广的喷出岩。岩浆岩的主要矿物成分有石英、正长石、斜长石、白云母、黑云母、辉石、角闪石、橄榄石等。

(4) 沉积岩是原岩经过风化破碎、搬运、沉积和成岩作用生成的岩石。沉积岩的结构有碎屑状、泥状、化学及生物化学结构。碎屑结构是由碎屑物质和胶结物组成的一种结构，按占50%以上优势颗粒粒径的大小可分为砾状（>2mm，分为角砾状和砾状）和砂状（粒径0.005～2mm，分为粗砂状、中砂状、细砂状和粉砂状）结构两类。碎屑结构形成碎屑岩，碎屑岩的矿物成分以石英、长石、云母为主。泥状结构是指粒径小于0.005mm的黏土颗粒形成的结构，泥状结构形成黏土岩，以黏土矿物为主。化学结构是指离子或胶体物质从溶液中沉淀或凝聚出来时，经结晶或重新结晶作用形成的结构，生物化学结构是由生物遗体及碎片组成的化学结构。化学结构或生物化学结构形成化学岩或生物化学岩。沉积岩具有典型的层理构造。沉积岩的强度差别较大，像砾岩、砂岩强度相当大，而黏土岩一般较低且遇水更差，密度大的石灰岩强度很大，但在温暖潮湿地区容易发育成溶洞。

(5) 变质岩是原岩在各种变质因素的作用下，改变了原有的矿物成分、结构和构造，形成的新岩石。变质过程中，除了变质岩特有的矿物外，还保留了石英、长石、角闪石、方解石、白云石等矿物。接触变质作用通常发生在岩浆侵入体与围岩的接触带上，岩石具有粒状变晶结构，块状构造。交代变质作用是岩石与化学活泼性流体接触而产生交代并形成新的矿物的过程。动力变质作用形成的角砾岩、碎裂岩和糜棱岩通常发生在断层带中。区域变质作用形成的岩石，形成矿物平行定向排列为特征的多种构造，如板岩、千枚岩、片岩、片麻岩等。

思考与练习题

2-1 矿物和岩石的定义是什么？

2-2 矿物的主要物理性质有哪些？主要造岩矿物的鉴定特征有哪些？

2-3 简述岩浆岩的产状、主要矿物成分及分类。

2-4 简述沉积岩的形成过程、结构特征及分类。

2-5 简述变质岩的变质因素、构造特征及分类。

2-6 论述岩浆岩、沉积岩和变质岩在成因、主要矿物成分、结构和构造方面的异同点。

第3章　地层与地质构造

本章要点及学习目标

本章要点：

(1) 了解地壳运动的方式及地质作用的基本类型。

(2) 掌握岩层产状三要素及其测量、表示方法。

(3) 掌握褶皱构造的基本要素及类型。

(4) 掌握断裂构造的类型及其基本特点。

(5) 理解地质图中各种符号的含义。

学习目标：

(1) 掌握岩层的产状及岩层产状的基本要素。

(2) 掌握褶皱构造的分类及野外地质的识别方法。

(3) 掌握节理和断层的定义、分类及判定方法。

(4) 掌握地质图的阅读。

3.1　地壳运动及地质作用

3.1.1　地壳运动

因地球内力变化引起的地壳中岩石的变形和变位称为地壳运动。地壳运动又称为构造运动，是一种机械运动，涉及的范围包括地壳及上地幔上部，即岩石圈。在地球的外部圈层（地壳）中，由于地球内部热能、重力能和地球旋转等因素的影响，组成地壳的岩石发生了机械运动，并引起了地表形态的改变。按运动方向可分为水平运动和垂直运动。

3.1.1.1　地壳的水平运动

水平运动是指地壳物质沿地球表面切向方向上的运动。这种运动使地壳受到挤压、拉伸或剪切，引起岩层的褶皱和断裂。水平的挤压运动可形成巨大的山系（如珠穆朗玛峰等），水平拉伸运动可形成裂谷（如东非大裂谷、马里亚纳海沟等）。

3.1.1.2　地壳的垂直运动

垂直运动是指地壳物质沿垂直地表（即重力方向）方向的运动。它常常表现为大面积的上升、下降或升降交替运动，形成大型的隆起和凹陷，产生海进和海退现象。垂直运动的运动速率比较缓慢，一般为几毫米每年，最大达几厘米每年，甚至20～30cm/a。在同一地区的不同时期，上升运动和下降运动常常交替进行。如在青藏高原发现有大量海洋生物化石，证明此处曾经某个时期是一片汪洋，经过多期次的地壳运动后青藏高原成了“世界屋脊”，目前还在以一定速率继续抬升。意大利那不勒斯海岸线的变动是地壳垂直运动最典型的例子。1750年在这里的火山灰沉积中发掘出了一座古建筑废墟。据考证，该建筑是修建于公元前105年古罗马时代的塞拉比斯神庙，庙内有三根高约12m的大理石柱，在柱座以上3.6～6.3m处，已被海生动物钻出许多小孔。根据史料记载，公元79年，因维苏威火山爆发，石柱被火山灰掩埋了3.6m；之后该地区渐渐下沉，到15世纪，石柱已被淹没6m以上；此后该地区地壳开始抬升，到18世纪，石柱又重新回到海平面以上；19世纪初期，该区地壳再度下降；1955年，石柱被海水淹没2.5m。

3.1.1.3 水平运动与垂直运动的关系

地壳的水平运动与垂直运动有着密切的联系。一个地区地壳的水平运动可引起另一个地区地壳的垂直运动，相应的，一个地区地壳的垂直运动也可引起另一个地区的水平运动。在同一地区，地壳在某一时期以水平运动为主，在另一个时期则以垂直运动为主；因而各种方向的地壳运动实际上是互相联系的。

3.1.2 地质作用

地壳自形成以来，一直处在不停地运动和变化之中，因而引起地壳构造和地表形态不断地发生演变。在地质历史发展的过程中，促使地壳的组成物质、构造和地表形态不断变化的作用，统称为地质作用。地质作用按其能源的不同，可分为外力地质作用和内力地质作用两类。

3.1.2.1 外力地质作用

外力地质作用简称外力作用，是由地球外部的动力引起的。它的能源主要来自太阳的热能、太阳和月球的引力能以及地球的重力能等。外力地质作用的方式，可以概括为以下几种：

(1) 风化作用：是指在温度变化、气体、水及生物等因素的综合影响下，促使组成地壳表层的岩石发生破碎、分散的一种破坏作用。

(2) 剥蚀作用：是指将岩石风化破坏的产物从原地剥离下来的作用。它包括除风化作用以外的所有方式的破坏作用，诸如河流、大气降水、地下水、海洋、湖泊以及风等的作用。

(3) 搬运作用：是指岩石经过风化、剥蚀破坏后的产物，被流水、风、冰川等介质搬运到其他地方的作用。

(4) 沉积作用：是指被搬运的物质，由于搬运介质的搬运能力减弱、搬运介质的物理化学条件发生变化，或由于生物的作用，从搬运介质中分离出来，形成沉积物的过程。

(5) 固结成岩作用：是指沉积下来的各种松散堆积物，在一定条件下，由于压力增大、温度升高以及受到某些化学溶液的影响，发生压缩、胶结及重结晶等物理化学过程，使之固结成为坚硬岩石的作用。

外力地质作用，一方面通过风化和剥蚀作用不断地破坏出露地面的岩石，另一方面又把高处剥蚀下来的风化产物通过流水等介质搬运到低洼的地方沉积下来重新形成新的岩石。外力地质作用总的趋势是切削地壳表面隆起的部分，填平地壳表面低洼的部分，不断使地壳的面貌发生变化。

3.1.2.2 内力地质作用

内力地质作用是指以地球内能为能源并主要发生在地球内部的地质作用，包括地壳运动、岩浆作用、变质作用和地震。

（1）地壳运动：地壳运动引起海陆变迁，产生各种地质构造。因此，在一定意义上又把地壳运动称为构造运动。发生在晚第三纪末和第四纪的构造运动，在地质学上称为新构造运动。伴随着地壳运动，常常发生地震、岩浆作用和变质作用。

（2）岩浆作用：地壳内部的岩浆，在地壳运动的影响下，向外部压力减小的方向移动，上升侵入地壳或喷出地面，冷却凝固成为岩石的全过程，称为岩浆作用。岩浆作用形成岩浆岩，并使围岩发生变质现象，同时引起地形改变。

（3）变质作用：由于地壳运动、岩浆作用等引起物理和化学条件发生变化，促使岩石在固体状态下改变其成分、结构和构造的作用，称为变质作用。变质作用形成各种不同的变质岩。

（4）地震：是地壳快速震动的现象，是地壳运动的一种表现形式。地壳运动和岩浆作用都能引起地震。

内力地质作用的总趋势是形成地壳表层的基本构造形态和地壳表面大型的高低起伏。它一方面起着改变外力地质过程的作用，同时又为外力地质作用的不断发展提供新的条件。内力地质作用与外力地质作用紧密关联，互相影响，始终处于对立统一的发展过程中，成为促使地壳不断运动、变化和发展的基本力量。

3.2 岩层及岩层产状

3.2.1 岩层

在广阔平坦的沉积盆地（如海洋，湖泊），沉积岩被一层一层堆积起来，其原始产状近于水平，仅在沉积盆地边缘区域岩层稍有倾斜。当岩层受到构造运动的影响后，大部分的岩层产生变形、变位，发生倾斜，形成倾斜地层、褶皱、断裂等地质构造，少部分岩层仍保持近水平状。岩层的产状是指岩层的空间位置，根据岩层的产状可将岩层分为水平岩层、倾斜岩层和直立岩层。

3.2.1.1 水平岩层

水平岩层指岩层倾角为0°的岩层。绝对水平的岩层很少见，通常将倾角小于5°的岩层都称为水平岩层，又称为水平构造。水平岩层一般出现在构造运动轻微的地区或在大范围均匀抬升、下降的地区，如图3-1所示。其主要特征如下：

（1）时代新的岩层盖在老岩层之上。地形平坦地区，地表只能见到同一层岩层。

（2）水平岩层顶面与底面的高程差就是岩层的厚度。

（3）水平岩层的地质界线（岩层面与地面的交线），与地形等高线平行或重合，呈不规则的同心圈状或条带状，在山沟、山谷中呈锯齿状条带延伸，地质界线的转折尖端指向上游。水平岩层的分布形态完全受地形控制。

（4）水平岩层的露头宽度（岩层顶面和底面地质界线间的水平距离），与地面坡度、岩层厚度有关。地面坡度相同时，如果岩层厚度大，则露头宽度大；反之，如果岩层厚度小，则露头宽度小。岩层厚度相同时，如果地面坡度平缓，则露头宽度大；反之，如果地面坡度陡立，则露头宽度小。

3.2.1.2 倾斜岩层

倾斜岩层指岩层面与水平面夹角为 5°～85°的岩层。自然界大多数岩层是倾斜岩层，倾斜岩层是构造挤压或大区域内不均匀抬升、下降，使岩层向某个方向倾斜而形成的岩层。因此，倾斜岩层往往是褶皱的一翼或断层的一盘，如图 3-2。倾斜岩层按倾角 α 的大小又可分为缓倾岩层（$\alpha<30°$）、陡倾岩层（$30°\leqslant\alpha<60°$）和陡立岩层（$\alpha\geqslant60°$）。

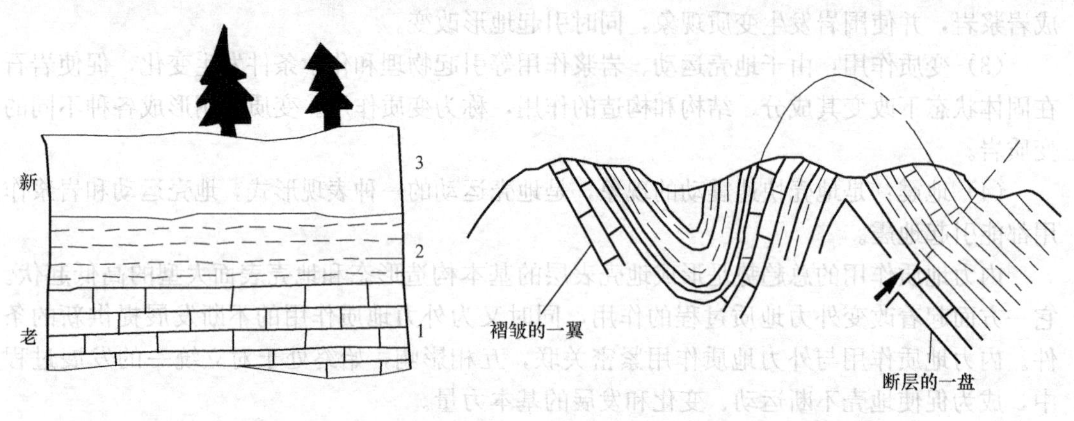

图 3-1 水平岩层

1～3—岩层由老至新

图 3-2 倾斜岩层

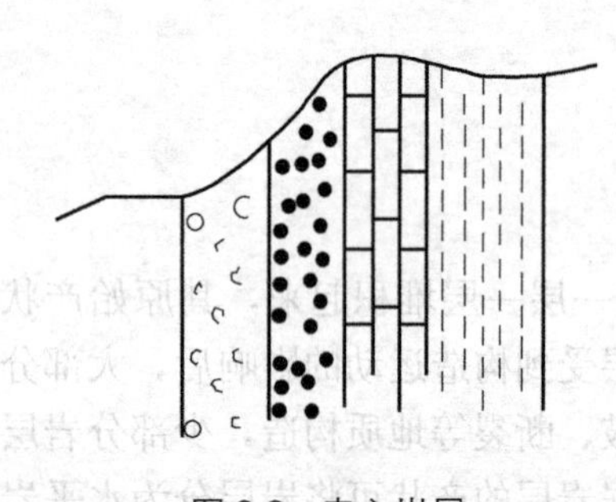

图 3-3 直立岩层

3.2.1.3 直立岩层

直立岩层是指岩层倾角等于 90°的岩层。绝对直立的岩层非常少见，一般将岩层倾角大于 85°的岩层都称为直立岩层，如图 3-3 所示。直立岩层一般出现在构造挤压强烈的地区。

3.2.2 岩层产状

3.2.2.1 产状要素

岩层的产状是指岩层的空间分布状态，它是研究地质构造的基础。产状用走向、倾向和倾角来表示，称为产状三要素，如图 3-4 所示。

（1）走向：岩层面与水平面交线的延伸方向，走向线就是层面上的水平线。

（2）倾向：岩层面上与走向垂直并指向下方的直线，它的水平投影方向为倾向。

（3）倾角：岩层面与水平面的交角。其中沿倾向方向测量得到的最大交角称为真倾角。岩层层面在其他方向上的夹角皆为视倾角。真倾角一定大于视倾角。

3.2.2.2 产状的测量

岩层产状测量是地质调查中的一项重要工作，如图 3-4 所示，在野外用地质罗盘仪直接在岩层上测量。

（1）岩层走向的测定

测走向时，先将罗盘上平行于刻度盘南北方向的长边贴于层面，然后放平，使圆水准泡居中，这时指北针（或指南针）所指刻度盘的读数，就是岩层走向的方位。走向线两端的延伸方向均是岩层的走向，所以同一岩层的走向有两个数值，相差 180°。

（2）岩层倾向的测定

测倾向时，将罗盘上平行于刻度盘东西方向的短边与走向线平行，同时将罗盘的北端指向岩层的倾斜方向，调整水平，使圆水准泡居中后，这时指北针所指的度数就是岩层倾向的方位。倾向只有一个方向。同一岩层面的倾向与走向相差 90°。

（3）岩层倾角的测定

测倾角时，将罗盘上平行刻度盘南北方向的长边竖直贴在倾斜线上，紧贴层面使上边与岩层走向垂直，转动罗盘背面的倾斜器，使长管水准泡居中后，倾角指示针所指刻度盘读数就是岩层的倾角。

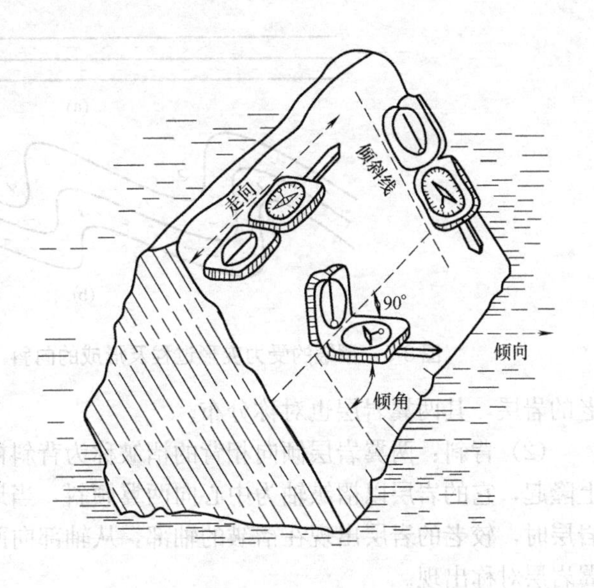

图 3-4 岩层的产状要素及其测量方法

3.2.2.3 产状的表示方法

由地质罗盘仪测得的数据，一般有两种记录方法：

（1）象限角法。采用走向/倾向（象限）、倾角表示，如 300°/NE∠45°，表示走向 300°，倾向为北东 30°，倾角 45°，需要注意倾向与走向呈±90°的关系，倾向一旦确定，走向也就确定；走向确定时，倾向则可能有两个方向。

（2）方位角法。采用倾向、倾角表示，如 260°∠45°，表示倾向第三象限 260°，走向 170°，倾角 45°。

3.3 褶皱构造及类型

3.3.1 褶皱构造

组成地壳的岩层，受构造应力的强烈作用，使岩层形成一系列波状弯曲而未丧失其连续性的构造，称为褶皱构造（图 3-5）。褶皱构造是岩层产生的塑性变形，是地壳表层广泛发育的基本构造之一。褶皱构造的规模差异非常大，大到长达几百千米至上千千米，如构造盆地，小到手标本上的褶皱。

褶皱构造中任何一个单独的弯曲都称为褶曲，褶曲是组成褶皱的基本单元。褶曲有背斜和向斜两种基本形式，如图 3-5（b）所示。

（1）向斜：两翼岩层倾向相向（相对）的褶皱称为向斜褶皱。向斜在形态上一般表现为岩层向下凹陷弯曲，在向斜褶皱中，岩层的倾斜方向与背斜相反，两翼的岩层都向褶皱的轴部倾斜。如地面遭受剥蚀，在褶皱轴部露出的是较新的岩层，向两翼依次露出的是较

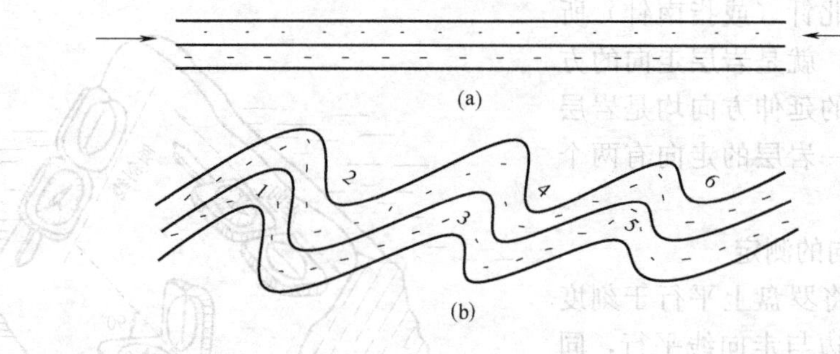

图 3-5 褶皱的受力变形过程及形成的向斜（2、4、6）、背斜（1、3、5）

老的岩层，其两翼岩层也对称分布。

（2）背斜：两翼岩层倾向相背的褶皱称为背斜褶皱。背斜在形态上一般表现为岩层向上隆起，它的岩层以褶皱轴为中心向两翼倾斜，当地面受到剥蚀而露出有不同地质年代的岩层时，较老的岩层出现在褶皱的轴部，从轴部向两翼依次出现的是较新的岩层，并且两翼岩层对称出现。

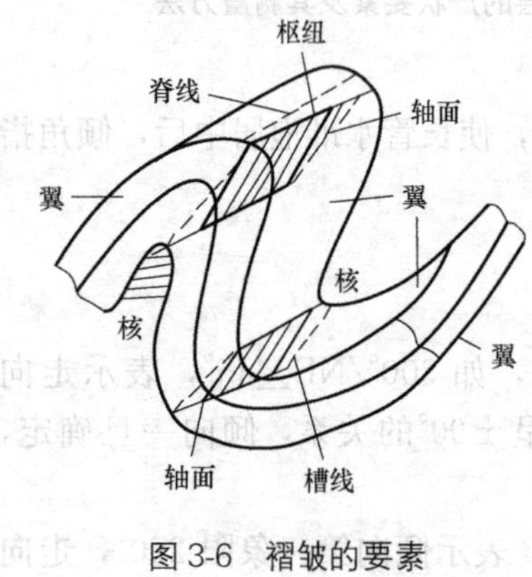

图 3-6 褶皱的要素

3.3.1.1 褶曲要素

褶皱构造的各个组成部分称为褶皱要素，包括核部、翼部、轴面、轴线、枢纽、脊线和槽线，如图 3-6 所示。

（1）核部：核部是褶皱的中心部分，通常指位于褶皱中央最内部的一个岩层。

（2）翼部：褶皱核部两侧的岩层。

（3）轴面：平分褶曲两翼的假想对称面。轴面是为了标定褶皱方位及产状而划定的一个假想面。褶皱的轴面可以是一个简单的平面，也可以是一个复杂的曲面。轴面可以是直立的，也可以是倾斜的或平卧的。

（4）轴线：轴面与水平面的交线。轴线的方位即为褶皱的方位。轴的长度表示褶皱伸延的规模。

（5）枢纽：轴面与褶皱同一岩层层面的交线。褶皱枢纽有水平的、倾斜的，也有波状起伏的。枢纽可以反映褶皱在延伸方向产状的变化情况。

（6）脊线：背斜横坡面上弯曲的最高点称顶，背斜中同一岩层面上最高点的连线称为脊线。

（7）槽线：向斜横剖面上弯曲的最低点称槽，向斜中同一岩层面上最低点的连线叫槽线。

3.3.1.2 褶曲分类

褶皱的形态多种多样，不同形态的褶皱反映了褶皱形成时不同的力学条件及成因。为了更好地描述褶皱在空间的分布，研究其成因，常以褶皱的形态为基础，对褶皱进行分类。下面介绍两种形态分类。

（1）按褶皱横剖面形态分类

即按横剖面上轴面和两翼岩层产状分类，见图 3-7。

1）直立褶皱：轴面直立，两翼岩层倾向相反，倾角大致相等。

2）倾斜褶皱：轴面倾斜，两翼岩层倾向相反，倾角不相等。

3）倒转褶皱：轴面倾斜，两翼岩层倾向相同，其中一翼为倒转岩层。

4）平卧褶皱：轴面近水平，两翼岩层近水平，其中一翼为倒转岩层。

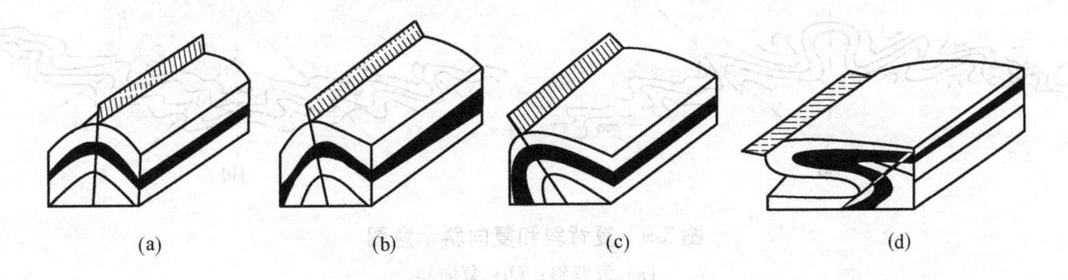

图 3-7 褶皱按横剖面形态分类

（a）直立褶皱；（b）倾斜褶皱；（c）倒转褶皱；（d）平卧褶皱

（2）按褶皱纵剖面形态分类

即按枢纽产状分类，见图 3-8。

1）水平褶皱：枢纽近于水平，呈直线状延伸较远，两翼岩层界线基本平行，见图 3-8（a）。若褶皱长宽比大于 10∶1，在平面上呈长条状，称为线状褶曲。

2）倾伏褶皱：枢纽向一端倾伏，另一端昂起，两翼岩层界线不平行，在倾伏端交汇成封闭弯曲线，见图 3-8（b）。若枢纽两端同时倾伏，则两翼岩层界线呈环状封闭，其长宽比在 10∶1～3∶1 之间时，称为短轴褶曲。其长宽比小于 3∶1 时，背斜称为穹窿构造，向斜称为构造盆地。

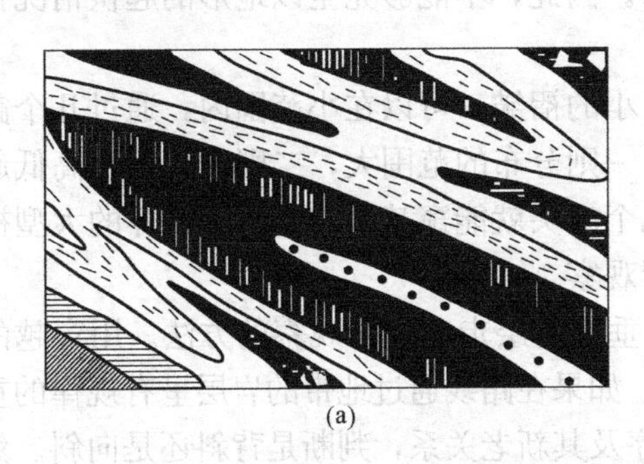

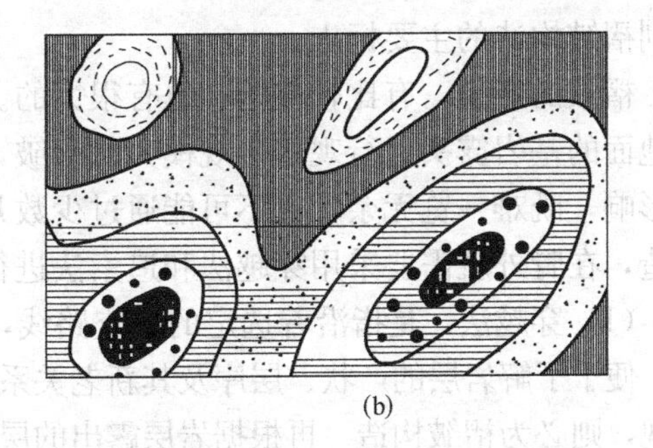

图 3-8 线状褶曲、短轴褶曲及穹窿构造

（a）线状褶曲；（b）短轴褶曲及穹窿构造

3.3.2 褶皱构造的类型

褶皱是褶曲的组合形态，两个或两个以上褶曲构造的组合，称为褶皱构造。在褶皱较强烈的地区，单个的褶曲比较少见，一般的情况都是线形的背斜与向斜相间排列，以大体一致的走向平行延伸，有规律地组合成不同形式的褶皱构造。如果褶皱剧烈，在早期褶皱的基础上再经褶皱变动，就会形成更为复杂的褶皱构造。我国的一些著名山脉，如昆仑山、祁连山、秦岭等，都是这种复杂的褶皱构造山脉。常见的褶皱组合类型如下：

（1）复背斜和复向斜：由一系列连续的背斜和向斜组成的一个大背斜或大向斜（图

3-9)。褶曲在受到剧烈构造运动后，两翼岩层形成轴向与大褶曲一致的次一级小褶皱，如我国天山褶皱带中的构造。

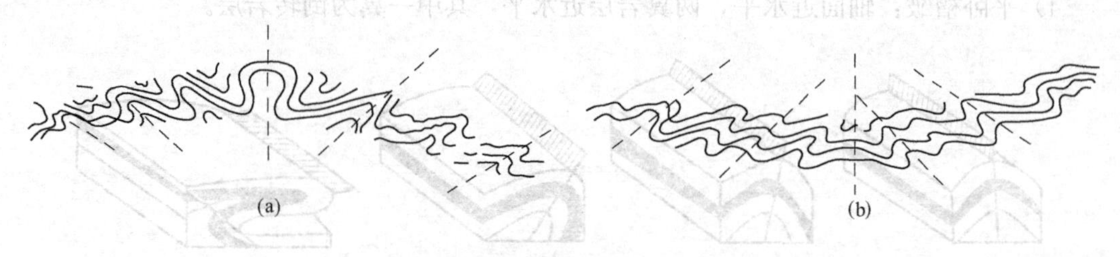

图 3-9 复背斜和复向斜示意图

(a) 复背斜；(b) 复向斜

(2) 隔挡式褶皱和隔槽式褶皱：由一系列轴面平行的背斜和向斜相间排列组成的。当背斜窄而紧闭、背斜之间的向斜开阔平缓时，即为隔挡式褶皱，如四川盆地东部的一系列北北东向褶皱；反之，当背斜宽缓、向斜紧闭时，则为隔槽式褶皱，如黔北-湘西一带发育的褶皱。

3.3.3 褶皱构造的野外识别

在一般情况下，人们容易认为背斜为山，向斜处为谷。有这种情形，但实际情况要比这复杂得多。因为背斜遭受长期剥蚀，不但可以逐渐地被夷为平地，而且往往由于背斜轴部的岩层遭到构造作用的强烈破坏，在一定的外力条件下，甚至可以发展成为谷地。所以向斜山与背斜谷的情况在野外也是比较常见的。因此，不能够完全以地形的起伏情况作为识别褶皱构造的主要标志。

褶皱的规模，有比较小的，也有很大的。小的褶皱，可以在小范围内，通过几个露出在地面的基岩露头进行观察。规模大的褶皱，一则分布的范围大，二则常受地形高低起伏的影响，既难一览无余，也不可能通过少数几个露头就能窥其全貌。对于这样的大型褶皱构造，在野外就需要采用穿越法和追索法进行观察。

(1) 穿越法，是指沿着选定的调查路线，垂直岩层走向进行观察的方法。用穿越的方法，便于了解岩层的产状、层序及其新老关系。如果在路线通过地带的岩层呈有规律的重复出现，则必为褶皱构造。再根据岩层露出的层序及其新老关系，判断是背斜还是向斜。然后进一步分析两翼岩层的产状和两翼与轴面之间的关系，这样就可以判断褶皱的形态类型。

(2) 追索法，是指平行岩层走向进行观察的方法。平行岩层走向进行追索观察，便于查明褶皱延伸的方向及其构造变化的情况。当两翼岩层在平面上彼此平行展布时，为水平褶皱；如果两翼岩层在转折端闭合或呈“S”形弯曲时，则为倾伏褶皱。

穿越法和追索法，不仅是野外观察褶皱的主要方法，同时也是野外观察和研究其他地质构造现象的一种基本方法。在实践中一般以穿越法为主，追索法为辅，根据不同情况，穿插运用。

3.4 断裂构造

构成地壳的岩石受地应力作用后发生变形，当变形达到一定程度时，岩石的连续性和完整性遭到破坏，产生各种大小不同的断裂称为断裂构造。断裂构造主要分为节理和断层两大类。凡岩石沿破裂面没有明显相对位移的称为节理，节理也称为裂隙；岩石沿破裂面两侧发生了明显相对位移的称为断层。

断裂构造在地壳中广泛分布，它往往是工程岩体稳定性的控制性因素。

3.4.1 节理

3.4.1.1 节理的成因分类及其特征

节理普遍存在于岩体或岩层中，以构造应力作用形成的构造节理为主。构造节理具有明显的方向性和规律性，其成因与褶皱和断层形成过程密切相关，对不同性质的岩石和在不同构造部位，构造节理的力学性质和发育程度都不相同。

根据节理的力学成因，可把构造节理分为剪节理（亦称扭节理）和张节理两类。

(1) 剪节理：岩石受剪（扭）应力作用形成的破裂面称为剪节理，其两组剪切面一般形成X形的节理，故又称为X节理。剪节理常与褶皱、断层相伴。剪节理的主要特征：节理产状稳定，沿走向和倾向延伸较远；节理面平直光滑，常有剪切滑动留下的擦痕，可用来判断两侧岩石相对移动方向；剪节理面两壁间的裂缝很小，一般呈闭合状；剪节理常成对呈X形出现，一般发育较密，节理之间距离较小，特别是软弱薄层岩石中常密集成带。由于剪节理交叉互相切割岩层成碎块体，破坏岩体的完整性，故剪节理面常是易于滑动的软弱面。

(2) 张节理：岩层受张应力作用而形成的破裂面称为张节理。在褶皱岩层中，多在弯曲顶部产生与褶皱轴走向一致的张节理。张节理的主要特征：节理产状不稳定，延伸不远即消失。节理面弯曲且粗糙，张节理两壁间的裂缝较宽，呈开口或楔形，并常被岩脉充填；张节理一般发育较稀，节理间距较大，很少密集成带，张节理往往是渗漏的良好通道。

剪节理和张节理是地质构造应力作用所形成的主要节理类型，在地壳岩体中广泛分布，对岩体的稳定性影响很大。

除了构造节理之外，还有非构造节理。非构造节理是由成岩作用、外动力和重力等非构造因素所形成的裂缝，如原生节理、风化节理和卸荷节理等。其中具有普遍意义的是风化节理。风化节理广泛发育在岩层（体）靠近地面的部分，一般很少达到地面以下10～15m的深度。风化节理分布零乱，无明显的方向性，但相互间连通性强。风化节理使地表岩石破碎甚至完全松散，岩石工程地质性质变差，也是基岩山区浅层地下水的赋存空间，风化节理对山区公路路堑、隧道进出口的边坡稳定性影响极大。

3.4.1.2 节理的调查、统计和表示方法

为了反映节理分布规律及对岩体稳定性的影响，需要进行野外调查和室内资料整理工作，并利用统计图式，把岩体节理的分布情况表示出来。

调查时应先在工作地点选择一具有代表性的基岩露头，对一定面积内的节理，按表3-1所列内容进行测量，并注意研究节理成因和填充情况。测量节理产状的方法和测量岩层产状的方法相同，为测量方便起见，当节理面露出不佳时，常利用硬纸片或金属薄片插入节理中，用测量纸片的产状数据，代替节理的产状。

节理野外测量记录表 表 3-1

编号	节理产状			长度	宽度	条数	填充情况	节理成因类型
	走向	倾向	倾角					
1	307°	37°	18°			22	节理面夹泥	扭性节理
2	332°	62°	10°			15	节理面夹泥	扭性节理
3	7°	277°	80°			2	节理面夹泥	张性节理
4	15°	285°	60°			4	节理面夹泥	张性节理

统计节理有多种图式，节理玫瑰图就是常用的一种，它可用来表示节理发育程度的大小。其资料的编制方法如下：

（1）节理走向玫瑰图通常是在一任意半径的半圆上，画上刻度网，把所测得的节理按走向以每 5° 或每 10° 分组，统计每一组内的节理数并算出平均走向。自圆心沿半径引射线，射线的方位代表每组节理平均走向的方位，射线的长度代表每组节理的条数。然后用折线把射线的端点连接起来，即得到节理走向玫瑰图，如图 3-10（a）所示。图中的每一个“玫瑰花瓣”，代表一组节理的走向“花瓣”的长度，代表这个方向上节理的条数，“花瓣”越长，反映沿这个方向分布的节理越多。从图中可以看出，比较发育的节理有：走向 330°、30°、60°、300°及东西的共五组。

（2）节理倾向玫瑰图是先将测得的节理，按倾向以每 5°或每 10°为一组，统计每组内节理的条数，并算出其平均倾向，用绘制走向玫瑰图的方法，在注有方位的圆周上，根据平均倾向和节理条数，定出各组相应的端点。用折线将这些点连接起来，即为节理倾向玫瑰图，如图 3-10（b）所示。如果用平均倾角表示半径方向的长度，用同样方法可以编制节理倾角玫瑰图。节理玫瑰图编制方法的优点是简单，但最大缺点是不能在同一张图上把节理的走向、倾向和倾角同时表示出来。

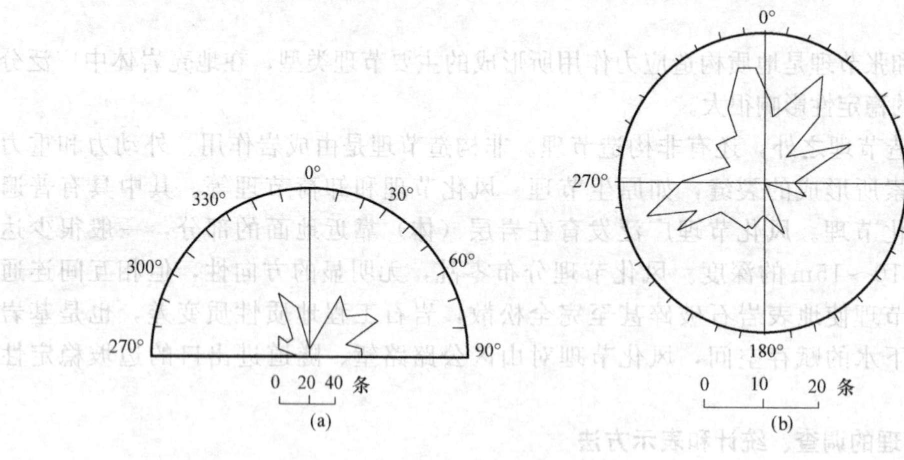

图 3-10 节理玫瑰图

（a）节理走向玫瑰图；（b）节理倾向玫瑰图

3.4.1.3 节理的工程地质评价

岩石中的节理，在工程上除有利于开采外，对岩体的强度和稳定性均有不利影响。节理破坏了岩石的整体性，促使风化速度加快，增强了岩体的透水性，使岩体强度和稳定性降低。若节理的主要发育方向与路线走向平行、倾向与边坡一致，不论岩体的产状如何，路堑边坡都容易发生崩塌或碎落。在路基施工时，还会影响爆破作业的效果。所以，当节理有可能成为影响工程设计的重要因素时，应当进行深入的调查研究，详细论证节理对岩体工程建筑条件的影响，采取相应措施，以保证建筑物的稳定和正常使用。

3.4.2 断层

岩石受力断裂后，两侧岩块沿断裂面发生显著相对位移的断裂构造，称为断层。断层规模大小不一，小的几米，大的上千千米，相对位移从几厘米到几十千米。

3.4.2.1 断层要素

断层由以下几个部分组成（图 3-11）：

（1）断层面和破碎带：两侧岩块发生相对位移的断裂面，称为断层面。断层面可以是直立的，但大多数是倾斜的。断层的产状，就是用断层面的走向、倾向和倾角表示的。规模大的断层，经常不是沿着一个简单的面发生，而往往是沿着一个错动带发生，称为断层破碎带。其宽度从数厘米到数十米不等。断层的规模越大，破碎带也就越宽、越复杂。由于两侧岩块沿断层面发生错动，所以在断层面上常留有擦痕，在断层带中常形成糜棱岩、断层角砾和断层泥等。

（2）断层线：断层面与地面的交线，称为断层线。断层线表示断层的延伸方向，其形状决定于断层面的形状和地面的起伏情况。

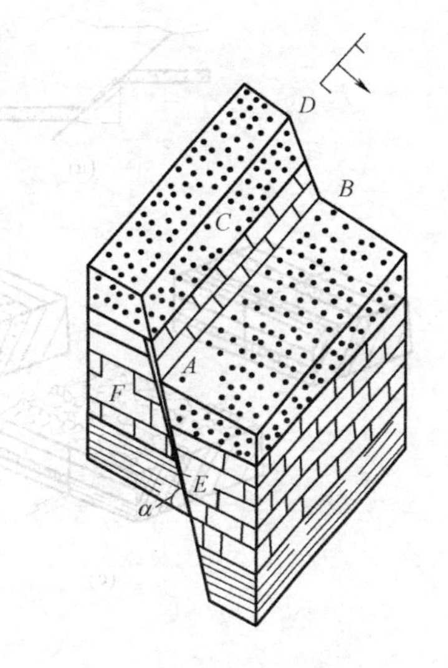

图 3-11 断层要素

AB—断层线；*C*—断层面；α—断层倾角；*E*—上盘；*F*—下盘；*DB*—总断距

（3）断盘：断层面两侧发生相对位移的岩块，称为断盘。当断层面倾斜时，位于断层面上部的称为上盘；位于断层面下部的称为下盘。当断层面直立时，常用断块所在的方位表示，如东盘、西盘等。如以断盘位移的相对关系为依据，则将相对上升的一盘称为上升盘；相对下降的一盘称为下降盘。上升盘和上盘，下降盘和下盘并不完全一致，上升盘可以是上盘，也可以是下盘。同样，下降盘可以是下盘，也可以是上盘，两者不能混淆。

（4）断距：断层两盘沿断层面相对移动分开的距离。

3.4.2.2 断层的基本类型

断层的分类方法很多，所以有各种不同的类型。根据断层两盘相对位移的情况，可以分为下面三种。

（1）正断层（图 3-12a）是上盘沿断层面相对下降、下盘相对上升的断层。正断层一般是由于岩体受到水平张应力及重力作用，使上盘沿断层面向下错动而成。一般规模不大，断层线比较平直，断层面倾角较陡，常大于 45°。

（2）逆断层（图 3-12b）是上盘沿断层面相对上升、下盘相对下降的断层。逆断层一般是由于岩体受到水平方向强烈挤压力的作用，使上盘沿断面向上错动而成。断层线的方向常和岩层走向或褶皱轴的方向近于一致，和压应力作用的方向垂直。断层面从陡倾角至缓倾角都有。其中断层面倾角大于45°的称为冲断层；介于25°～45°之间的称为逆掩断层（图3-12d）；小于25°的称为辗掩断层。逆掩断层和辗掩断层常是规模很大的区域性断层。

（3）平移断层（图3-12c）是由于岩体受水平扭应力作用，使两盘沿断层面发生相对水平位移的断层。平推断层的倾角很大，断层面近于直立，断层线比较平直。

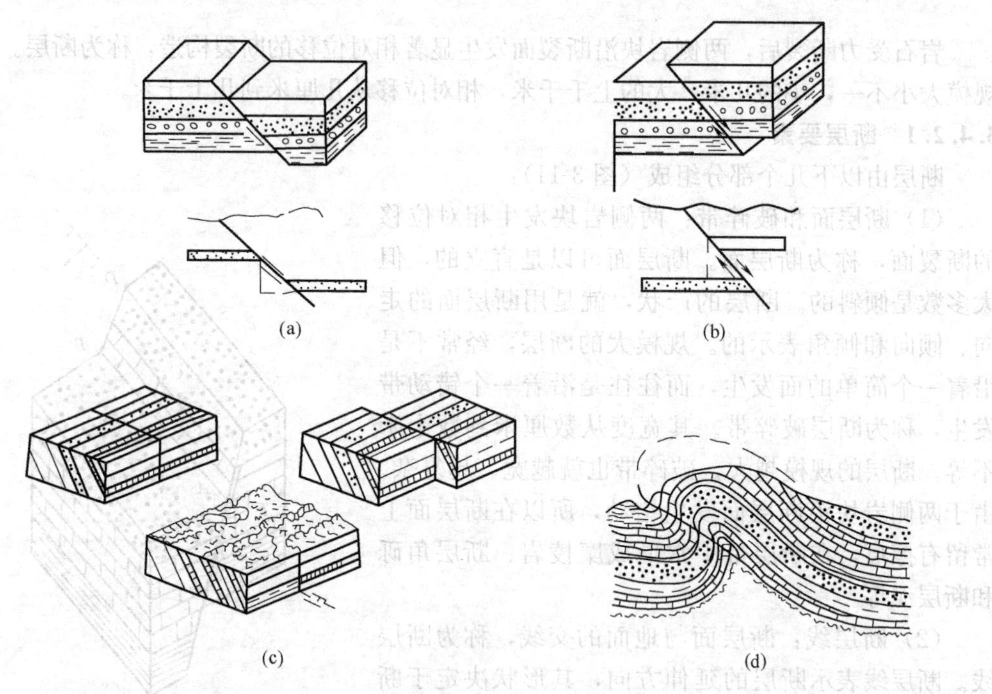

图3-12 断层的类型

（a）正断层；（b）逆断层；（c）平移断层；（d）逆掩断层

上面介绍的，主要是一些受单向应力作用而产生的断裂变形，是断层构造的三个基本类型。由于岩体的受力性质和所处的边界条件十分复杂，所以实际情况还要复杂得多。

3.4.2.3 断层的组合形式

断层的形成和分布，不是孤立的现象。它受着区域性或地区性的应力场的控制，并经常与相关构造相伴生，很少孤立出现。在各构造之间，总是以一定的力学性质、一定的排列方式有规律地组合在一起，形成不同形式的断层带。断层带也叫断裂带，是局限于一定地带内的一系列走向大致平行的断层组合，如阶状断层（图3-13）、地堑、地垒（图3-14）和迭瓦式构造（图3-15）等，就是分布比较广泛的几种断层的组合形式。

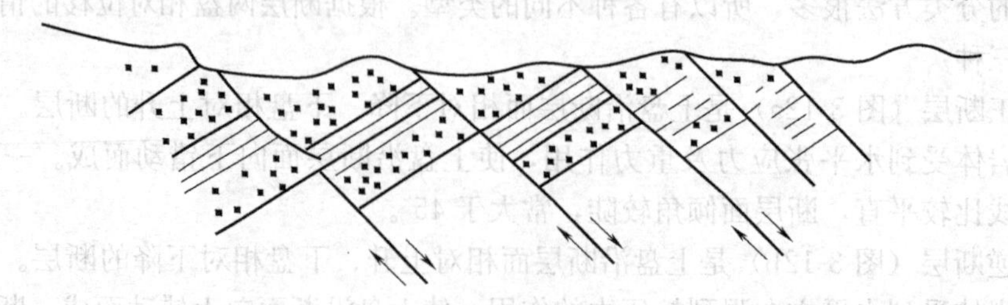

图3-13 阶状断层

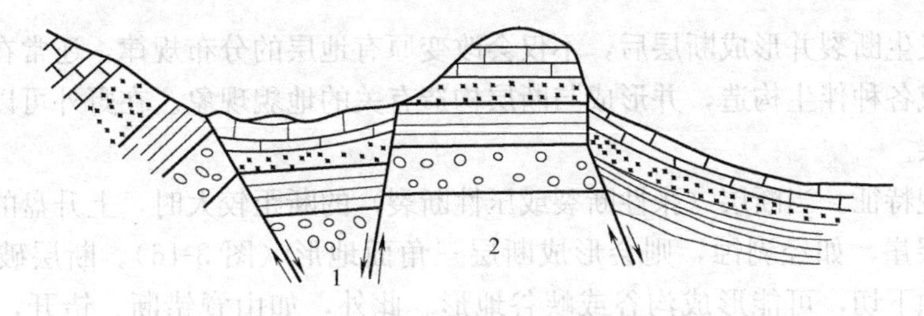

图 3-14 地堑和地垒
1—地堑；2—地垒

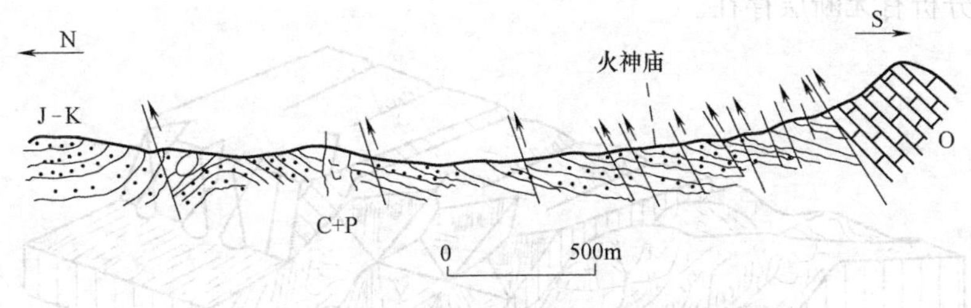

图 3-15 河北兴隆火神庙地区迭瓦式构造
O—奥陶纪石灰岩；C＋P—石炭二叠纪砾岩、砂岩、页岩夹煤层；J－K—侏罗纪-白垩纪火山岩

在地形上，地堑常形成狭长的凹陷地带，如我国山西的汾河河谷、陕西的渭河河谷等，都是有名的地堑构造。地垒多形成块状山地，如天山、阿尔泰山等，都广泛发育有地垒构造。

在断层分布密集的断层带内，岩层一般都受到强烈破坏，发生产状紊乱、岩层破碎、地下水多、沟谷斜坡崩塌、滑坡、泥石流等不良地质现象。

3.4.2.4 断层的工程地质评价

由于岩层发生强烈的断裂变动，致使岩体裂隙增多、岩石破碎、风化严重、地下水发育，从而降低了岩石的强度和稳定性，对工程建筑造成了种种不利的影响。因此，在公路工程建设中，如确定路线布局、选择桥位和隧道位置时，要尽量避开大的断层破碎带。

在研究路线布局，特别在安排河谷路线时，要特别注意河谷地貌与断层构造的关系。当路线与断层走向平行，路基靠近断层破碎带时，由于开挖路基，容易引起边坡发生大规模坍塌，直接影响施工和公路的正常使用。在进行大桥桥位勘测时，要注意查明桥基部分有无断层存在，及其影响程度如何，以便根据不同情况，在设计基础工程时采取相应的处理措施。

在断层发育地带修建隧道，是最不利的一种情况。由于岩层的整体性遭到破坏，加之地表水或地下水的侵入，其强度和稳定性都是很差的，容易产生洞顶坍落、隧道突水突泥等工程灾害，影响施工安全。因此，当隧道轴线与断层走向平行时，应尽量避免与断层破碎带接触。隧道横穿断层时，虽然只有个别段落受断层影响，但因工程地质及水文地质条件不良，必须预先考虑措施，保证施工安全。特别当断层破碎带规模很大或者穿越断层带时，会使施工十分困难，在确定隧道平面位置时，要尽量设法避开。

3.4.2.5 断层的野外识别

从上述情况可看出，断层的存在，在许多情况下对工程建筑是不利的。为了采取措施，防止其对工程建筑的不良影响，首先必须识别断层的存在。

当岩层发生断裂并形成断层后，不仅会改变原有地层的分布规律，还常在断层面及其相关部分形成各种伴生构造，并形成与断层构造有关的地貌现象。在野外可以根据这些标志来识别断层。

（1）地貌特征。当断层（张性断裂或压性断裂）的断距较大时，上升盘的前缘可能形成陡峭的断层崖，如经剥蚀，则会形成断层三角面地形（图 3-16）。断层破碎带岩石破碎，易于侵蚀下切，可能形成沟谷或峡谷地形。此外，如山脊错断、错开，河谷跌水瀑布，河谷方向发生突然转折等，很可能都是断裂错动在地貌上的反映。在这些地方应特别注意观察，分析有无断层存在。

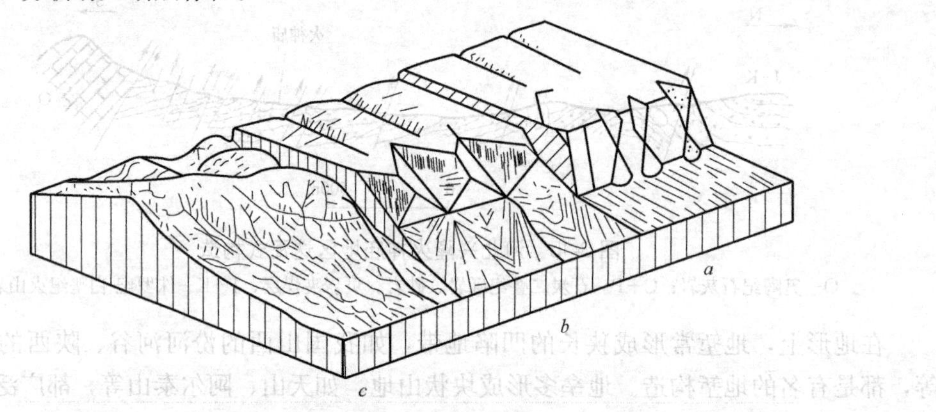

图 3-16 断层三角面形成示意图

a—断层崖剥蚀成冲沟；*b*—冲沟扩大，形成三角面；*c*—继续侵蚀，三角面消失

（2）地层特征。如岩层发生重复（图 3-17a）或缺失（图 3-17b），岩脉被错断（图 3-17c），

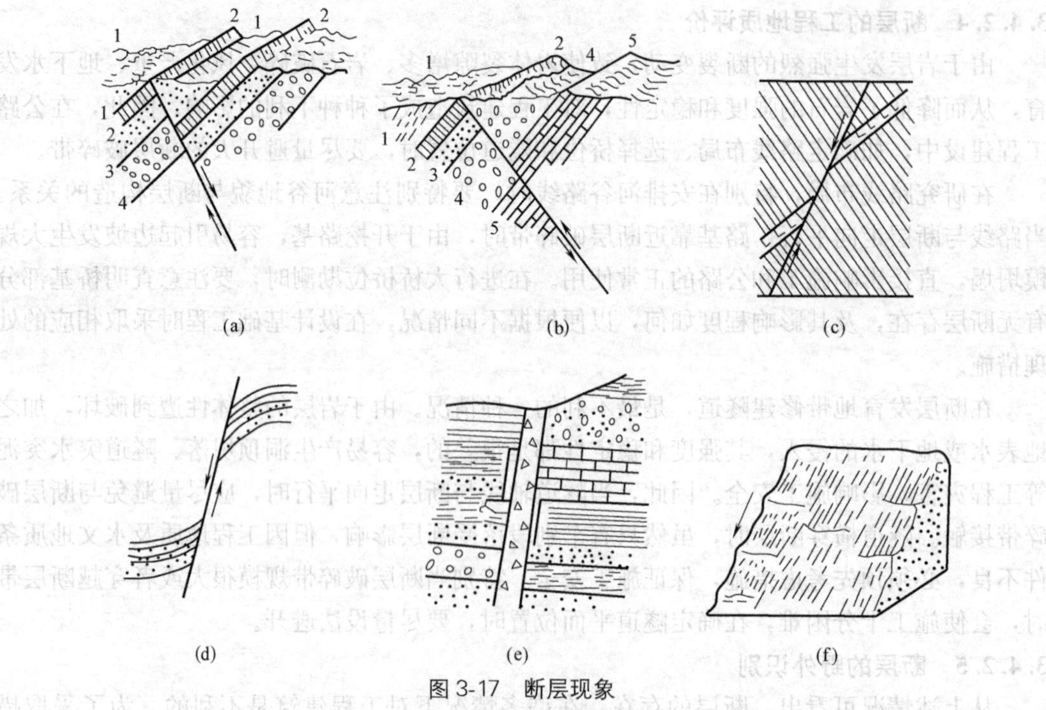

图 3-17 断层现象

(a) 岩层重复；(b) 岩层缺失；(c) 岩脉错断；(d) 岩层牵引弯曲；(e) 断层角砾；(f) 断层擦痕

1～5—岩层由新至老

或者岩层沿走向突然发生中断，与不同性质的岩层突然接触等地层方面的特征，则进一步说明断层存在的可能性很大。

(3) 断层的伴生构造现象。断层的伴生构造是断层在发生、发展过程中遗留下来的形迹。常见的有岩层牵引弯曲、断层角砾、糜棱岩、断层泥和断层擦痕等。

岩层的牵引弯曲，是岩层因断层两盘发生相对错动，因受牵引而形成的弯曲（图 3-17d），多形成于页岩、片岩等柔性岩层和薄层岩层中。当断层发生相对位移时，其两侧岩石因受强烈的挤压力，有时沿断层面被研磨成细泥，称为断层泥。如被研碎成角砾，则称为断层角砾（图 3-17e）。断层角砾一般是胶结的，其成分与断层两盘的岩性基本一致。断层两盘相互错动时，因强烈摩擦而在断层面上产生的一条条彼此平行密集的细刻槽，称为断层擦痕（图 3-17f）。顺擦痕方向抚摸，感到光滑的方向即为相对错动的方向。

可以看出，断层伴生构造现象，是野外识别断层存在的可靠标志。此外，如泉水、温泉呈线状露出的地方，也要注意观察，是否有断层存在。

3.5 地质年代

地史学中，将各个地质历史时期形成的岩层，称为该时代的地层。各地层的新、老关系，在褶曲、断层等地层构造形态的判别中，有着非常重要的作用。确定地层新、老关系的方法有两种，即绝对年代法和相对年代法。

3.5.1 绝对年代法

绝对年代法是指通过确定地层形成时的准确时间，依此排列出各地层新、老关系的方法。确定地层形成时的准确时间，主要是通过测定地层中的放射性同位素年龄来确定。放射性同位素（母同位素）是一种不稳定元素。在天然条件下发生衰变，自动放射出某些射线（α、β、γ 射线），而衰变成另一种稳定元素（子同位素）。放射性同位素的衰变速度是恒定的，不受温度、压力、电场、磁场等因素的影响，即以恒定的衰变常数（λ）进行衰变。用于测定地质年代的主要放射性同位素的衰变常数见表 3-2。其中碳-14 专用于测定最新地质事件和大部分考古材料的年代。其余几种主要用来测定较古老岩石的地质年龄。

常用放射性同位素及其衰变常数　　表 3-2

母同位素	子同位素	半衰期(a)	衰变常数(λ)(a^{-1})
铀(U^{238})	铅(Pb^{206})	4.5×10^{9}	1.54×10^{-10}
铀(U^{235})	铅(Pb^{207})	7.1×10^{8}	9.72×10^{-10}
钍(TH^{282})	铅(Pb^{208})	1.4×10^{10}	0.49×10^{-10}
铷(Rb^{87})	锶(Sr^{87})	5.0×10^{10}	0.14×10^{-10}
钾(K^{40})	氩(Ar^{40})	1.2×10^{9}	5.55×10^{-10}
碳(C^{14})	氮(N^{14})	5.7×10^{3}	—

当测定岩石中所含放射性同位素的质量 P，以及它衰变产物的质量 D，就可利用衰变常数 λ，通过下式计算其形成年龄 t：

$$t=\frac{1}{\lambda}\ln\left(1+\frac{D}{P}\right) \tag{3-1}$$

经同位素年龄测定，目前地表露出的古老岩石有南美洲圭亚那的角闪岩（4130±170）Ma（Ma：百万年），我国冀东络云石英岩（3650～3770Ma）等。

3.5.2 相对年代法

3.5.2.1 沉积岩相对地质年代的确定

沉积岩岩层的相对地质年代，是通过层序、岩性、接触关系和古生物化石等来确定的。

（1）层序

沉积岩在形成过程中，总是先沉积的岩层在下面，后沉积的岩层在上面，形成自然的层序。如果这种正常层序没有被褶皱或断层扰乱的话，岩层的相对地质年代可以由它们在层序中的位置确定（图 3-18）。在构造变动复杂的地区，由于岩层的正常层位发生了变化，通过层序来确定岩层的相对地质年代，就比较困难（图 3-19）。

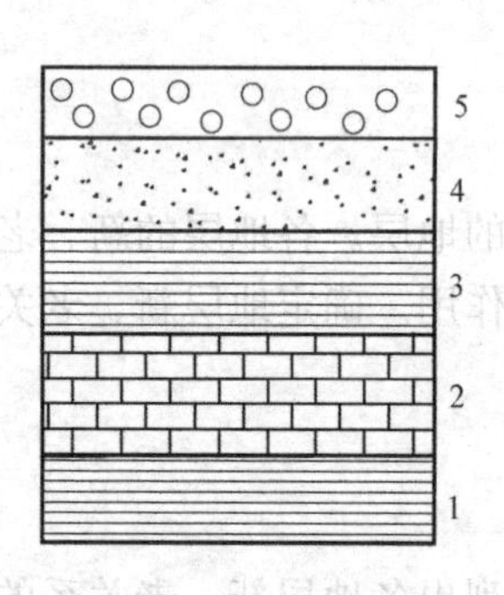

图 3-18 正常层序
1～5—岩层由老至新

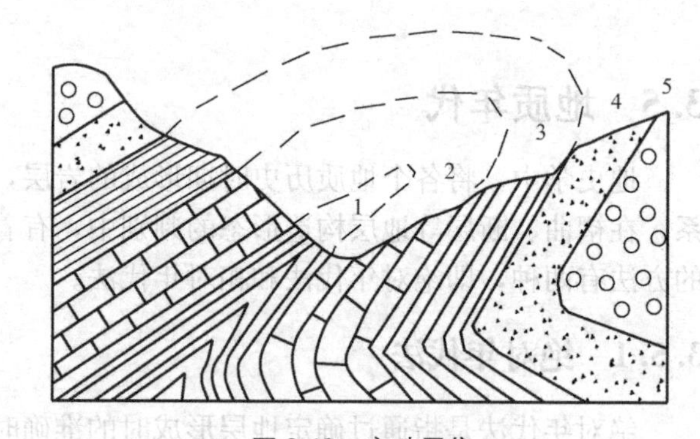

图 3-19 变动层位
1～5—岩层由老至新

（2）岩性

在一定区域内，同一时期形成的岩层，其岩性特点通常应是一致的或近似的。因此，可以把岩石的组成、结构、构造等岩性特点，作为岩层对比的基础。但此法具有一定的局限性，因为同一地质年代的不同地区，其沉积物的组成、性质并不一定都是相同的；而同一地区在不同的地质年代，也可能形成某些性质类似的岩层。

（3）接触关系

在很多沉积岩序列里，不是所有的原始沉积物都能保存下来。地壳上升可以形成侵蚀面，然后下降又被新的沉积物所覆盖，这种埋藏的侵蚀面称为不整合。上下岩层之间具有埋藏侵蚀面的这种接触关系，称为不整合接触。不整合接触面以下的岩层先沉积，年代比较老；不整合接触面以上的岩层后沉积，年代比较新。由于发生了阶段性的变化，接触面上下的岩层，在岩性及古生物等方面往往都有显著不同。因此，不整合接触就成为划分地层相对地质年代的一个重要依据。

沉积岩地层的接触关系可分为整合接触（图 3-20a）和不整合接触，其中不整合接触又可分为两种：

1）平行不整合。基本上互相平行的岩层之间有起伏不平的埋藏侵蚀面（图 3-20b）。

2）角度不整合。埋藏侵蚀面将年轻的、变形较轻的沉积岩同倾斜或褶皱的沉积岩分

开，不整合面上、下两层之间有一角度差异（图 3-20c）。

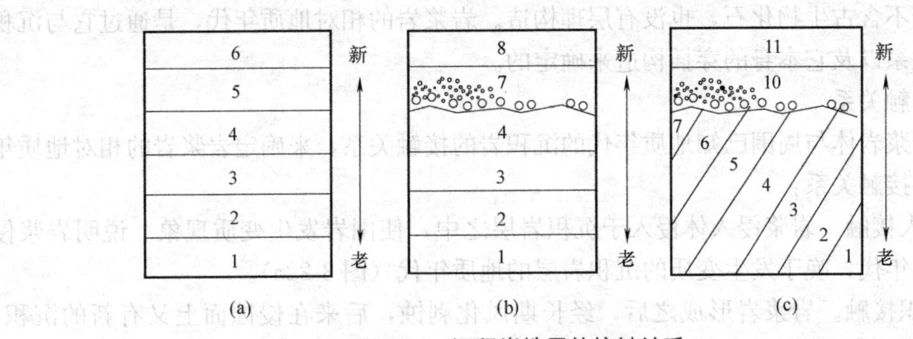

图 3-20 沉积岩地层的接触关系

(a) 整合接触；(b) 平行不整合（岩层 5、6 缺失）；(c) 角度不整合（岩层 8、9 缺失）

1～11—岩层由老至新

（4）古生物化石

按照生物演化的规律，从古到今，生物总是由低级到高级，由简单向复杂逐渐发展的。在地质年代的每一个阶段中，都发育有适应于当时自然环境和发展阶段的特有生物群。因此，在不同地质年代沉积的岩层中，都含有不同特征的古生物化石。含有相同化石的岩层，无论相距多远，都是在同一地质年代中形成的。所以，只要确定出岩层中所含标准化石的地质年代，那么岩层的地质年代，自然也就跟着确定了。在每一地质历史时期都有其代表性的标准化石，如寒武纪的三叶虫、奥陶纪的珠角石、志留纪的笔石、泥盆纪的石燕、二叠纪的大羽羊齿、侏罗纪的恐龙等，如图 3-21 所示。

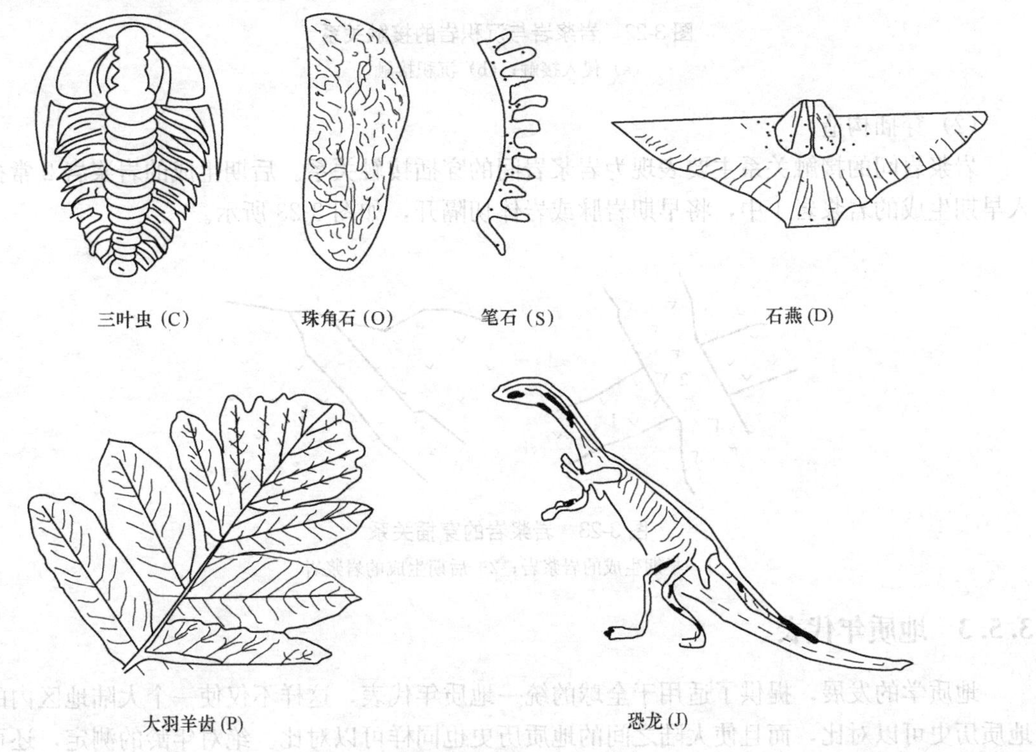

图 3-21 几种标准化石图版

3.5.2.2　岩浆岩相对地质年代的确定

岩浆岩不含古生物化石，也没有层理构造。岩浆岩的相对地质年代，是通过它与沉积岩的接触关系以及它本身的穿插构造来确定的。

（1）接触关系

根据岩浆岩体与周围已知地质年代的沉积岩的接触关系，来确定岩浆岩的相对地质年代。有两种接触关系：

1）侵入接触。岩浆侵入体侵入于沉积岩层之中，使围岩发生变质现象。说明岩浆侵入体的形成年代，晚于发生变质的沉积岩层的地质年代（图 3-22a）。

2）沉积接触。岩浆岩形成之后，经长期风化剥蚀，后来在侵蚀面上又有新的沉积。侵蚀面上部的沉积岩层无变质现象，而在沉积岩的底部往往有由岩浆岩组成的砾岩或岩浆岩风化剥蚀的痕迹。说明岩浆岩的形成年代，早于沉积岩的地质年代（图 3-22b）。沉积岩与岩浆岩的这种接触关系，称为非整合，也属于不整合的一种。

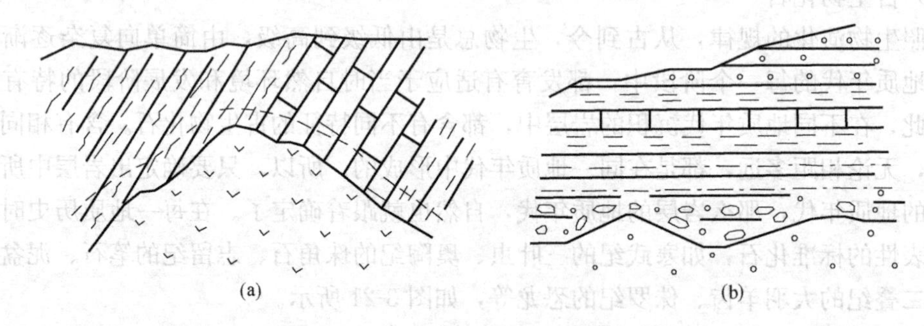

图 3-22　岩浆岩与沉积岩的接触关系
（a）侵入接触；（b）沉积接触

（2）穿插构造

岩浆岩间的接触关系主要表现为岩浆岩间的穿插接触关系。后期生成的岩浆岩 2 常插入早期生成的岩浆岩 1 中，将早期岩脉或岩体切隔开，如图 3-23 所示。

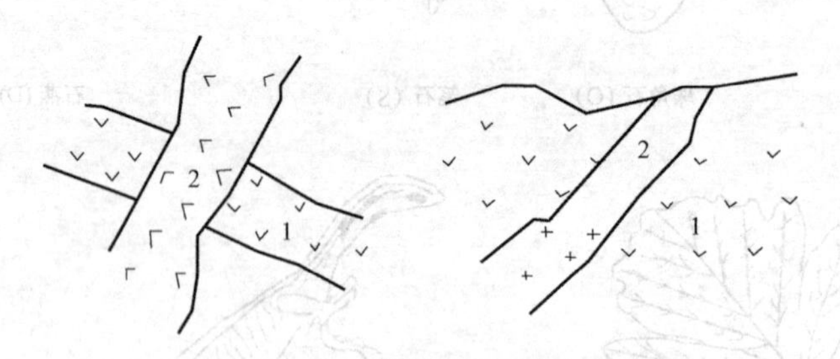

图 3-23　岩浆岩的穿插关系
1—早期生成的岩浆岩；2—后期生成的岩浆岩

3.5.3　地质年代表

地质学的发展，提供了适用于全球的统一地质年代表，这样不仅使一个大陆地区内的地质历史可以对比，而且使大陆之间的地质历史也同样可以对比。绝对年龄的测定，还可使地质学家把地球的历史和月球以及太阳系其他行星的历史联系起来。

3.5.3.1 地质年代单位与时间地层单位

划分地质年代单位和时间地层单位的主要依据是地壳运动和生物演变。地壳发生大的构造变动之后，自然地理条件将发生显著变化，各种生物也将随之演变，以适应新的生存环境，这样就形成了地壳发展历史的阶段性。地质学家根据几次大的地壳运动和生物界大的演变，把地质历史划分为五个“代”，每个“代”又分为若干“纪”，纪内因生物发展及地质情况不同，又进一步划分为若干“世”和“期”，以及一些更细的段落，这些统称为地质年代单位。在特定的时间间隔内所形成的岩石体，称为时间地层单位，它可以包括多种不同的岩石类型。与地质年代单位对应的时间地层单位列于表 3-3。

地质年代单位与时间地层单位 **表 3-3**

地质年代单位	代	纪	世	期
时间地层单位	界	系	统	阶

3.5.3.2 地质年代表

通过对全球各个地区地层划分和对比以及对各种岩石进行同位素年龄测定，按年代先后进行系统性的编年，列出“地质年代表”，见表 3-4。它的内容包括地质年代单位、名称、代号和绝对年龄值等。

地质年代表 **表 3-4**

<table>
<tr><th>代</th><th colspan="2">纪</th><th>世</th><th>距今年代
（百万年）</th><th>主要地壳运动</th><th>主要现象</th></tr>
<tr><td rowspan="3">新生代
K_z</td><td colspan="2">第四纪 Q</td><td>全新世 Q_4
更新世上 Q_3
更新世中 Q_2
更新世下 Q_1</td><td>2～3</td><td>喜马拉雅运动</td><td>冰川广布，黄土形成，地壳发育成现代形势
人类出现，发展</td></tr>
<tr><td rowspan="2">第三纪
R</td><td>晚第三纪 N</td><td>上新世 N_2
中新世 N_1</td><td>25</td><td></td><td rowspan="2">地壳初具现代轮廓，哺乳类动物、鸟类急速发展，并开始分化</td></tr>
<tr><td>早第三纪 E</td><td>渐新世 E_3
始新世 E_2
古新世 E_1</td><td>65</td><td>燕山运动</td></tr>
<tr><td rowspan="3">中生代
M_z</td><td colspan="2">白垩纪 K</td><td>上白垩世 K_2
下白垩世 K_1</td><td></td><td></td><td>地壳运动强烈，岩浆活动</td></tr>
<tr><td colspan="2">侏罗纪 J</td><td>上侏罗世 J_3
中侏罗世 J_2
下侏罗世 J_1</td><td></td><td></td><td>除西藏等地区外，中国广大地区已上升为陆，恐龙极盛，出现鸟类</td></tr>
<tr><td colspan="2">三叠纪 T</td><td>上三叠世 T_3
中三叠世 T_2
下三叠世 T_1</td><td>195</td><td>印支运动</td><td>华北为陆，华南为浅海，恐龙哺乳类动物发育</td></tr>
<tr><td rowspan="3">古生代
P_z</td><td rowspan="3">晚古生代
P_{z2}</td><td>二叠纪 P</td><td>上二叠世 P_2
下二叠世 P_1</td><td>248</td><td>海西运动
（华力西运动）</td><td>华北至此为陆，华南浅海。冰川广布，地壳运动强烈，间有火山爆发</td></tr>
<tr><td>石炭纪 C</td><td>上石炭世 C_3
中石炭世 C_2
下石炭世 C_1</td><td>286</td><td></td><td>华北时陆时海，华南浅海，陆生植物繁盛，珊瑚、腕足类、两栖类动物繁盛</td></tr>
<tr><td>泥盆纪 D</td><td>上泥盆世 D_3
中泥盆世 D_2
下泥盆世 D_1</td><td>360</td><td></td><td>华北为陆，华南浅海，火山活动，陆生植物发育，两栖类动物发育，鱼类极盛</td></tr>
</table>

续表

代		纪	世	距今年代（百万年）	主要地壳运动	主要现象
古生代 P_z	早古生代 P_{z1}	志留纪 S	上志留世 S_3 中志留世 S_2 下志留世 S_1	408 438	加里东运动	华北为陆，华南浅海，局部地区火山爆发，珊瑚、笔石发育
		奥陶纪 O	上奥陶世 O_3 中奥陶世 O_2 下奥陶世 O_1	505		海水广布，三叶虫、腕足类、笔石极盛
		寒武纪∈	上寒武世 $\in_3$ 中寒武世 $\in_2$ 下寒武世 $\in_1$	590	蓟县运动	浅海广布，生物开始大量发展，三叶虫极盛
元古代 P_t		震旦纪 Z		2500	五台运动	浅海与陆地相间出露，有沉积岩形成，藻类繁盛
						生命现象开始出现
太古代 A_r						地球形成

地质年代表使用不同级别的地质年代单位和年代地层单位，地质年代单位包括宙、代、纪、世，与其相对应的年代地层单位分别是宇、界、系、统。

宙是地质年代的最大单位，根据生物演化，把距今 6 亿年以前仅有原始菌藻类出现的时代包括太古宙和元古宙（过去将太古宙和元古宙合称为隐生宙），距今 6 亿年以后称为显生宙，是地球上生命大量发展和繁荣的时代。

代是地质年代的二级单位。隐生宙划分成两个代：太古代和元古代。显生宙进一步划分成三个代：古生代、中生代、新生代。与代相应的时段内形成的岩石地层相应单位为界。

纪是地质年代的三级单位，古生代分为六个纪，中生代分为三个纪，新生代分为两个纪。在纪的时段内形成的岩石地层其年代地层单位称作系。

世是纪下面的次一级地质年代单位。一般一个纪分成三个或两个世，称为早（下）世、中世、晚（上）世或早（下）世与晚（上）世，并在纪的代号右下角分别标出 1、2、3 或 1、2 对其进行表示，比较特殊的是新生代划分为七个世：古新世、始新世、渐新世、中新世、上新世、更新世、全新世。与世相应的年代地层单位称作统，它们相应的称为下统、中统和上统。

各个代、纪延续时间不一，总趋势是年代越老延续时间越长，年代越新延续时间越短；越新的保留下来的地质事件的记录、地层越全，划分越细。此外，地质年代单位的划分也考虑到生物进化的阶段性，年代越新，生物进化的速度加快，反映出地质环境演化速度加快。

3.5.3.3 地方性岩石地层单位

各地区在地质历史中所形成的地层事实上是不完全相同的。地方性岩石地层划分，首先是调查岩石性质、运用确定相对年代的方法研究它们的新老关系，对岩石地层进行系统划分。岩石地层单位，或称作地方性地层单位，可分为群、组、段等不同级别。

群是岩石地层的最大单位，常包含岩石性质复杂的一大套岩层，它可以代表一个统或跨两个统，如南京附近有象山群。群以重大沉积间断或不整合界面划分。

组是岩石地层划分的基本单位，岩石性质比较单一。以同一岩相，或某一岩相为主，夹有其他岩相，或不同岩相交互构成。其中，岩相是指岩石形成环境，如海相、陆相、泻湖相、河流相等。组可以代表一个统或比统小的年代地层单位，如南京附近有栖霞组、龙潭组等。

段是组内次一级的岩石地层单位，代表组内具有明显特征的一段地层，如南京附近栖霞组分出臭灰岩段、下硅质岩段、本部灰岩段等。组不一定都划分出段。

层是指段中具有显著特征，可区别于相邻岩层的单层或复层。

群、组、段的前面常冠以该地层发育地区的地名。在岩石地层层序建立的基础上通过古生物化石研究以及同位素绝对年龄测定建立地方性地层表或地层柱状图。

3.6 地质图

地质图是反映一个地区各种地质条件的图件，是将自然界的地质情况，用规定的符号按一定的比例缩小投影绘制在平面上的图件，是工程实践中需要搜集和研究的一项重要地质资料。要清楚地了解一个地区的地质情况，需要花费不少的时间和精力，如果通过对已有地质图的分析和阅读，就可帮助我们具体了解一个地区的地质情况。这对我们研究路线的布局，确定野外工程地质工作的重点等，都可以提供很好的帮助。因此，学会分析和阅读地质图，是十分必要的。

3.6.1 地质图的种类

由于工作目的不同，绘制的地质图也可不同，常见的地质图有以下六种。

（1）普通地质图：主要表示地区地层分布、岩性和地质构造等基本地质内容的图件。一幅完整的普通地质图包括地质平面图、地质剖面图和综合地层柱状图。普通地质图简称为地质图。

（2）构造地质图：用线条和符号，专门反映褶皱、断层等地质构造的图件。

（3）第四纪地质图：反映第四纪松散沉积物的成因、年代、成分和分布情况的图件。

（4）基岩地质图：假想把第四纪松散沉积物“剥掉”，只反映第四纪以前基岩的时代、岩性和分布的图件。

（5）水文地质图：反映地区水文地质资料的图件。可分为岩层含水性图、地下水化学成分图、潜水等水位线图、综合水文地质图等类型。

（6）工程地质图：反映区域工程地质条件或建筑场地条件，为各类工程规划、设计、建设所专用的地质图。如区域工程地质图、地质灾害分布图、房屋建筑工程地质图、水库坝址工程地质图、矿山工程地质图、铁路工程地质图、公路工程地质图、港口工程地质图、机场工程地质图等。还可根据具体工程项目细分，如公路工程地质图还可分为路线工程地质图、工点工程地质图；工点工程地质图又可分为桥梁工程地质图、隧道工程地质图等。

3.6.2 地质图的阅读

3.6.2.1 读图步骤及注意事项

（1）读地质图时，先看图名和比例尺，了解图的位置及精度。

（2）阅读图例。图例自上而下，按从新到老的年代顺序，列出了图中露出的所有地层符号和地质构造符号，通过图例，可以概括了解图中出现的地质情况。在看图例时，要注意地层之间的地质年代是否连续，中间是否存在地层缺失现象。

(3) 正式读图时先分析地形，通过地形等高线或河流水系的分布特点，了解地区地形高低起伏情况。这样，在具体分析地质图所反映的地质条件之前，能使我们对地质图所反映的地区，有一个比较完整的概括了解。

(4) 阅读岩层的分布、新老关系、产状及其与地形的关系，分析地质构造。地质构造有两种不同的分析方法。一种是根据图例和各种地质构造所表现的形式，先了解地区总体构造的基本特点，明确局部构造相互间的关系，然后对单个构造进行具体分析；另一种是先研究单个构造，然后结合单个构造之间的相互关系，进行综合分析，最后得出整个地区地质构造的结论。两者并无实质性的区别，可以得出相同的分析结论。

图上如有几种不同类型的构造时，可以先分析各年代地层的接触关系，再分析褶皱，然后分析断层。

分析不整合接触时，要注意上下两套岩层的产状是否大体一致，分析是平行不整合还是角度不整合，然后根据不整合面上部的最老岩层和下伏的最新岩层，确定不整合形成的年代。

分析褶皱时，可以根据褶皱轴部及两翼岩层的新老关系，分析是背斜还是向斜。然后看两翼岩层是大体平行延伸，还是向一端闭合，分析是水平褶皱还是倾伏褶皱。其次是根据岩层产状，推测轴面产状，根据轴面及两翼岩层的产状，可将直立、倾斜、倒转和平卧等不同形态类型的褶皱加以区别。最后，可以根据未受褶皱影响的最老岩层和受到褶皱影响的最新岩层，判断褶皱形成的年代。

在水平构造、单斜构造、褶皱和岩浆侵入体中都会发生断层。不同的构造条件以及断层与岩层产状的不同关系，都会使断层露头在地质平面图上的表现形式具有不同的特点。因此，在分析断层时，应首先了解发生断层前的构造类型，断层后断层产状和岩层产状的关系；根据断层的倾向，分析断层线两侧哪一盘是上盘，哪一盘是下盘；然后根据两盘岩层的新老关系和岩层露头的变化情况，再分析哪一盘是上升盘，哪一盘是下降盘，确定断层的性质和类型；最后判断断层形成的年代。早于覆盖于断层之上的最老岩层，晚于被错断的最新岩层。

最后需要说明一点，长期风化剥蚀，能破坏出露地面的构造形态，会使基岩在地面出露的情况变得更为复杂，使我们在图上不易看清构造的本来面目。所以，在读图时要注意与地质剖面图的配合，这样会更好地加深对地质图内容的理解。

通过上述分析，不但能使我们对一个地区的地质条件有一个清晰的认识，而且综合各方面的情况，也可说明地区地质历史发展的概况。这样，我们就可以根据自然地质条件的客观情况，结合工程的具体要求，进行合理的工程布局和正确的工程设计，我们阅读地质图的目的，就在这里。

3.6.2.2 读图示例

阅读资治地区地质图（倪宏革，2013），如图 3-24 所示。

(1) 图名：资治地区地质图。

比例尺：1∶10000，图幅实际范围为 1.8km×2.05km。

方位：图幅正上方为正北方。

(2) 地形、水系：本区有三条南北走向山脉，其中东侧山脉被支沟截断。相对高差 350m 左右，最高点在图幅东南侧山峰，海拔 350m。最低点在图幅西北侧山沟，海拔±0 以下。本区有两条流向北东的山沟，其中东侧山沟上游有一条支沟及其分支沟，从北西方向汇入主沟。西侧山沟沿断层发育。

（3）图例：由图例可见，本区出露的沉积岩由新到老依次为二叠系（P）红色砂岩、上石炭系（C_3）石英砂岩、中石炭系（C_2）黑色页岩夹煤层、中奥陶系（O_2）厚层石灰岩、下奥陶系（O_1）薄层石灰岩、上寒武系（$\in_3$）紫色页岩、中寒武系（$\in_2$）鲕状石灰岩。岩浆岩有前寒武系（Z_2）花岗岩。地质构造方面有断层通过本区。

（4）地质内容。

1）地层分布与接触关系

前寒武系花岗岩岩性较好，分布在本区东南侧山头一带。年代较新、岩性坚硬的上石炭系石英砂岩，分布在中部南北向山梁顶部和东北角高处。年代较老、岩性较弱的上寒武系紫色页岩，则分布在山沟底部。其余地层均位于山坡上。

从接触关系上看，花岗岩没有切割沉积岩的界线，且花岗岩形成年代老于沉积岩，其接触关系为沉积接触。中寒武系、上寒武系、下奥陶系、中奥陶系沉积时间连续，地层界线彼此平行，岩层产状彼此平行，是整合接触。中奥陶系与中石炭系之间缺失了上奥陶系至下石炭系的地层，沉积时间不连续，但地层界线平行、岩层产状平行，是平行角度不整合接触。中石炭系至二叠系又为整合接触关系。本区最老地层为前寒武系花岗岩，最新地层为二叠系红色石英砂岩。

2）地质构造

褶曲构造：由图 3-24 可见，图中以前寒武系花岗岩为中心，两边对称出现中寒武系至二叠系地层，其年代依次越来越新，故为一背斜构造。背斜轴线从南到北由北北西转向正北。顺轴线方向观察，地层界线封闭弯曲，沿弯曲方向凸出，所以这是一个轴线近南北，并向北倾伏的背斜，此倾伏背斜两翼岩层倾向相反，倾角不等，东侧和东北侧岩层倾角较缓（30°），西侧岩层倾角较陡（45°），故为一倾斜倾伏背斜，轴面倾向北东东。

断层构造：本区西部有一条北北东向断层，断层走向与褶曲轴线及岩层界线大致平行，属纵向断层。此断层的断层面倾向东。故东侧为上盘，西侧为下盘。比较断层线两侧的地层，东侧地层新，故为下降盘；西侧地层老，故为上升盘。因此该断层上盘下降，下盘上升，为正断层。从断层切割的地层界线看，断层生成年代应在二叠系后。由于断层两盘位移较大，说明断层规模大。断层带岩层破碎，沿断层形成沟谷。

3）地质历史简述

根据以上读图分析，说明本地区在中寒武系至中奥陶系之间，地壳下降，为接受沉积环境，沉积物基底为前寒武系花岗岩。上奥陶系至下石炭系之间，地壳上升，长期接受风化剥蚀，没有沉积，缺失大量地层。中石炭系至二叠系之间地壳再次下降，接受沉积。这两次地壳升降运动并没有造成强烈褶曲及断层。中寒武系至中奥陶系期间以海相沉积为主，中石炭系至二叠系期间以陆相沉积为主。二叠系以后至今，地壳再次上升，长期遭受风化剥蚀，没有沉积。并且二叠系后先遭受东西向挤压力，形成倾斜倾伏背斜，后又遭受东西向拉张应力，形成纵向正断层。此后，本区就趋于相对稳定至今。

3.6.3 地质图的制作

3.6.3.1 选择剖面方位

剖面图主要反映图中地下构造形态及地层岩性分布。作剖面图前，首先要选定剖面线

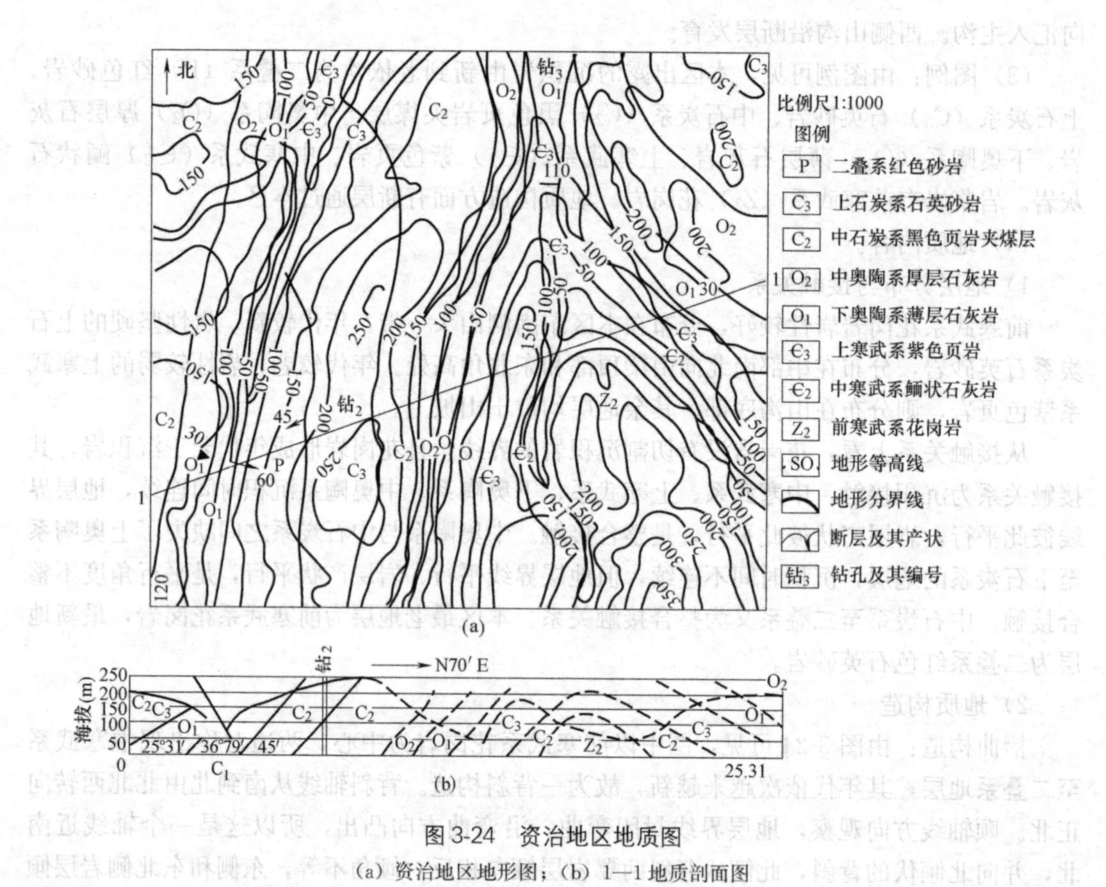

图 3-24 资治地区地质图

(a) 资治地区地形图；(b) 1—1 地质剖面图

方向。剖面线应放在对地质构造有控制性的地区，其方向应尽量垂直岩层走向和构造线，这样才能表现出图中主要构造形态。选定剖面线后，应标在平面图上。

3.6.3.2 确定剖面图比例尺

剖面图水平比例尺一般与地质平面图一致，这样便于作图。剖面图垂直比例尺可以与平面图相同，也可以不同。当平面图比例尺较小时，剖面图垂直比例尺常大于平面图比例尺。

3.6.3.3 作地形剖面图

按确定的比例尺做好水平坐标和垂直坐标，再将剖面线与地形等高线的交点，按水平比例尺铅直投影到水平坐标轴上，然后根据各交点高程，按垂直比例尺将各投影点定位到剖面图相应高程位置，最后用圆滑线连接各高程点，就形成地形剖面图。

3.6.3.4 作地质剖面图

一般按如下步骤进行。

(1) 将剖面线与各地层界线和断层线的交点，按水平比例尺垂直投影到水平轴上，再将各界线投影点铅直定位在地形剖面图的剖面线上。如有覆盖层，下伏基岩的地层界线也应按比例标在地形剖面图上的相应位置。

(2) 按平面图示产状换算各地层界线和断层线在剖面图上的视倾角。当剖面垂直比例尺与水平比例尺相同时，按下式计算：

$$\tan\beta = \tan\alpha \times \sin\theta \tag{3-2}$$

式中 α——垂直比例尺与水平比例尺相同时的视倾角；

β——平面图上的真倾角；

θ——剖面线与岩层走向线所夹锐角。

当垂直比例尺与水平比例尺不同时，还要按下式再换算：

$$\tan\beta' = n \times \tan\beta \tag{3-3}$$

式中 β'——垂直比例尺与水平比例尺不同时的视倾角；

n——垂直比例尺放大倍数。

(3) 绘制地层界线和断层线。按视倾角的角度，并综合考虑地质构造形态，延伸地形剖面线上各地层界线和断层线，并在下方标明其原始产状和视倾角。一般先画断层线，后画地层界线。

(4) 在各地层分界线内，按各套地层出露的岩性及厚度，根据统一规定的岩性花纹符号，画出各地层的岩性图案。

(5) 最后进行修饰。在剖面图上用虚线将断层线延伸，并在延伸线上用箭头标出上、下盘运动方向。遇到褶曲时，用虚线按褶曲形态将各地层界线弯曲连接起来，以恢复褶曲形态。在作出的地质剖面图上，还要写上图名、比例尺、剖面方向，绘出图例和图签，即成一幅完整的地质剖面图。在工程地质剖面图上还需画出岩石风化界线、地下水位线、节理产状、钻孔等内容。

本章小结

(1) 地质构造是地壳运动的产物，涉及的范围包括地壳和上地幔上部即岩石圈，水平方向的构造运动使岩石相互分离裂开或是相向汇聚，发生挤压、弯曲或剪切、错开；垂直方向的构造运动则使相邻块体作差异性上升或下降。构造变动在岩层和岩体中遗留下来的各种构造形迹，如岩层褶曲、断层等，称为地质构造。

(2) 岩层的产状用岩层层面的走向、倾向和倾角三个产状要素来表示，岩层按其产状可分为水平岩层、倾斜岩层和直立岩层。产状要素的记录一般有两种方法，即象限角法和方位角法。

(3) 岩层的弯曲现象称为褶皱，褶曲有背斜和向斜两种基本形式。褶曲一般包括的要素有核部、翼部、轴面、轴线、枢纽、脊线、槽线。

(4) 断裂构造是岩层受构造运动作用，当所受的构造应力超过岩石强度时，岩石连续完整性遭到破坏，产生断裂。按照断裂后两侧岩层沿裂面有无明显的相对位移，又分为节理和断层两种类型。

(5) 节理是广泛发育的一种地质构造，可按力学性质分为剪节理和张节理。

(6) 断层按上、下两盘相对运动方向可分为正断层、逆断层和平移断层；断层的组合形式可分为阶状断层、地堑、地垒和迭瓦式构造。

(7) 绝对年代法主要是通过测定地层中的放射性同位素年龄从而确定地层形成时的准确时间，依此排列出各地层新老关系的方法。相对年代法是通过比较各地层的沉积顺序、古生物特征和地层接触关系来确定其形成先后顺序的一种方法。

（8）地质图是把一个地区的各种地质现象，如地层、地质构造等，按一定比例缩小，用规定的符号、颜色、各种花纹、线条表示在地形图上的一种图件。一幅完整的地质图，包括平面图、剖面图和综合地层柱状图，并标明图名、比例、图例等。

思考与练习题

3-1 什么是地壳运动？地质作用有哪些类型？

3-2 什么是岩层的产状？产状三要素是什么？岩层产状是如何测定和表示的？

3-3 如何识别褶皱并判断其类型？

3-4 如何区别张节理与剪节理？

3-5 节理按成因分为几种类型？在野外如何对节理进行调查统计？

3-6 断裂构造对工程有何影响？在野外如何识别断层的存在？

3-7 什么是相对地质年代？什么是绝对地质年代？地层的相对地质年代是怎样确定的？

3-8 什么是地质图？地质图的基本类型有哪些？

第 4 章　水的地质作用

本章要点及学习目标

本章要点：

(1) 掌握第四纪沉积物的主要成因类型及工程地质特征。

(2) 了解河流的侵蚀和淤积作用特征。

(3) 掌握地下水的基本物理化学性质。

(4) 掌握上层滞水、潜水、承压水的概念及特征。

(5) 掌握地下水对钢筋混凝土侵蚀的主要类型。

学习目标：

(1) 掌握地表水和地下水的概念、类型及其分布规律。

(2) 掌握上层滞水、潜水、承压水的形成及其主要工程特征。

(3) 掌握地表水和地下水对土木工程的影响。

4.1　地表水的地质作用

4.1.1　概述

地表水，又称地表流水或陆地水，是指存在于地表以上暴露于大气中的水，可分为暂时流水和长期流水两类。暂时流水是一种季节性、间歇性流水，它主要以大气降水为水源，所以一年中有时有水，有时干枯，如大气降水后沿山坡坡面或山间沟谷流动的水。长期流水在一年中流水不断，它的水量虽然也随季节发生变化，但不会干枯无水，这就是通常所说的河流。一条暂时流水的沟谷，若能不间断的获得水源的供给，就会变成一条河流。实际上，一条河流的水源往往是多方面的，除大气降水外，高山冰雪融化水和地下水都可能是它的重要水源。暂时流水与河流相互连接，脉络相通，组成统一的地表流水系统。不论长期流水或暂时流水，在流动过程中都要与地表的岩土发生相互作用，产生侵蚀、搬运和堆积作用，形成各种地貌和不同的松散沉积层。

地表水对坡面的洗刷作用以及对沟谷及河谷的冲刷作用，均不断地使原有地面遭到破坏，这种破坏称为侵蚀作用。侵蚀作用造成地面大量水土流失、冲沟发育，引起沟谷斜坡滑塌、河岸坍塌等各种不良地质现象和工程地质问题。山区公路或铁路多沿河流布设，修建在河流斜坡和河流阶地上，因此，研究地表水的侵蚀作用对该地区的工程建设具有十分重要的意义。

地表水把地面被破坏的破碎物质带走，称为搬运作用。搬运作用使原有破碎物质覆盖的新地面暴露出来，为新地面的进一步破坏创造了条件。在搬运过程中，被搬运物质对沿途地面加剧了侵蚀。同时，搬运作用为沉积作用提供了物质条件。

当地表水流速降低时，水流搬运能力下降，部分物质不能被继续搬运而沉积下来，称为沉积作用。沉积作用是地表水对地面的一种建设作用，形成某些最常见的第四系沉积层。第四系沉积层是指现代沉积的松散物质。从粒度成分看，它们包括块石、碎石、砾石、卵石、各种砂和黏性土。由于第四系沉积层物质来源和沉积环境的不同，所具有的特征各不相同，例如有风成的、海成的、湖成的、冰川形成的和地表流水形成的等，因此，可以根据土的成因类型对第四系沉积层进行分类。

第四纪沉积土也称为新近沉积土，形成年代最新，基本处于地壳的最表层。在广阔的平原地区，第四系沉积层厚度较大，工程建设可能只遇到第四纪沉积土而遇不到任何岩石。在山区进行工程建设，虽然经常遇到岩石，但也不可能完全避开第四系沉积层。本章要求掌握下述四种最常见的第四系沉积层：残积层、坡积层、洪积层及冲积层的形成过程及其工程地质特性。

4.1.2 暂时流水的地质作用

4.1.2.1 淋滤作用与残积层

大气降水渗入地下的过程中，渗流水不但能把地表附近的细屑破碎物质带走，还能把周围岩石中易溶解的成分带走。经过渗流水的这些物理和化学作用后，地表附近岩石逐渐失去其完整性、致密性，残留在原地的又不易溶解的松散物质则未被冲走，这个过程称为淋滤作用。残留在原地的松散破碎物质，成层地覆盖在地表称为残积层。残积物向上逐渐过渡为土壤层。土壤层直接分布在地表，富含有机质颜色较深或有植物根系分布其中。残积层向下逐渐过渡为半风化岩石或弱风化岩石。土壤层、残积层和风化岩层形成完整的风化壳。残积碎屑物由地表向深处由细变粗是其最重要的特征。

残积物不具有层理，碎屑物质大小不均匀、棱角显著、无分选，粒度和成分受气候条件和母岩岩性控制。在干旱或寒冷地区，化学风化作用微弱而以物理风化作用为主，岩石风化产物多为棱角状的砂、砾等粗碎屑物质，其中缺少黏土矿物。在垂直剖面上，上部碎屑的粒径较小，向下部逐渐粗大。半干旱地区，除物理风化作用外，尚可有化学风化作用进行，残积物中常形成黏土矿物、铁的氢氧化物、Ca 和 Mg 碳酸盐以及石膏等。气候潮湿地区，化学风化作用活跃，物理风化作用不发育，残积物主要由黏土矿物组成，厚度也相应增大。气候湿热地区，残积物中除黏土矿物外，铝土矿和铁的氢氧化物含量高，常为红色。

残积物成分与母岩岩性关系密切。花岗岩的残积物中常含有由长石分解形成的黏土矿物，而石英则破碎成为细砂。石灰岩的残积物往往成为红黏土。矿屑沉积岩的残积物外观上变化不大，仅恢复其未固结前松散状态的特征。

残积物的厚度往往与地形条件有关，在陡坡和山顶部位常被侵蚀而厚度小。平缓的斜坡和山谷低洼处因不易被侵蚀而厚度较大。

残积层的工程地质性质，主要取决于矿物成分、结构和构造等因素。残积层具有较多的孔隙和裂缝，易遭冲刷，强度和稳定性较差。由于残积层孔隙多，加上成分和厚度很不均匀，所以作为建筑物的地基时，应考虑其承载能力和可能产生的不均匀沉降。由于残积层结构比较松散，作为路堑边坡时，应考虑可能出现的坍塌和冲刷等问题。

4.1.2.2 洗刷作用与坡积层

雨水降落到地面或覆盖地面的积雪融化时，其中一部分被蒸发，一部分渗入地下，剩下的部分则形成无数的网状坡面细流，从高处沿斜坡向低处缓慢流动，时而冲刷，时而沉积，不断地使坡面的风化岩屑和黏土物质沿斜坡向下移动，最后，在坡脚或山坡低凹处沉积下来形成坡积层。雨水、融雪水对整个坡面所进行的这种比较均匀、缓慢和在短期内并不显著的地质作用，称为洗刷作用。可以看出，雨水、融雪水的洗刷作用，一方面对山坡地貌起着逐渐变缓和均夷坡面起伏的作用，对坡面地貌形态的发展发生影响，另一方面伴随产生松散堆积物，形成坡积层。

洗刷作用的强度和规模，在一定的气候条件下与山坡的岩性、风化程度和坡面植物的覆盖程度有关，一般在缺少植物的土质山坡或风化严重的软弱岩质山坡上洗刷作用比较显著。

由坡面细流的侵蚀、搬运和沉积作用在坡脚或山坡低凹处形成的新沉积层称为坡积层(图 4-1)。坡积层是山区公路勘测设计中经常遇到的第四纪陆相沉积物中的一个成因类型，它顺着坡面沿山坡的坡脚或山坡的凹坡呈缓倾裙状分布。

坡积层具有下述特征：

(1) 坡积层可分为山地坡积层和山麓平原坡积层两个亚组：其厚度变化较大，一般是中下部较厚，向山坡上部及远离山脚方向均逐渐变薄至尖灭。

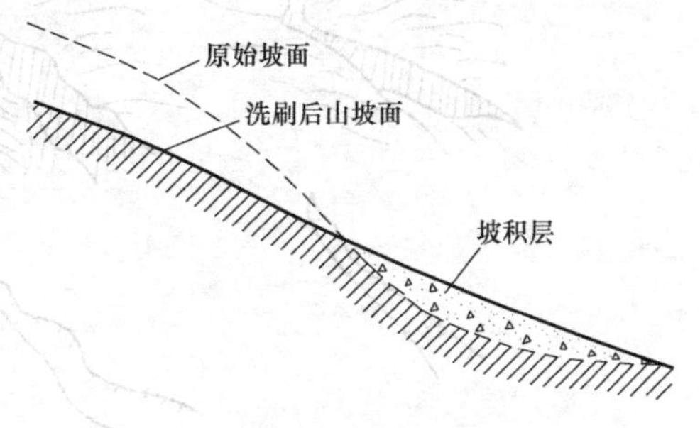

图 4-1 坡积层的形成

(2) 坡积层多由碎石和黏性土组成，其成分与下伏基岩无关，而与山坡上部基岩成分有关。山地坡积层一般以粉质黏土夹碎石为主，而山麓平原坡积层则以粉质黏土为主，夹有少量的碎石。在我国干旱、半干旱地区的山麓平原坡积层，常具有黄土的某些特征。

(3) 由于从山坡上部到坡脚搬运距离较短，故坡积层层理不明显，碎石棱角清楚。

(4) 坡积层松散、富水，作为建筑物地基强度很差。坡积层很容易发生滑动，概括起来影响坡积层稳定性的因素，主要有以下三个方面：①下伏基岩顶面的倾斜程度；②下伏基岩与坡积层接触带的含水情况；③坡积层本身的性质。

当坡积层的厚度较小时，其稳定程度首先取决于下伏岩层顶面的倾斜程度，如下伏地形或岩层顶面与坡积层的倾斜方向一致且坡度较陡时，尽管地面坡度很缓，也易于发生滑动。山坡或河谷谷坡上的坡积层的滑动，经常是沿着下伏地面或基岩的顶面发生的。

当坡积层与下伏基岩接触带有水渗入而变得软弱湿润时，将显著降低坡积层与基岩顶面的摩阻力，更容易引起坡积层发生滑动。坡积层内的挖方边坡在久雨之后容易产生坍方，水的作用是一个带有普遍性的原因。

由于坡积层的孔隙度一般都比较高，特别是在黏土颗粒含量高的坡积层中，雨季含水量增加，不仅增大了本身的重量，而且抗剪强度随之降低，因而稳定性就跟着大为减小。以粗碎屑为主组成的坡积层，其稳定性受水的影响一般不像黏土颗粒那样显著。

4.1.2.3 冲刷作用与洪积层

集中暴雨或积雪骤然大量融化，都会在短时间内形成巨大的地表暂时流水，一般称为山洪急流。山洪急流具有极强的侵蚀和搬运能力，并把冲刷下来的碎屑物质带到山麓平原或沟谷口堆积下来，形成洪积层。

山洪急流沿沟谷流动时，由于集中了大量的水，沟底坡度大，流速快，因而，拥有巨大的动能，对沟谷的岩石具有很大的破坏力。河流以其自身的水力和携带的砂石，对沟底和沟壁进行冲击和磨蚀，这个过程称为洪流的冲刷作用。由冲刷作用形成的沟底狭窄、两壁陡峭的沟谷叫冲沟。初始形成的冲沟在洪流的不断作用下，可以不断地加深、拓宽和向沟头方向伸长，并可在冲沟沟壁上形成支沟，见图4-2。在降雨量较集中、缺少植被保护、由第四纪松散沉积物堆积的地区，冲沟极易形成。如我国黄土区，冲沟发展迅速，常常把地面切割得支离破碎，千沟万壑。进一步发展，可使地面成为由大小冲沟密布的地形。冲沟的发展是以溯源侵蚀的方式由沟头向上逐渐延伸扩展的。冲沟的发展大致可以分为以下四个阶段：

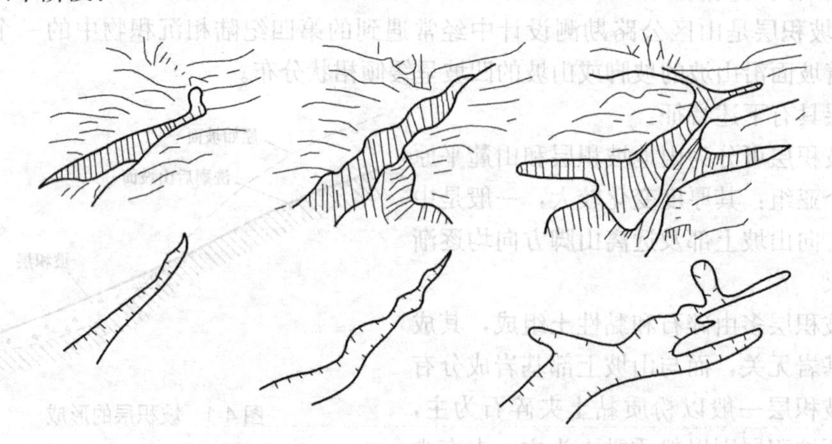

图4-2 冲沟形成和发展示意图

(1) 冲槽阶段

坡面径流局部汇流于凹坡，开始沿凹坡发生集中冲刷，形成不深的冲沟。沟床的纵剖面与斜坡剖面基本一致，见图4-3 (a)。在此阶段，只要填平沟槽，调节坡面流水不再汇注，种植草皮保护坡面，即可使冲沟不再发展。

(2) 下切阶段

由于冲沟不断发展，沟槽汇水增大，沟头下切，沟壁坍塌，使冲沟不断向上延伸和逐渐加宽，此时的沟床纵剖面与斜坡已不一致，出现悬沟陡坎，见图4-3 (b)，在沟口平缓地带开始有洪积物堆积。在此阶段，如果能够采取积极的工程防护措施，如加固沟头、铺砌沟底、设置跌水和加固沟壁等，可防止冲沟进一步发展。

(3) 平衡阶段

悬沟陡坎已经消失，沟床已下切拓宽，形成凹形平缓的平衡剖面，冲刷逐渐减弱，沟底开始有洪积物堆积，见图4-3 (c)。在此阶段，应注意冲沟发生侧蚀和加固沟壁。

(4) 休止阶段

沟头溯源侵蚀结束，沟床下切基本停止，沟底有洪积物堆积，见图4-3 (d)，并开始有植物生长。

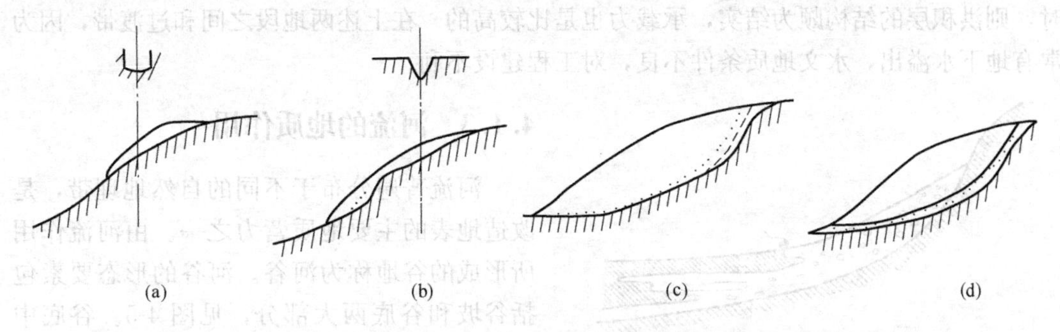

图 4-3 冲沟纵剖面发展阶段

(a) 冲槽阶段；(b) 下切阶段；(c) 平衡阶段；(d) 休止阶段

冲沟的发展常使路基被冲毁、边坡坍塌，对道路工程建设也造成很大困难。在冲沟地区修筑道路，首先必须查明该地区冲沟形成的各种条件和原因，特别要研究该地区冲沟的活动程度，分清哪些冲沟正处于剧烈发展阶段，哪些冲沟已处于衰老休止阶段，然后有针对性地进行治理。冲沟治理应以预防为主。通常采用的主要措施是调整地表水流、填平洼地、禁止滥伐树木、人工种植草皮等。对那些处于剧烈发展阶段的冲沟，必须从上部截断水源，用排水沟将地表水疏导到固定沟槽中；同时在沟头、沟底和沟壁受冲刷处采取加固措施。在大冲沟中筑石堰、修梯田，沿沟铺设固定排水槽，也是有效措施。在缺乏石料的地区，则可改用柴捆堰、篱堰等加固材料，效果也较好。某些地区采用种植多年生草本植物防止坡面冲刷，效果良好，铁路边坡多已采用。对那些处于衰老阶段的冲沟，由于沟壁坡度平缓，沟底宽平且有较厚沉积物，沟壁和沟底都有植物生长，表明冲沟发展暂时处于休止状态，应当大量种植草皮和多年生植物加固沟壁，以免支沟重新复活。道路通过时应尽量少挖方，新开挖的边坡则应及时采取保护措施。

洪积层是由山洪急流搬运的碎屑物质组成的。当山洪夹带大量的泥砂石块流出沟口后，由于沟床纵坡变缓，地形开阔，水流分散，流速降低，搬运能力骤然减小，所夹带的石块、岩屑、砂砾等粗大碎屑先在沟口堆积下来，较细的泥砂继续随水搬运，多堆积在沟口外围一带。由于山洪急流的长期作用，在沟口一带就形成了扇形展布的堆积体，在地貌上称为洪积扇。洪积扇的规模逐年增大，有时与相邻沟谷的洪积扇互相连接起来，形成规模更大的洪积裙或洪积冲积平原。

洪积层是第四纪陆相堆积物中的一个类型，从工程地质观点来看，洪积层有以下一些主要特征：

(1) 组成物质分选不良，粗细混杂，碎屑物质多带棱角，磨圆度不佳；

(2) 有不规则的交错层理、透镜体、尖灭及夹层等；

(3) 山前洪积层由于周期性的干燥，常含有可溶盐类物质，在土粒和细碎屑间，往往形成局部的软弱结晶联结，但遇水作用后，联结就会破坏。

洪积层主要分布于山麓坡脚的沟谷出口地带及山前平原，从地形上看，是有利于工程建设的。由于洪积物在搬运和沉积过程中的某些特点，规模很大的洪积层一般可划分为三个工程地质条件不同的地段（图 4-4）：靠近山坡沟口的粗碎屑沉积地段，孔隙大，透水性强，地下水埋藏深，压缩性小，承载力比较高，是良好的天然地基；洪积层外围的细碎屑沉积地段，如果在沉积过程中受到周期性的干燥、黏土颗粒发生凝聚并析出可溶盐分时，则洪积层的结构颇为结实，承载力也是比较高的。在上述两地段之间和过渡带，因为常有地下水溢出，水文地质条件不良，对工程建设不利。

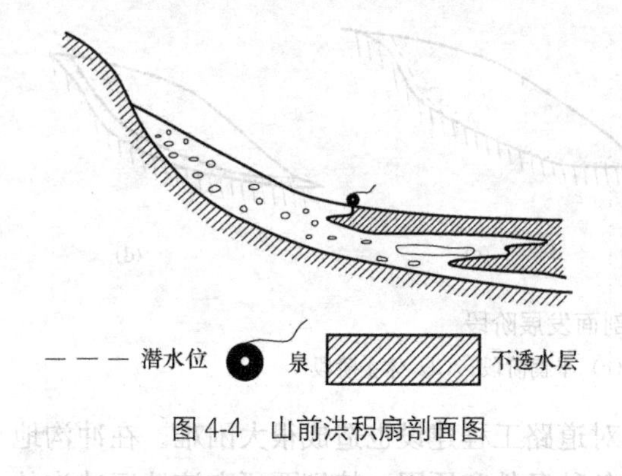

图 4-4　山前洪积扇剖面图

4.1.3　河流的地质作用

河流普遍分布于不同的自然地理带，是改造地表的主要地质营力之一。由河流作用所形成的谷地称为河谷。河谷的形态要素包括谷坡和谷底两大部分，见图 4-5。谷底中包括河床和河漫滩。河床是指平水期河水占据的谷底，也称为河槽。河漫滩是经常被洪水淹没的谷底部分。谷坡是河谷两侧因河流侵蚀而形成的岸坡。古老的谷坡上常发育有洪水不能淹没的阶地，阶地是被抬升的古老的河谷谷底。谷坡与谷底的交界称为坡麓，谷坡与山坡交界的转折处称为谷缘，也称为谷肩。河水通过侵蚀、搬运和堆积作用形成河床，并使河床的形态不断发生变化，河床形态的变化反过来又影响着河水的流速场，从而促使河床发生新的变化，两者互相作用，互相影响。河流的侵蚀、搬运和堆积作用，可以认为是河水与河床动平衡不断发展的结果。

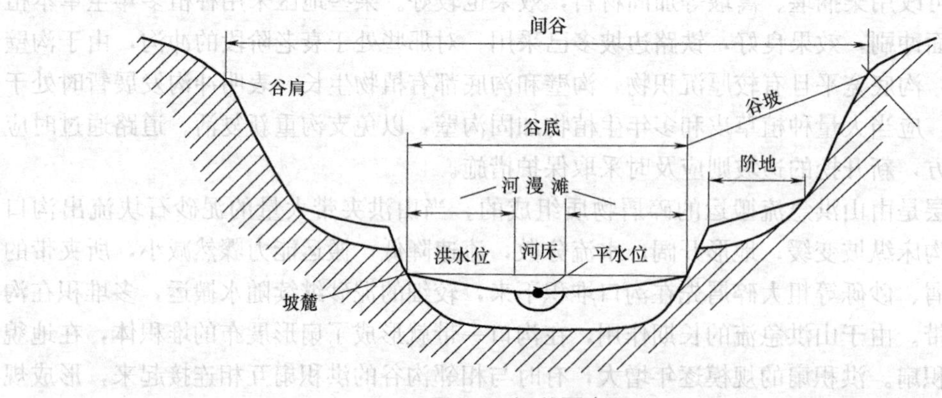

图 4-5　河谷要素图

河流地质作用的能量，与河水的动能有关。河水的动能与流量和流速平方的乘积成正比。河流在洪水期冲刷、搬运和堆积作用之所以特别强烈，就是因为河流的流量、流速显著增大，河水动能显著增强的缘故。由于河流的长期作用，形成了河床、河漫滩、河流阶地和河谷等各种河流地貌，同时也形成了第四纪陆相堆积物的另一个成因类型，即冲积层。

在山区，由于地形复杂，为了提高路线的技术指标，减少工程量，公路多利用河谷布设。不论路线位置的确定或路基设计的某些原则，都必须充分考虑河流冲积层的工程地质性质和河流地质作用对路基稳定性的影响。

一条河流从河源到河口一般可分为三段：上游、中游和下游。上游多位于高山峡谷，急流险滩多，河道较直，流量不大但流速很高，河谷横断面多呈“V”字形。中游河谷较宽广，河漫滩和河流阶地发育，横断面多呈“U”字形。下游多位于平原地区，流量大而流速较低，河谷宽广，河曲发育，在河口处易形成三角洲。

河流的侵蚀作用、搬运作用和沉积作用在整条河流上同时进行，相互影响。在河流的不同段落上，三种作用进行的强度并不相同，常以某一种作用为主。

4.1.3.1 河流的侵蚀作用

河水在流动的过程中不断加深和拓宽河床的作用称为河流的侵蚀作用。按其作用的方式，可分为溶蚀和机械侵蚀两种。溶蚀是指河水对组成河床的可溶性岩石不断地进行化学溶解，使之逐渐随水流失。河流的溶蚀作用在石灰岩、白云岩等可溶性岩类分布地区比较显著。此外，如河水对其他岩石中可溶性矿物发生溶解，使岩石的结构松散破坏，则有利于机械侵蚀作用的进行。机械侵蚀作用包括流动的河水对河床组成物质的直接冲击和夹带的砂砾、卵石等固体物质对河床的磨蚀。机械侵蚀在河流的侵蚀作用中具有普遍的意义，它是山区河流的一种主要侵蚀方式。

河流的侵蚀作用，按照河床不断加深和拓宽的发展过程，可分为下蚀作用和侧蚀作用。下蚀和侧蚀是河流侵蚀统一过程中互相制约和互相影响的两个方面，不过在河流的不同发展阶段，或同一条河流的不同部分，由于河水动力条件的差异，不仅下蚀和侧蚀所显示的优势会有明显的区别，而且河流的侵蚀和沉积优势也会有显著的差别。

1. 下蚀作用

河水在流动过程中使河床逐渐下切加深的作用，称为河流的下蚀作用。河水夹带固体物质对河床的机械破坏，是使河流下蚀的主要因素。其作用强度取决于河水的流速和流量，同时，也与河床的岩性和地质构造有密切的关系。很明显，河水的流速和流量大时，则下蚀作用的能量大，如果组成河床的岩石坚硬且无构造破坏现象，则会抑制河水对河床的下切速度。反之，如岩性松软或受到构造作用的破坏，则下蚀易于进行，河床下切过程加快。

河流的侵蚀过程总是从河的下游逐渐向河源方向发展的，这种溯源推进的侵蚀过程称为溯源侵蚀。分水岭不断遭到剥蚀切割，河流长度的不断增加，以及河流的袭夺现象，都是河流溯源侵蚀造成的结果。

河流的下蚀作用并不是无止境的继续下去，而是有它自己的基准面。因为随着下蚀作用的发展，河床不断加深，河流的纵坡逐渐变缓，流速降低，侵蚀能量削弱，达到一定的基准面后，河流的侵蚀作用将趋于消失。河流下蚀作用消失的平面，称为侵蚀基准面。流入主流的支流，基本上以主流的水面为其侵蚀基准面；流入湖泊海洋的河流，则以湖面或海平面为其侵蚀基准面。大陆上的河流绝大部分都流入海洋，而且海洋的水面也较稳定，所以又把海平面称为基本侵蚀基准面。侵蚀基准面并不是固定不变的，由于构造运动的区域性和差异性，会引起水系侵蚀基准面发生变化。侵蚀基准面一经变动，则会引起相关水系的侵蚀和堆积过程发生重大的改变。所以，根据河谷侵蚀与堆积地貌组合形态的研究，能够对地区新构造运动的情况做出判断。

2. 侧蚀作用

河流以携带的泥、砂、砾石为工具，并以自身的动能和溶解力对河床两岸的岩石进行侵蚀，使河谷加宽的作用称为侧蚀作用。河流的中、下游以及平原区的河流，由于河床坡度较为平缓，侧蚀作用占主导地位。河水在运动过程中横向环流的作用，是促使河流产生侧蚀的经常性因素。此外，如河水受支流或支沟排泄的洪积物以及其他重力堆积物的障碍顶托，致使主流流向发生改变，引起对岸产生局部冲刷，这也是一种在特殊条件下产生的河流侧蚀现象。在天然河道上能形成横向环流的地方很多，但在河湾部分最为显著（图4-6a）。当运动的河水进入河湾后，由于受离心力的作用，表层流束以很大的流速冲向凹岸，产生强烈冲刷，使凹岸岸壁不断坍塌后退，并将冲刷下来的碎屑物质由底层流束带向凸岸堆积下来（图4-6b）。由于横向环流的作用，使凹岸不断受到强烈冲刷，凸岸不断发生堆积，结果使河湾的曲率增大，并受纵向流的影响，使河湾逐渐向下游移动，因而导致河床发生平面摆动。这样天长日久，整个河床就被河水的侧蚀作用逐渐地拓宽。

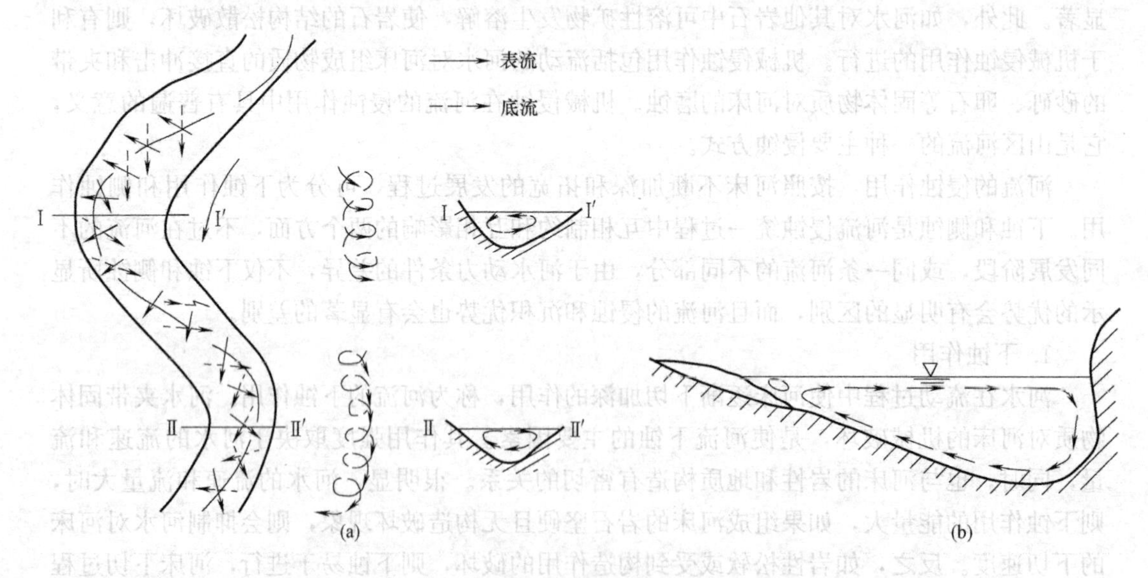

图4-6 横向环流示意图

（a）河流横向环流；（b）河曲处横向环流断面图

沿河布设的公路，往往由于河流的水位变化及侧蚀，常使路基发生水毁现象，特别是河湾凹岸地段，最为显著。因此，在确定路线具体位置时，必须加以注意。由于在河湾部分横向环流作用明显加强，容易发生坍岸，并产生局部剧烈冲刷和堆积作用，河床容易发生平面摆动，因此对于桥梁建筑，也是很不利的。

由于河流侧蚀的不断发展，致使河流一个河湾接着一个河湾，并使河湾的曲率越来越大，河流的长度越来越长，结果使河床的坡降逐渐减小，流速不断降低，侵蚀能量逐渐削弱，直至常水位时已无能量继续发生侧蚀为止。这时河流所特有的平面形态，称为蛇曲(图4-7b)。有些处于蛇曲形态的河湾，彼此之间十分靠近，一旦流量增大，会截弯取直，流入新开拓的局部河道，而残留的原河湾的两端因逐渐淤塞而与原河道隔离，形成状似牛轭的静水湖泊，称为牛轭湖（图4-7c）。最后，由于主要承受淤积，致使牛轭湖逐渐成为沼泽，以至消失。

上述河湾的发展和消亡过程，一般只在平原区的某些河流中出现。这是因为河流的发展既受河流动力特征的影响，也受地区岩性和地质构造条件的制约，此外与河流夹砂量也有一定的关系。在山区，由于河床岩性以岩质为主，所以河湾的发展过程极为缓慢；在一些输砂量大的平原河流中，曲率很大的河湾一般不容易形成，即使形成也会很快消失。

下蚀和侧蚀是河流侵蚀作用的两个密切联系的方面，在河流下蚀与侧蚀的共同作用下，使河床不断地加深和拓宽。由于各地河床的纵坡、岩性、构造等不同，两种作用的强度也就不同，或以下蚀为主，或以侧蚀为主。如果河流以下蚀作用为主，河谷横断面呈 V 字形；如果河流以侧蚀作用为主，河谷横断面呈 U 字形，谷底宽平；如果下蚀作用与侧蚀作用等量进行，河谷横断面多不对称。由于河水流动具有紊流的性质，是由纵流与横向环流组合而成螺旋状流束流动的，流速大时，纵流占优势；流速小时，横向环流占优势。一般在河流的中下游、平原区河流或处于老年期的河流，由于河湾增多、纵坡变小、流速降低、横向环流的作用相对增强，从这个意义上来说，以侧蚀作用为主；在河流的上游，由于河床纵坡大、流速大、纵流占主导地位，从总体上来说，以下蚀作用为主。

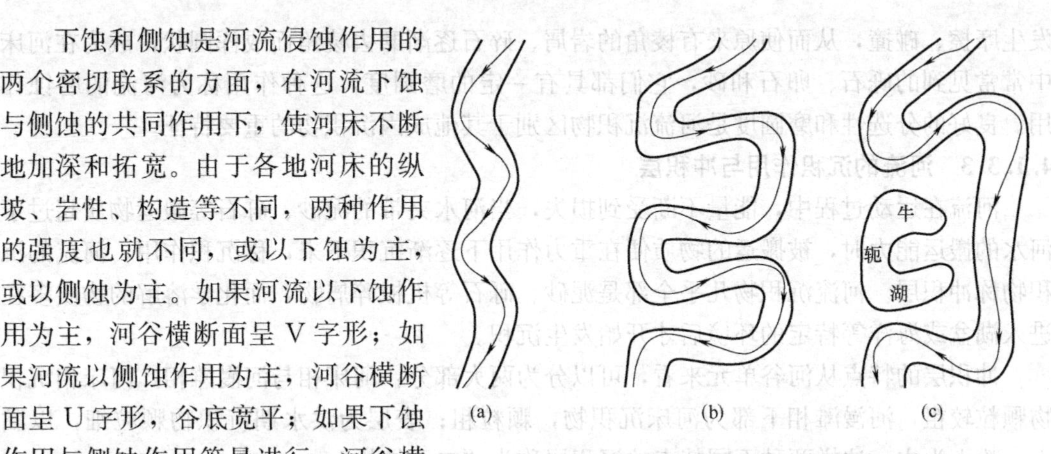

图 4-7 蛇曲的发展与牛轭湖的形成

(a) 弯曲河道；(b) 蛇曲；(c) 牛轭湖

4.1.3.2 河流的搬运作用

河流在流动过程中夹带沿途冲刷侵蚀下来的物质（泥沙、石块）离开原地的移动作用，称为搬运作用。河流的侵蚀和堆积作用，在一定意义上都是通过搬运过程来进行的。河水搬运能量的大小，决定于河水的流量和流速，在一定的流量条件下，流速是影响搬运能量的主要因素。河流搬运物的粒径 d 与水流流速的平方成正比，即 $d \propto v^2$。

河流搬运的物质，主要来自谷坡洗刷、崩落、滑塌下来的产物和冲沟内洪流冲刷出来的产物，其次是河流侵蚀河床的产物。

流水搬运的方式可分为物理搬运和化学搬运两大类。物理搬运的物质主要是泥沙石块，化学搬运的物质则是可溶解的盐类和胶体物质。根据流速、流量和泥沙石块的大小不同，物理搬运又可分为悬浮式、跳跃式和滚动式三种方式。悬浮式搬运的主要是颗粒细小的砂和黏性土，悬浮于水中或水面，顺流而下。例如黄河中大量黄土颗粒主要是悬浮式搬运。悬浮式搬运是河流搬运的重要方式之一，它搬运的物质数量最大，例如黄河每年的悬浮搬运量可达 6.72 亿吨，长江每年有 2.58 亿吨。跳跃式搬运的物质一般为块石、卵石和粗砂，它们有时被急流、涡流卷入水中向前搬运，有时则被缓流推着沿河底滚动。滚动式搬运的主要是巨大的块石、砾石，它们只能在水流强烈冲击下，沿河底缓慢向下游滚动。

化学搬运的距离最远，水中各种离子和胶体颗粒多被搬运到湖、海盆地中，当条件适合时，在湖、海盆地中产生沉积。

河流在搬运过程中，随着流速逐渐减小，被携带物质按其大小和重量陆续沉积在河床中，上游河床中沉积物较粗大，越向下游沉积物颗粒越细小；从河床断面上看，流速逐渐减小时，粗大颗粒先沉积下来，细小颗粒后沉积、覆盖在粗大颗粒之上，从而在垂直方向上显示出层理。在河流平面上和断面上，沉积物颗粒大小的这种有规律的变化，称河流的分选作用。另外，在搬运过程中，被搬运物质与河床之间、被搬运物质互相之间，都不断发生摩擦、碰撞，从而使原来有棱角的岩屑、碎石逐渐磨去棱角而成浑圆状，成为在河床中常常见到的砾石、卵石和砂，它们都具有一定的磨圆度，这种作用称为河流的磨蚀作用。良好的分选性和磨圆度是河流沉积物区别于其他成因沉积物的重要特征。

4.1.3.3 河流的沉积作用与冲积层

河流在运动过程中，能量不断受到损失，当河水夹带的泥砂、砾石等搬运物质超过了河水的搬运能力时，被搬运的物质便在重力作用下逐渐沉积下来，称沉积作用，河流的沉积物称冲积层。河流沉积物几乎全部是泥砂、砾石等机械碎屑物，而化学溶解的物质多在进入湖盆或海洋等特定的环境后才开始发生沉积。

冲积层的特点从河谷单元来看，可以分为两大部分：河床相与河漫滩相。河床相沉积物颗粒较粗。河漫滩相下部为河床沉积物，颗粒粗；表层为洪水期沉积物颗粒细，以黏土、粉土为主。这样两种不同特点的沉积层称为“二元结构”。

从河流纵向延伸来看，由于不同地段流速降低的情况不同，各处形成的沉积层就具有不同特点，基本可分为四大类型段：

（1）在山区，河床纵坡陡、流速大，侵蚀能力较强，沉积作用较弱。河床冲积层多为蚀余相，松散堆积物较薄，且以巨砾、卵石和粗砂为主。

（2）当河流由山区进入平原时，流速骤然降低，大量物质沉积下来，形成冲积扇。冲积扇的形状和特征与前述洪积扇相似，但冲积扇规模较大，冲积层的分选性及磨圆度更高。例如北京及其附近广大地区就位于永定河冲积扇上。冲积扇还常分布在大山的山麓地带，例如祁连山北麓、天山北麓和燕山南麓的大量冲积扇。如果山麓地带几个大冲积扇相互连接起来，则形成山前倾斜平原。在山前，河流沉积常与山洪急流沉积共同进行，因此山前倾斜平原也常称为冲洪积平原。

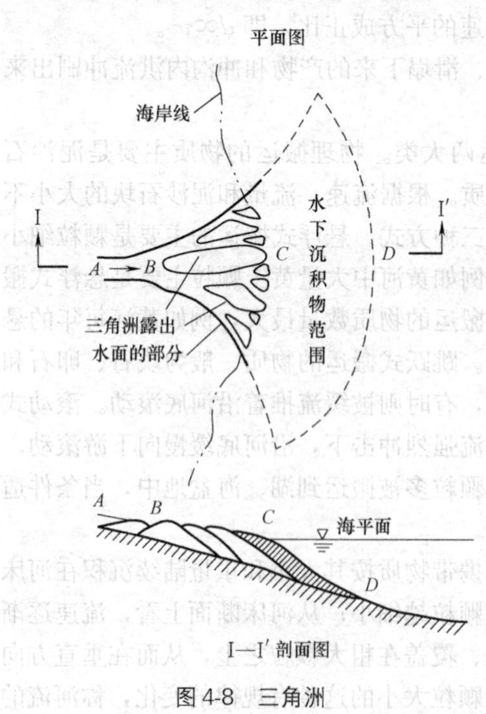

图 4-8 三角洲

（3）在河流中、下游，则由细小颗粒的沉积物组成广大的冲积平原，例如黄河下游、海河及淮河的冲积层构成的华北大平原。冲积平原也常分布有牛轭湖相沉积，如长江的江汉平原。

（4）在河流入海的河口处，流速几乎降到零，河流携带的泥砂绝大部分都要沉积下来。沉积物在水面以下呈扇形分布，扇顶位于河口，扇缘则伸入海中，露出水面的部分形如一个其顶角指向河口的倒三角形，故称河口冲积层为三角洲（图 4-8）。三角洲的内部构造与洪积扇、冲积扇相似：下粗上细，即近河口处较粗，距河口越远越细。随着河流不断带来沉积物，三角洲的范围也不断向海洋方面扩展。例如天津市在汉代是海河河口，元朝时附近为一片湿地，现在则已成为距海岸约 90km 的城市。长江下游自江阴以东地区，就是由大三角洲逐渐发展而成。我国河流中携带泥砂量最多的黄河，其三角洲已向黄海伸进 480km，每年伸进 300m。

从冲积层的形成过程，可知它具有以下特征：

(1) 冲积层分布在河床、冲积扇、冲积平原或三角洲中；冲积层的成分非常复杂，河流汇水面积内的所有岩石和土都能成为该河流冲积层的物质来源。与前面讨论过的三种第四纪沉积层相比，冲积层分选性好，层理明显，磨圆度高。

(2) 山区河流沉积物较薄，颗粒较粗，承载力较高且易清除，地基条件较好。

(3) 由于冲积平原分布广，表面坡度比较平缓，多数大、中城市都坐落在冲积层上；道路也多选择在冲积层上通过。作为工程建筑物的地基，砂、卵石的承载力较高，而黏性土较低。在冲积平原特别应当注意冲积层中两种不良沉积物，一种是软弱土层，例如牛轭湖、沼泽地中的淤泥、泥炭等；另一种是容易发生流砂现象的细、粉砂层。遇到它们时应当采取专门的设计和施工措施。

(4) 三角洲沉积物含水量高，常呈饱和状态，承载力较低。但其最上层，因长期干燥比较硬实，承载力较下面高，俗称硬壳层，可用作低层建筑物的天然地基。

(5) 冲积层中的砂、卵石、砾石常被选用为建筑材料。厚度稳定、延续性好的砂、卵石层是丰富的含水层，可以作为良好的供水水源。

4.1.3.4 河流阶地

河谷内河流侵蚀或沉积作用形成的阶梯状地形称阶地或台地。若阶地延伸方向与河流方向垂直称横向阶地；若阶地延伸方向与河流方向平行称纵向阶地。通常所讲的阶地，多指纵向阶地。

横向阶地是由于河流经过各种悬崖、陡坎，或经过各种软硬不同的岩石，其下切程度不同而造成的。河流在经过横向阶地时常呈现为跌水或瀑布，故横向阶地上较难保存冲积物，并且随着强烈下蚀作用的继续进行，这些横向阶地将向河源方向不断后退。

纵向阶地参见图 4-9，它们是地壳上升运动与河流地质作用的结果。地壳每一次剧烈上升，使河流侵蚀基准面相对下降，大大加速了下蚀的强度，河床底被迅速向下切割，河水面随之下降。以致再到洪水期时也淹没不到原来的河漫滩了。这样，原来的老河漫滩就变成了最新的Ⅰ级阶地，原来的Ⅰ级阶地变为Ⅱ级……，依此类推，在最下面则形成新的河漫滩。道路沿河流行进，通常都选择在纵向阶地上，故一般不加以说明时，阶地即指纵向阶地。

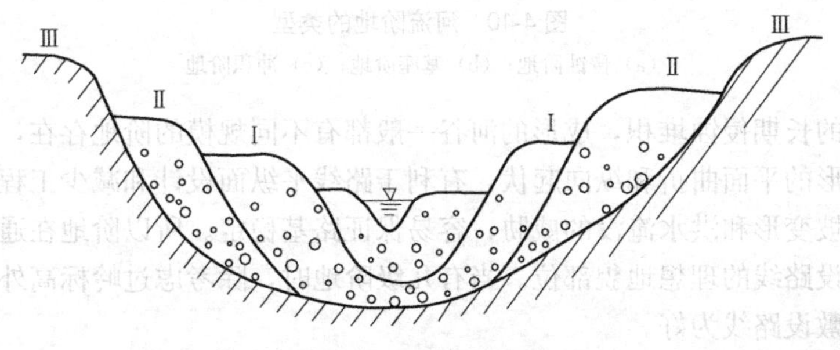

图 4-9 河谷横断面图

一条河流有多少级阶地是由该地区地壳上升次数决定的，每剧烈上升一次就应当有相应的一级阶地，例如兰州地区的黄河就有六级阶地。但是，由于河流地质作用的复杂性，使河流两岸生成的阶地级数及同级阶地的大小范围并不完全对称相同，例如左岸有Ⅰ、Ⅱ、Ⅲ共三级阶地，右岸可能只有Ⅱ、Ⅲ两级阶地；左岸的Ⅲ级阶地可能比较宽广、完整，右岸的Ⅲ级阶地则可能支离破碎、残余面积不大。阶地编号越大，生成年代越老，则可能被侵蚀破坏得越严重，越不易完整保存下来。

根据河流阶地组成物质的不同，可以把阶地分为三种基本类型（图 4-10）：

（1）侵蚀阶地，也称基岩阶地，指阶地表面由河流侵蚀而成，表面只有很少的冲积物，主要由被侵蚀的岩石构成。侵蚀阶地多位于山区，是由于地壳上升很快、河流下切极强造成的。

（2）基座阶地，指阶地表面有较厚的冲积层，但地壳上升、河流下切较深，以致切透了冲积层，切入了下部基岩以内一定深度，从阶地斜坡上可以明显地看出，阶地由上部冲积层和下部基岩两部分构成。

（3）冲积阶地，也称堆积阶地或沉积阶地，指整个阶地在阶地斜坡上露出的部分均由冲积层构成，表明该地区冲积层很厚，地壳上升引起的河流下切未能把冲积层切透。

根据阶地的形成过程，在野外辨认河流阶地时应注意下述两方面特征：形态特征和物质组成特征。从形态上看，阶地表面一般较平缓，纵向微向下游倾斜，倾斜度与本段河床底坡接近，横向微向河中心倾斜。河床两侧同一级阶地，其阶地表面距河水面高差应当相近。某些较老的阶地，由于长时间受到地表水的侵蚀作用，平整的阶地表面破坏，形成高度大致相等的小山包。应当指出，不能只从形态上辨认阶地，以免与人工梯田、台坎混淆，还必须从物质组成上研究。由于阶地是由老的河漫滩形成，它应由黏性土、砂、卵石等冲积层组成。就侵蚀阶地而言，在基岩表面上也应或多或少地保留冲积物。因此，冲积物是阶地物质组成中最重要的物质特征。

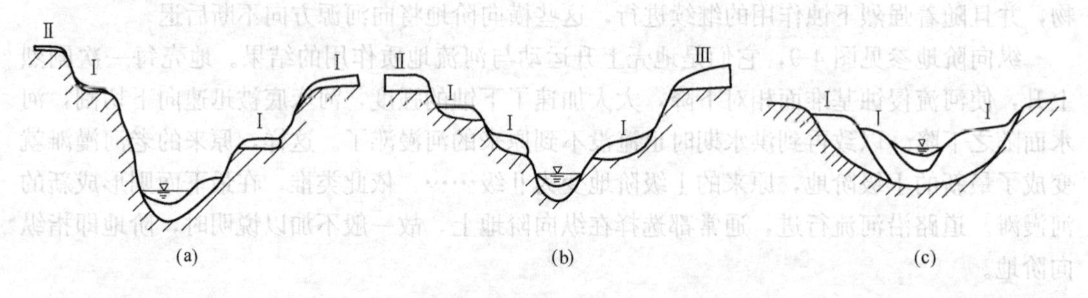

图 4-10　河流阶地的类型

（a）侵蚀阶地；（b）基座阶地；（c）冲积阶地

由于河流的长期侵蚀堆积，成形的河谷一般都有不同规模的阶地存在，它一方面缓和了山谷坡脚地形的平面曲折和纵向起伏，有利于路线平纵面设计和减少工程量，另一方面又不易遭受山坡变形和洪水淹没的威胁，容易保证路基稳定。所以阶地在通常情况下，是河谷地貌中敷设路线的理想地貌部位。当有几级阶地时，除考虑过岭标高外，一般以利用一、二级阶地敷设路线为好。

4.1.4　地表水对土木工程的影响

地表水分为暂时流水和长期流水。暂时流水在山区通过坡面细流和坡面洪流的形式对坡面岩土体造成侵蚀、水土流失，在一定条件下，可引发滑坡和泥石流等地质灾害，主要在第 6 章中进行详细介绍。长期流水则主要通过河水的侵蚀作用与淤积作用对河岸工程造成影响，因此，本节主要讨论河流地质作用对土木工程的影响。

4.1.4.1　河流地质作用对交通线路工程的影响

交通线路工程与河流的关系非常密切。线路跨越河流必须架桥，桥梁墩台基础、桥梁位置的选择都应充分考虑河流地质作用。公路、铁路沿河前进，线路在河谷横断面上所处位置的选择，河谷斜坡和河流阶地上路基的稳定，也都与河流地质作用密切相关。

对于桥梁，首先应选择河流顺直地段过河，以避免在河曲处过河遭受侧蚀而危及一侧桥台安全，应尽量使桥梁中线与河流垂直，减小桥梁长度。其次墩台基础位置应当选择在强度足够安全稳定的岩层上，对于性质软弱的土层，地质构造不良地带不宜设置墩台。墩台位置确定之后，还必须准确地决定墩台基础的埋置深度，埋置太浅会由于河流冲刷河底使基础暴露甚至破坏，埋置过深将大大增加工程费用和工期。

对于沿河线路来说，一段线路位置的选择和路基在河谷断面上位置的选择，从工程地质观点要求，主要包括边坡和基底稳定两个方面。线路沿着峡谷行进，路基多置于高陡的河谷斜坡上，经常遇到崩塌、滑坡等边坡不良地质现象，是山区交通线路的主要病害，将在第 6 章中专门论述。线路沿宽谷或山间盆地行进，路基多置于河流阶地或较缓的河谷斜坡上，经常遇到各种第四纪沉积层。线路在平原上行进，常把路基置于冲积层上，常见的病害是路基受到河流冲刷而破坏或因冲积层中含有软弱土层而产生变形开裂等。

综上所述，沿河公路、铁路在选线设计及施工过程中：首先，必须经过认真细致地调查、勘探工作，查清河流地质作用的历史、现状及发展趋势；然后，根据工作的需求对线路和沿路各建筑物的位置、结构构造及施工方法做出正确的决定，应该力求避免天然的或由于修筑交通线路而引起的各种崩塌、滑坡、泥石流等不良地质问题；最后，当由于各种原因，局部线路不得不通过某些不良地质区时，则应在详细调查研究的基础上提出切实可行的预防和整治措施。

4.1.4.2　河流侵蚀、淤积的防治

1. 不同类型河床主流线与崩岸位置

河流的主流线靠近河岸时，河岸土层会发生崩塌。由于河床类型不同，主流线靠岸的位置不相同，崩岸的位置也不相同。在弯曲河床的上半段，主流线靠近凸岸上方，然后流入凹岸顶点；在弯曲河床的下半段，主流线靠向凹岸。所以在弯曲河床的凸岸边滩的上方、凹岸顶点的下方，常常都是崩岸部位（图 4-11a）。在顺直河床上，深槽与边滩往往成犬牙交错地分布；在深槽处，主流线常常是靠近河岸的，成为顺直河床的崩岸部位（图 4-11b），随着深槽的下移，崩岸的部位一般不固定。游荡河床，主流线也随着江心洲的变化在河床中动荡不定，崩塌部位也是不固定的。分叉河床，江心洲洲头处在主流顶冲的部位（图 4-11c），常常都是护岸工程重点保护的地段。

2. 防护措施

全球悬河化问题突出，河流治理研究具有重要意义。对于河流侧向侵蚀及因河道局部冲刷而造成的坍岸等灾害，一般采用护岸工程或使主流线偏离被冲刷地段等防治措施。

(1) 护岸工程

1) 直接加固岸坡。常在岸坡或浅滩地段植树、种草。

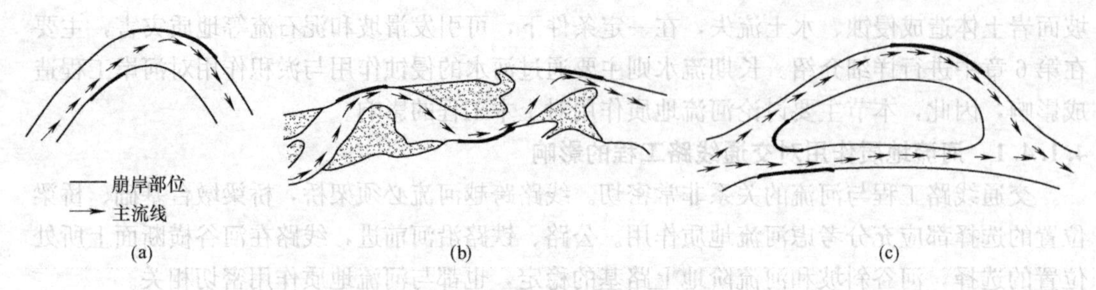

图 4-11 不同类型河床与主流线崩岸位置

(a) 主流线靠近河岸；(b) 游荡河床；(c) 分叉河床

2）护岸。有抛石护岸和砌石护岸两种。即在岸坡砌筑石块（或抛石），以消减水流能量，保护岸坡不受水流直接冲刷。石块的大小，应以不致被河水冲走为原则。可按下式确定：

$$d=\frac{v^3}{25} \tag{4-1}$$

式中 d——石块的平均直径（cm）；

v——抛石体附近平均流速（m/s）。

抛石体的水下边坡坡度一般不宜超过 1∶1，当流速较大时，可放缓至 1∶3。石块应选择未风化、耐磨、遇水不崩解的岩石。

（2）约束水流

1）顺坝和丁坝。顺坝又称导流坝，丁坝又称半堤横坝。常将丁坝和顺坝布置在凹岸以约束水流，使主流线偏离受冲刷的凹岸。丁坝常斜向下游，夹角为 60°～70°，它可使水流冲刷强度降低 10%～15%，如图 4-12 所示。

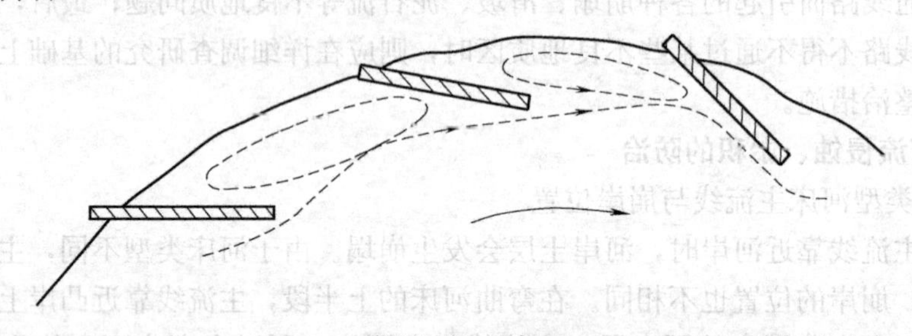

图 4-12 丁坝

2）约束水流，防止淤积。束窄河道、封闭支流、截直河道、减少河流的输砂率等均可起到防止淤积的作用。也常采用顺坝、丁坝或二者组合使河道增加比降和冲刷力，达到防治淤积的目的。

4.2 地下水的地质作用

埋藏在地表下面土中孔隙、岩石孔隙和裂隙中的水，称为地下水。地下水分布很广，与人们的生产、生活和工程活动的关系也很密切。它一方面是饮用、灌溉和工业供水的重要水源之一，是宝贵的天然资源。但另一方面，它与土石相互作用会使土体和岩体的强度和稳定性降低，产生各种不良的自然地质现象和工程地质现象，给工程的建设和正常使用造成危害。诸多不良地质现象和工程病害，如滑坡、岩溶、潜蚀、土体盐渍化和路基盐胀、多年冻土和季节冻土中冰的富集、地基沉陷、道路冻胀和翻浆等，都与地下水的存在和活动有关。

4.2.1 地下水的基本知识

4.2.1.1 岩土的空隙

地下水存在于岩土的空隙之中，地壳表层 10km 以上范围内，都或多或少存在着空隙，特别是浅部 1～2km 范围内，空隙分布较为普遍。岩土的空隙既是地下水储存场所，又是地下水的渗透通道，空隙的多少、大小及其分布规律，决定着地下水分布与渗透的特点。

根据岩土空隙的成因不同，可把空隙分为孔隙、裂隙和溶隙三大类（图 4-13）。

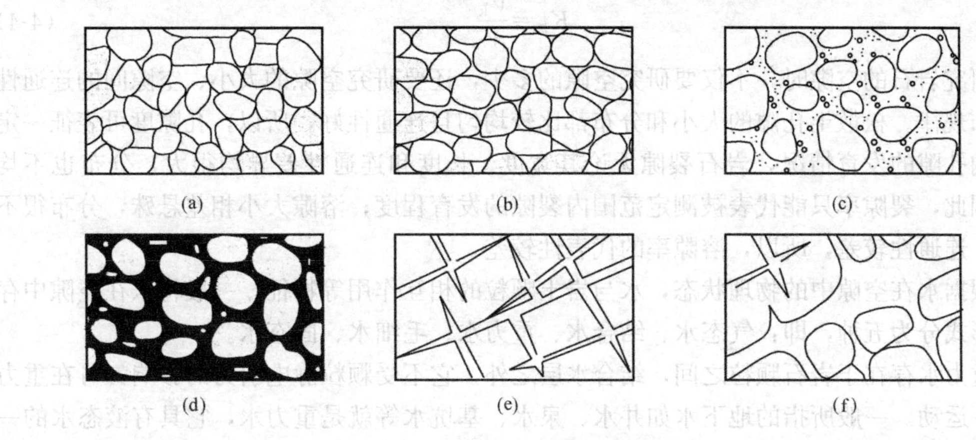

图 4-13 岩土中的各种空隙

(a) 分选良好排列疏松的砂；(b) 分选良好排列紧密的砂；(c) 分选不良含泥、砂的砾石；(d) 部分胶结的砂岩；(e) 具有裂隙的岩石；(f) 具有溶隙的可溶岩

1. 孔隙

松散岩土（如黏土、砂土、砾石等）中颗粒或颗粒集合体之间存在的空隙，称为孔隙。孔隙发育程度用孔隙度（n）表示。所谓孔隙度是孔隙体积（V_n）与包括孔隙在内的岩土总体积（V）的比值。

$$n=\frac{V_n}{V} \tag{4-2}$$

孔隙度的大小主要取决于岩土的密实程度及分选性。此外，颗粒形状和胶结程度对孔隙度也有影响。岩土越疏松、分选性越好（图 4-13a），孔隙度越大。反之，岩土越紧密（图 4-13b）或分选性越差（图 4-13c），孔隙度越小。孔隙若被胶结物充填（图 4-13d），则孔隙度变小。

几种典型松散岩土的孔隙度的参考值见表 4-1。

孔隙度的参考值 表 4-1

岩土类型	砾石	砂	粉砂	黏土
孔隙度	0.25～0.40	0.25～0.50	0.35～0.50	0.40～0.70

2. 裂隙

坚硬岩石受地壳运动及其他内外地质营力作用的影响产生的空隙，称为裂隙（图 4-13*e*）。裂隙发育程度用裂隙率（K_t）表示，所谓裂隙率是裂隙体积（V_t）与包括裂隙体积在内的岩石总体积（V）的比值。

$$K_t=\frac{V_t}{V} \tag{4-3}$$

3. 溶隙

可溶岩（石灰岩、白云岩等）中的裂隙经地下水流长期溶蚀而形成的空隙称溶隙（图 4-13*f*），这种地质现象称岩溶（喀斯特）。溶隙的发育程度用溶隙率（K_k）表示，所谓溶隙率（K_k）是溶隙的体积（V_k）与包括溶隙在内的岩石总体积（V）的比值。

$$K_k=\frac{V_k}{V} \tag{4-4}$$

研究岩石的空隙时，不仅要研究空隙的多少，还要研究空隙的大小、空隙间的连通性和分布规律。松散土孔隙的大小和分布都比较均匀且连通性好，所以，孔隙度可表征一定范围内孔隙的发育情况，岩石裂隙无论其宽度、长度和连通性差异均很大，分布也不均匀。因此，裂隙率只能代表被测定范围内裂隙的发育程度；溶隙大小相差悬殊，分布很不均匀，连通性较差，所以，溶隙率的代表性较差。

根据水在空隙中的物理状态，水与岩土颗粒的相互作用等特征，一般将水在空隙中存在的形式分为五种，即：气态水、结合水、重力水、毛细水、固态水。

重力水存在于岩石颗粒之间，结合水层之外，它不受颗粒静电引力的影响，可在重力作用下运动。一般所指的地下水如井水、泉水、基坑水等就是重力水，它具有液态水的一般特征，可传递静水压力。重力水能产生浮托力、孔隙水压力。流动的重力水在运动过程中会产生动水压力。重力水具有溶解能力，对岩石产生化学潜蚀，导致岩石的成分及结构的破坏。重力水是本章研究的主要对象。

4.2.1.2　含水层与隔水层

岩土中含有各种状态的水，由于各类岩土的水理性质不同，可将各类岩土层划分为含水层和隔水层。

地壳中的岩土层有的含水，有的不含水，有的虽含水但不透水，把能透水且饱含重力水的岩土层称为含水层。构成含水层的条件，一是岩土中要有空隙存在，并且空隙被地下水所充满；二是这些重力水能够在岩土的空隙中自由运动。

隔水层是指不能给出并透过水的岩石层。隔水层还包括那些给出与透过水的数量微不足道的岩土层，也就是说，隔水层有的可以含水，但是不具有允许相当数量的水透过自己的性能，例如黏土就是这样的隔水层。表 4-2 是常见的岩土按透水程度的分类。

岩石按透水程度分类　　**表 4-2**

透水程度	渗透系数 K(m/d)	岩土名称
良透水的	>10	砾石、粗砂、岩溶发育的岩石、裂隙发育且很宽的岩石
透水的	10 ～ 1.0	粗砂、中砂、细砂、裂隙岩石
弱透水的	1.0 ～ 0.01	粉质黏土、细裂隙岩石

续表

透水程度	渗透系数 K(m/d)	岩土名称
微透水的	0.01～0.001	粉砂、粉质黏土、微裂隙岩石
不透水的	<0.001	黏土、页岩

4.2.1.3 地下水的物理化学性质

1. 地下水的物理性质

地下水的物理性质包括温度、颜色、透明度、臭（气味）、味（味道）和导电性等。

地下水的温度变化范围很大。地下水温度的差异，主要受各地区的地温条件所控制。通常随埋藏深度不同而异，埋藏越深的，水温越高。

地下水一般是无色、透明的，但当水中含有某些有色离子或含有较多的悬浮物质时，便会带有各种颜色和显得混浊。如含有高铁的水为黄褐色，含腐殖质的水为淡黄色。

地下水一般是无臭、无味的，但当水中含有硫化氢气体时，水便有臭蛋味，含氯化钠的水味咸，含氯化镁或硫化镁的水味苦。

地下水的导电性取决于所含电解质的数量与性质（即各种离子的含量与离子价），离子含量越多，离子价越高，则水的导电性越强。

2. 地下水的化学性质

(1) 地下水中常见的成分

地下水中含有多种元素，有的含量大，有的含量甚微。地壳中分布广、含量高的元素，如 O、Ca、Mg、Na、K 等在地下水中最常见。有的元素如 Si、Fe 等在地壳中分布很广，但在地下水中却不多；有的元素如 Cl 等在地壳中极少，但在地下水中却大量存在。这是因为各种元素的溶解度不同的缘故，所有这些元素是以离子、化合物分子和气体状态存在于地下水中，而以离子状态为主。

地下水中含有数十种离子成分，常见的阳离子有 H^+、Na^+、K^+、Mg^{2+}、Ca^{2+}、Fe^{2+}、Fe^{3+}、Mn^{2+} 等；常见的阴离子有 OH^-、Cl^-、SO_4^{2-}、NO_3^-、HCO_3^-、CO_3^{2-}、SiO_3^{2-}、PO_4^{3-} 等。上述离子中的 Cl^-、SO_4^{2-}、HCO_3^-、N^+、K^+、Mg^{2+}、Ca^{2+} 等七种是地下水的主要离子成分，它们分布最广，在地下水中占绝对优势，它们决定了地下水化学成分的基本类型和特点。

地下水中含有多种气体成分，常见的有 O_2、N_2、CO_2、H_2S。

地下水中呈分子状态的化合物（胶体）有 Fe_2O_3、$A1_2O_3$ 和 H_2SiO_3 等。

(2) 氢离子浓度（pH 值）

氢离子浓度是指水的酸碱度，用 pH 值表示，pH＝1g［H^+］。根据 pH 值可将水分为五类，见表 4-3。

地下水的氢离子浓度主要取决于水中 HCO_3^-、CO_3^{2-} 和 H_2CO_3 的数量。自然界中大多数地下水的 pH 值在 6.5～8.5 之间。

水按 pH 值的分类 **表 4-3**

水的分类	强酸性水	弱酸性水	中性水	弱碱性水	强碱性水
pH 值	<5	5～7	7	7～9	>9

氢离子浓度为一般酸性侵蚀指标。酸性侵蚀是指酸可分解水泥混凝土中的 $CaCO_3$ 成分，其反应式为：

$$2CaCO_3 + 2H^+ \rightarrow Ca(HCO_3)_2 + Ca^{2+} \quad (4\text{-}5)$$

（3）总矿化度

水中离子、分子和各种化合物的总量称为总矿化度，以 g/L 表示，它表示水的矿化程度。通常以在 105～110℃温度下将水蒸干后所得干涸残余物的含量来确定。根据矿化程度可将水分为五类（表 4-4）。

水按矿化度的分类 表 4-4

水的类别	淡水	微咸水（低矿化水）	咸水	盐水（高矿化水）	卤水
矿化度(g/L)	＜1	1～3	3～10	10～50	＞50

矿化度与水的化学成分之间有密切的关系：淡水和微咸水常以 HCO_3^- 为主要成分，称重碳酸盐水；咸水常以 SO_4^{2-} 为主要成分，称硫酸盐水；盐水和卤水则往往以 Cl^- 为主要成分，称氯化物水。

高矿化水能降低混凝土的强度，腐蚀钢筋，促使混凝土分解，故拌合混凝土时不允许用高矿化水，在高矿化水中的混凝土建筑亦应注意采取防护措施。

（4）水的硬度

水中 Ca^{2+}、Mg^{2+} 的总含量称为总硬度。将水煮沸后，水中一部分 Ca^{2+}、Mg^{2+} 的重碳酸盐因失去 CO_2 而生成碳酸盐沉淀下来，致使水中 Ca^{2+}、Mg^{2+} 的含量减少，由于煮沸而减少的这部分 Ca^{2+}、Mg^{2+} 的总含量称为暂时硬度。其反应式为：

$$Ca^{2+} + 2HCO_3^- \rightarrow CaCO_3 + H_2O + CO_2 \quad (4\text{-}6)$$

$$Mg^{2+} + 2HCO_3^- \rightarrow MgCO_3 + H_2O + CO_2 \quad (4\text{-}7)$$

总硬度与暂时硬度之差称为永久硬度，相当于煮沸时未发生碳酸盐沉淀的那部分 Ca^{2+}、Mg^{2+} 的含量。

我国采用的硬度表示法有两种：一是德国度，每一度相当于 1L 水中含有 10mg 的 CaO 或 7.2mg 的 MgO；一是每升水中 Ca^{2+} 和 Mg^{2+} 的毫摩尔数，1 毫摩尔硬度＝2.8 德国度。根据硬度可将水分为五类（表 4-5）。

水按硬度的分类 表 4-5

水的类别		极软水	软水	微硬水	硬水	极硬水
硬度	$Ca^{2+}+Mg^{2+}$ 的毫摩尔数(L)	＜1.5	1.5～3.0	3.0～6.0	6.0～9.0	＞9.0
	德国度	＜4.2	4.2～8.4	8.4～16.8	16.8～25.2	＞25.2

4.2.2 地下水的基本类型

地下水的埋藏条件是指含水岩层在地质剖面中所处的部位以及受隔水层限制的情况。根据地下水的埋藏条件，可以把地下水划分为上层滞水、潜水和承压水。按含水层空隙性质（含水介质）的不同，可将地下水区分为孔隙水、裂隙水和岩溶水，见表 4-6。

地下水的分类表 表 4-6

埋藏条件 \ 含水介质类型	孔隙水	裂隙水	岩溶水
上层滞水	局部黏性土隔水层上季节性存在的重力水	裂隙岩层浅部季节性存在的重力水及毛细水	裸露的岩溶化岩层上部岩溶通道中季节性存在的重力水
潜水	各类松散堆积物浅部的水	裸露于地表的各类裂隙岩层中的水	裸露于地表的岩溶化岩层中的水
承压水	山间盆地及平原松散堆积物深部的水	组成构造盆地、向斜构造或单斜断块的被掩覆的各类裂隙岩层中的水	组成构造盆地、向斜构造或单斜断块的被掩覆的岩溶化岩层中的水

4.2.2.1 上层滞水、潜水、承压水

1. 上层滞水

在包气带内局部隔水层上积聚的具有自由水面的重力水称为上层滞水，见图 4-14。上层滞水接近地表，接受大气降水的补给，以蒸发形式向隔水底板边缘排泄。其主要特征是：埋藏浅，在垂直和平面上分布均不稳定，分布区和补给区一致；水量和水质受气候控制，季节性变化明显，雨季水量多，旱季水量少，甚至干涸。

上层滞水的存在，可使地基土的强度减弱。在寒冷的北方地区，易引起道路的冻胀和翻浆。此外，由于其分布和水位变化大，常给工程的设计和施工带来困难。

2. 潜水

饱水带中第一个连续隔水层之上具有自由表面的含水层中的水称为潜水，见图 4-14。潜水的水面为自由水面，称为潜水面。从潜水面到隔水底板的距离为潜水含水层厚度。潜水面到地面的距离为潜水埋藏深度。潜水含水层直接与包气带相接，所以潜水在其分布范围内，都可以通过包气带接受大气降水、地表水或凝结水的补给。潜水在重力作用下，通常由水位高的地方向水位低的地方径流。潜水的排泄方式有两种：一种是径流到适当地形处，以泉、渗流等形式泄出地表或流入地表水，即径流排泄。另一种是通过包气带或植物蒸发进入大气，即蒸发排泄。

潜水直接通过包气带与地表发生联系，气象、水文因素的变动，对它影响显著，丰水季节或年份，潜水接受的补给量大于排泄量，潜水面上升，含水层厚度增加，埋藏深度变小。干旱季节排泄量大于补给量，潜水面下降，含水层变薄，埋藏深度增大。因此，潜水的动态有明显的季节变化。潜水动态变化的影响因素有自然因素和人为因素两方面。自然因素有气象、水文、地质和生物等。人为因素主要有兴修水利、大面积灌溉和疏干等。只要人们掌握潜水的动态变化规律，就能合理地利用地下水，防止地下水对建筑工程造成危害。

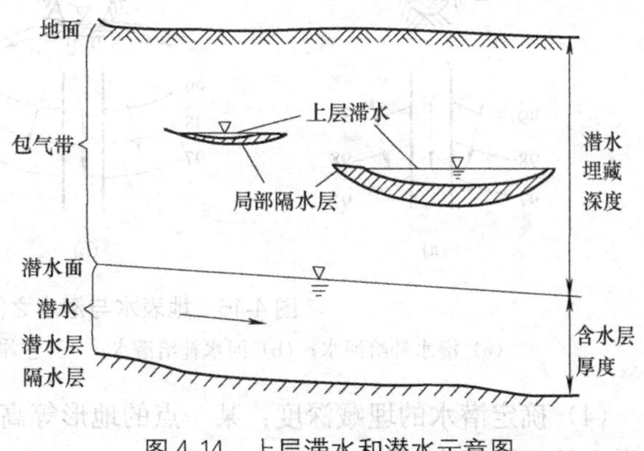

图 4-14 上层滞水和潜水示意图

潜水的化学成分变化很大，主要取决于气候、地形及岩性条件。湿润气候和地形切割强烈的地区，利于潜水的径流排泄，而不利于蒸发排泄，往往形成含盐量低的淡水。干旱气候和低平地形区，潜水以蒸发排泄为主，常形成含盐量高的咸水。

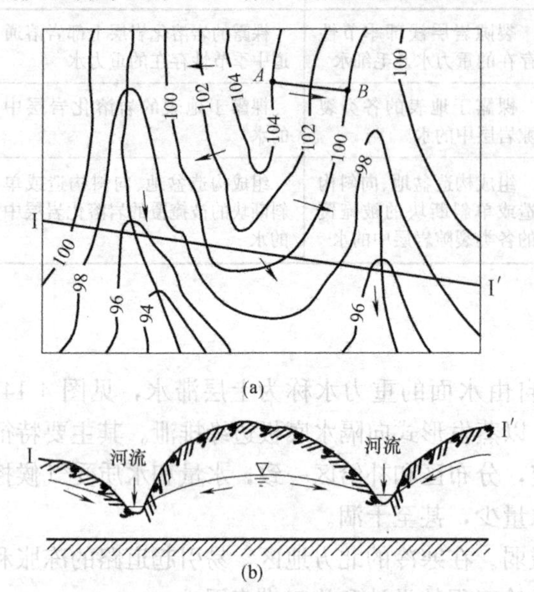

图 4-15　潜水等水位线图及水文地质剖面图

（a）潜水等水位线（1：100000）；

（b）水文地质剖面图（Ⅰ—Ⅰ′）

潜水面常以潜水等水位线图表示。所谓潜水等水位线图就是潜水面上标高相等各点的连线图（图 4-15），绘制时将研究地区的潜水人工露头（钻孔、探井、水井）和天然露头（泉、沼泽）的水位同时测定，绘在地形等高线图上，连接水位等高的各点即为等水位线图。由于水位有季节性的变化，图上必须注明测定水位的日期。一般应有最低水位和最高水位时期的等水位线图。该图有以下用途：

（1）确定潜水流向：在等水位线图上，垂直于等水位线的方向，即为潜水的流向，如图 4-15 箭头所示的方向。

（2）计算潜水的水力坡度：在潜水流向上取两点的水位差与两点间的水平距离的比值，即为该段潜水的水力坡度。图 4-15上 A、B 两点潜水面的水力坡度：

$$I_{AB}=\frac{104-100}{1100}=0.0036 \tag{4-8}$$

（3）确定潜水与地表水之间的关系：如果潜水流向指向河流，则潜水补给河水（图 4-16）；如果潜水流向背向河流，则潜水接受河水补给。

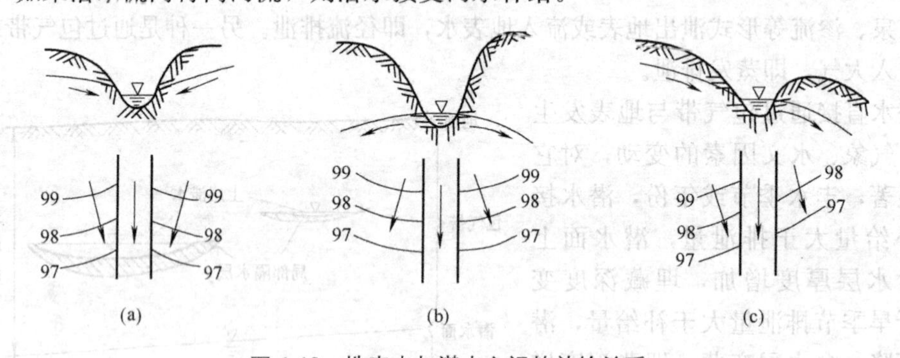

图 4-16　地表水与潜水之间的补给关系

（a）潜水补给河水；（b）河水补给潜水；（c）左岸潜水补给河水，右岸河水补给潜水

（4）确定潜水的埋藏深度：某一点的地形等高线标高与潜水等水位线标高之差即为该点潜水的埋藏深度。

（5）确定泉或沼泽的位置：在潜水等水位线与地形等高线高程相等处，潜水露出，这里即是泉或沼泽的位置。

（6）推断含水层的岩性或厚度的变化：在地形坡度变化不大的情况下，若等水位线由密变疏，表明含水层透水性变好或含水层变厚。相反，则说明含水层透水性变差或厚度变小。

(7) 确定给水和排水工程的位置：水井应布置在地下水流汇集的地方，排水沟（截水沟）应布置在垂直水流的方向上。

3. 承压水

充满于两个隔水层之间的含水层中的地下水叫做承压水。承压水含水层上部的隔水层称作隔水顶板，下部的隔水层叫做隔水底板。顶底板之间的距离为含水层厚度。

承压性是承压水的一个重要特征。图 4-17 表示一个基岩向斜盆地，含水层中心部分埋设于隔水层之下，两端露出于地表。含水层从露出位置较高的补给区获得补给，向另一侧排泄区排泄，中间是承压区。补给区位置较高，水由补给区进入承压区，受到隔水顶底板的限制，含水层充满水，水自身承受压力，并以一定的压力作用于隔水顶板。用钻孔揭露含水层，水位将上升到含水层顶板以上一定高度才静止下来。静止水位高出含水层顶板的距离便是承压水头。钻孔中静止水位的高程就是含水层在该点的测压水位。测压水位高于地表时，钻孔能够自喷出水。将某一承压含水层测压水位相等的各点连线，即得等水压线，在图上根据钻孔水位资料绘出等水压线，便得到等水压线图，见图 4-18。根据等水压线图可以确定承压水的流向和水力梯度。

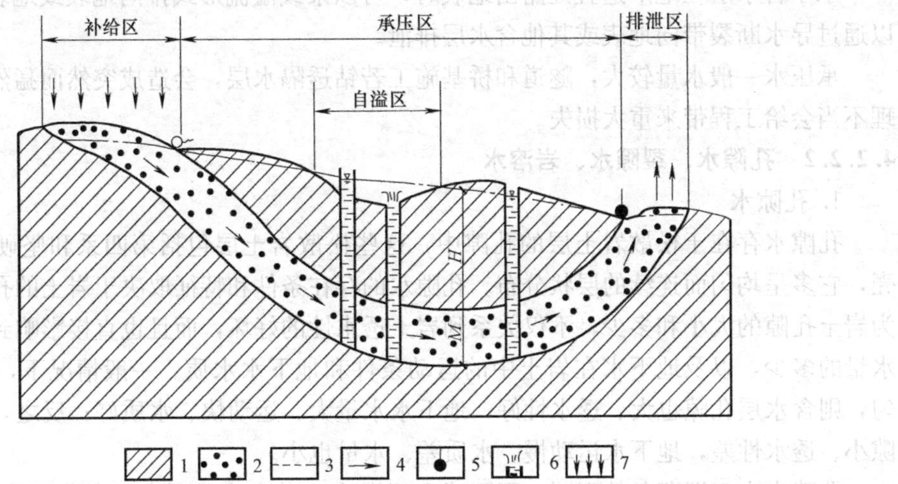

图 4-17 承压水

1—隔水层；2—含水层；3—承压水位线；4—地下水流向；5—泉；6—自喷孔；7—大气降水补给；*H*—承压水头；*M*—含水层厚度

承压水受隔水层的限制，与地表水联系较弱。因此气候、水文因素的变化对承压水的影响较小，承压水动态变化稳定。

适宜形成承压水的地质构造大致有两种：一为向斜构造或盆地称为自流盆地。另一为单斜构造称为自流斜地。

承压含水层在接受补给时，主要表现为测压水位上升，而含水层的厚度加大很不明显。增加的水量通过水的压密及空隙的扩大而储容于含水层之中。承压含水层因排泄而减少水量时，测压水位降低。这时，上覆岩层的压力并不改变，为了恢复平衡，含水空隙必须作相应的收缩，将减少的水所承受的那部分压力转移给含水层骨架承受。与此同时，由于减压，水的体积膨胀。

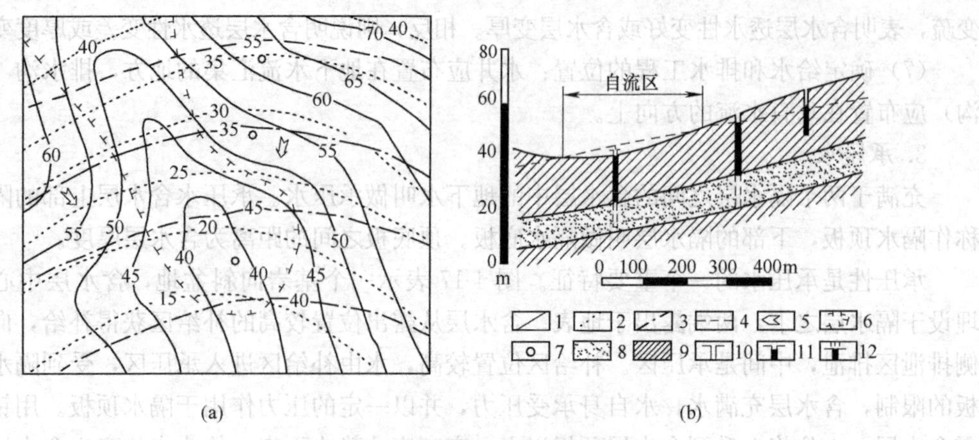

图 4-18　等水压线图及水文地质剖面图

（a）等水压线；（b）水文地质剖面图

1—地形等高线；2—含水层底板等高线；3—等测压水位线；4—地下水流向；5—承压水自流区；6—钻孔；7—自喷孔；8—含水层；9—隔水层；10—测压水位线；11—钻孔；12—自喷孔

承压含水层在地形适宜处露出地表时，可以泉或溢流形式排向地表或地表水体，也可以通过导水断裂带向地表或其他含水层排泄。

承压水一般水量较大，隧道和桥基施工若钻透隔水层，会造成突然而猛烈的涌水，处理不当会给工程带来重大损失。

4.2.2.2　孔隙水、裂隙水、岩溶水

1. 孔隙水

孔隙水存在于松散岩土层的孔隙中，这些松散岩土层包括第四系和坚硬基岩的风化壳，它多呈均匀而连续的层状分布。孔隙水的存在条件和特征取决于岩土的孔隙情况，因为岩土孔隙的大小和多少，不仅关系到岩土透水性的好坏，而且也直接影响到岩土中地下水量的多少，以及地下水在岩上中的运动条件和地下水水质。一般情况下，颗粒大而均匀，则含水层孔隙也大、透水性好，地下水水量大、运动快、水质好；反之，则含水层孔隙小、透水性差，地下水运动慢、水质差、水量也小。

孔隙水由于埋藏条件不同，可形成上层滞水、潜水或承压水，即分别称为孔隙-上层滞水、孔隙-潜水或孔隙-承压水。

2. 裂隙水

埋藏在基岩裂隙中的地下水叫做裂隙水。裂隙水分布很不均匀，水力联系也很复杂。裂隙水的这些特点与裂隙介质的特征有关。根据裂隙水赋存介质的不同，将裂隙水划分为脉状裂隙水和层状裂隙水两种类型。坚硬基石中的裂隙分布不均匀且具方向性，通常只在岩层中某些局部范围内联通，构成若干互不联系或联系很差的脉状含水系统，这个系统中赋存的为脉状裂隙水。破碎岩层中，裂隙分布连续均匀，构成具有统一水力联系、水量分布均匀的层状裂隙含水系统，赋存的为层状裂隙水。另外，按基岩裂隙成因的不同，可将裂隙水分为：风化裂隙水、成岩裂隙水和构造裂隙水三种类型。

（1）风化裂隙水。分布于风化裂隙中的地下水一般为层状裂隙水，受风化壳的控制，风化裂隙水多属潜水。通常情况下，风化壳规模和厚度相当有限，风化裂隙含水层水量不大，就地补给，就地排泄。但风化裂隙水在基岩山区分布十分广泛，对边坡工程影响很

大，常常是边坡失稳和浅层滑坡形成的重要原因。

（2）成岩裂隙水。沉积岩和深成岩浆岩的成岩裂隙多是闭合的，含水意义不大。陆地喷溢的玄武岩在冷凝收缩时，常形成六方柱状节理和层面节理。这类节理大多张开且密集均匀，连通良好，常构成储水丰富、导水通畅的层状裂隙含水系统。岩脉及侵入岩接触带，张开裂隙发育，常形成近于垂直的带状裂隙含水系统。成岩裂隙水可以是潜水，也可以是承压水。

（3）构造裂隙水。构造裂隙是岩石在构造运动中受力产生的。在岩石性质和构造应力的控制下，裂隙的张开性、密度、方向性和连通性均有显著的区别。因此，构造裂隙水的分布规律相当复杂，呈现出不均匀性和各向异性的主要特点。与主要构造线方向一致和垂直主要构造线的裂隙，一般是张应力作用下形成的，张开性好，为导水裂隙。剪应力造成的节理面平整而闭合，多半不导水。应力集中的部位，裂隙常较发育，岩层的透水性好。在同一裂隙含水层中，背斜轴部常较两翼富水，倾斜岩层常较平缓岩层富水，断层带附近往往格外富水。同一岩层的不同部位，岩性与应力分布不均匀，裂隙密度与张开性也有差别，在应力集中或岩性有利的部位，张开裂隙互相连通，构成裂隙含水系统。同一岩性中可包含若干个裂隙含水系统。发育构造裂隙的岩层，透水性常显示各向异性，某些方向上的裂隙张开性好，另一些方向上的裂隙张开性差，甚至闭合。构造裂隙水可以是潜水，也可以是承压水。然而，即使是构造裂隙潜水，只要不是裂隙发育十分密集均匀，往往显示局部的承压性。构造裂隙水局部流向往往与整体流向不一致，迂回绕行，有时甚至与整体流向正好相反。

3. 岩溶水

赋存与运移于可溶岩的空隙、裂隙以及溶洞中的地下水叫做岩溶水。岩溶含水介质是多级次的空隙系统。一般情况下，包含下列尺寸不等的空隙：

（1）岩溶管道，通常直径数十厘米到数米，其中还可能包括体积十分巨大的溶洞；

（2）各级构造裂隙；

（3）成岩过程中形成的各种原生孔隙与裂隙；

（4）充填溶洞的松散沉积物的孔隙。

上述成因与尺寸不等的空隙，按一定次序组合，构成宏观上具有统一水力联系的岩溶含水介质。广泛分布的细小的孔隙，渗透性差而总容积相当大，是主要的储水空间，大的岩溶管道及开阔的溶蚀裂隙，主要起导水通道的作用；尺寸介于两者之间的不同级次裂隙构成的网络，兼具储水空间和导水通道的作用，联系着主要导水通道与主要储水空间。

在尺寸大小悬殊的空隙中流动的岩溶水，运动状况相当复杂。在裂隙网络与较小的溶蚀管道中，地下水作层流运动。在巨大的干流通道中，呈紊流运动。

岩溶水可以是潜水，也可以是承压水。

岩溶管道与周围裂隙网络中的水流并不是同步运动的。雨季，通过地表的落水洞、溶蚀漏斗，岩溶管道迅速大量地吸收降水及地表水，水位抬升快，在向下游流动的同时，还向周围裂隙网络散流。枯水期，管道中形成水位凹槽，而周围裂隙网络保持高水位，沿着垂直于管道流的方向向其汇流。在岩溶含水系统中，局部流向与整体流向一般是不一致的。

在岩溶地区，降水通过落水洞、溶蚀漏斗等直接流入或灌入，短时间内，通过顺畅的途径，迅速补给岩溶水。流入岩溶地区的河流，往往全部转入地下。地下河系化的结果是，成百甚至成千千米范围内的岩溶水，集中地通过一个大泉或泉群排泄。灌入式的补给、畅通的径流及集中排泄，决定着岩溶水水位动态变化十分强烈，远离排泄区的地段，地下水位年变化幅度可达数十米乃至数百米，变化迅速而缺乏滞后。

岩溶水径流交替强烈，因此岩溶水多为矿化度小于0.5g/l的HCO_3-Ca水，白云岩分布区多为HCO_3-Ca-Mg水，岩溶承压水的化学成分则随水交替条件而异，由补给区向深部，矿化度可逐渐增大到每升数克，转为SO_4-HCO_3-Ca-Mg型水。由于降水与地表水未经过滤便直接进入岩溶含水层，岩溶水极易被污染。

综上所述，岩溶水具有如下特点：（1）分布的不均匀性。由于岩溶分布和发育的不均匀性，岩溶含水层的富水性极不均匀；（2）水力联系密切。由于地下溶洞与溶洞、溶洞与溶蚀裂隙之间相互连通，因而使岩溶水具有密切的水力联系和较强的传递能力；（3）水量动态多变、随季节变化大。由于岩溶地下水与地表水联系密切，所以岩溶地下水流量的季节变化幅度很大，基本与地表河流相同。另外，当溶蚀漏斗、落水洞和溶蚀裂隙与排泄条件较差的地下通道相联系时，往往随季节表现为间歇性或周期性的消水与涌水。

4.2.2.3 地下水的补给、排泄与径流

1. 地下水的补给

含水层从外界获得水量的过程称作补给。地下水的补给来源有：大气降水、地表水和凝结水补给，含水层之间的补给以及人工补给等。

（1）大气降水补给。大气降水是地下水的最主要补给来源，但大气降水补给地下水的数量与降水性质、植物覆盖、地形、地质构造、包气带厚度及岩土透水性等密切相关，一般来说，时间短的暴雨对补给地下水不利，而连绵细雨能大量补给地下水。

（2）地表水补给。地表水体指的是河流、湖泊、水库与海洋等，地表水体可能补给地下水，也可能排泄地下水，这主要取决于地表水水位与地下水水位之间的关系。地表水位高于地下水位，地表水补给地下水；反之，地下水补给地表水。

（3）含水层之间的补给。深部与浅部含水层之间的隔水层中若有透水的“天窗”或由于受断层的影响，使上下含水层之间产生一定的水力联系时，地下水便会由水位高的含水层流向并补给水位低的含水层。此外，若隔水层有弱透水能力，当两含水层之间水位相差较大时，也会通过弱透水层进行补给。例如，对某一含水层抽水时，另一含水层可以越流补给抽水井，增加井的出水量。

（4）人工补给。它包括灌溉水，工业与生活废水排入地下，以及专门为增加地下水量的人工方法补给。

2. 地下水的排泄

含水层失去水量的过程称作排泄。地下水排泄的方式有：蒸发、泉水溢出、向地表水体泄流、含水层之间的排泄和人工排泄等。

（1）蒸发。通过土壤蒸发与植物蒸发的形式而消耗地下水的过程叫蒸发排泄。蒸发量的大小与温度、湿度、风速、地下水位埋深、包气带岩性等有关，干旱与半干旱地区地下水蒸发强烈，常是地下水排泄的主要形式。

（2）泉水。泉是地下水的天然露头，是地下水排泄的主要方式之一。当含水层通道被揭露于地表时，地下水便溢出地表形成泉。山区地形受到强烈的切割，岩石多次遭受褶

皱、断裂，形成地下水流向地表的通道，因而山区常有丰富的泉水；而平原地区由于地势平坦，地表切割作用微弱，故泉的分布不多。按照补给含水层的性质，可将泉水分为上升泉与下降泉两大类。上升泉由承压含水层补给，下降泉由潜水或上层滞水补给。

（3）向地表水体泄流。当地下水位高于河水位时，若河床下面没有不透水岩层阻隔，那么地下水可以直接流向河流补给河水。其补给量可通过对上、下游两断面河流流量的测定计算。

（4）含水层之间的排泄。一个含水层通过“天窗”、导水断层、越流等方式补给另一个含水层。对后一个含水层来说是补给，而对前一个含水层来说是排泄。

（5）人工排泄。抽取地下水作为供水水源和基坑抽水降低地下水位等，都是地下水的人工排泄方式。在一些地区人工抽水是地下水排泄的主要方式，如北京、西安等许多大中城市，地下水是主要供水水源。

3. 地下水的径流

地下水出补给区流向排泄区的过程叫径流。地下水由补给区流经径流区，流向排泄区的整个过程构成地下水循环的全过程。地下水径流包括径流方向、径流速度与径流量。

地下水补给区与排泄区的相对位置与高差决定着地下水径流的方向与径流速度；含水层的补给条件与排泄条件越好、透水性越强，则径流条件越好。例如，山区的冲积物，岩石颗粒粗，透水性强，含水层的补给与排泄条件好，山区地势险峻，地下水的水力坡度大，因此山区的地下水径流条件好；平原区多堆积一些细颗粒物质，地形平缓，水力坡度小，因此径流条件较差。径流条件好的含水层其水质较好。此外，地下水的埋藏条件亦决定地下水径流类型：潜水属无压流动；承压水属有压流动。

4.2.3 地下水对土木工程的影响

4.2.3.1 地下水对混凝土的侵蚀作用

地下水中含有某些成分时，对建筑材料中的混凝土、金属等有侵蚀性和腐蚀性。

地下水对混凝土的破坏是通过分解性侵蚀、结晶性侵蚀和分解结晶复合性侵蚀作用进行的。地下水的这种侵蚀性主要取决于水的化学成分，同时也与水泥类型有关。

1. 分解性侵蚀

分解性侵蚀系指酸性水溶滤氢氧化钙以及侵蚀性碳酸溶滤碳酸钙而使混凝土分解破坏的作用，又分为一般酸性侵蚀和碳酸侵蚀两种。

（1）一般酸性侵蚀，是指水中的氢离子与氢氧化钙起反应使混凝土溶滤破坏。其反应式为：

$$Ca(OH)_2+2H^+ \rightarrow Ca^{2+}+2H_2O \tag{4-9}$$

酸性侵蚀的强弱主要取决于水中的 pH 值。pH 值越低，水对混凝土的侵蚀性就越强。

（2）碳酸性侵蚀，是指由于碳酸钙在侵蚀性二氧化碳的作用下溶解，使混凝土遭受破坏，混凝土表面的氢氧化钙在空气和水中 CO_2 的作用下，首先形成一层碳酸钙，进一步的作用形成易溶于水的重碳酸钙，重碳酸钙溶解后则使混凝土破坏。其反应式为：

$$CaCO_3+H_2O+CO_2 \leftrightarrow Ca^{2+}+2HCO_3^- \tag{4-10}$$

这是一个可逆反应，碳酸钙溶于水中后，要求水中必须含有一定数量的游离 CO_2 以保持平衡，如水中游离 CO_2 减少，则方程向左进行发生碳酸钙沉淀。水中这部分 CO_2 称为平衡二氧化碳。若水中游离 CO_2 大于当时的平衡 CO_2，则可使方程向右进行，碳酸钙被溶解，直到达到新的平衡为止。

2. 结晶性侵蚀

结晶性侵蚀主要是硫酸侵蚀，是含硫酸盐的水与混凝土发生反应，在混凝土的孔洞中形成石膏和硫酸铝盐晶体。这些新化合物的体积增大（例如石膏增大体积 1～2 倍，硫酸铝盐可增大体积 2.5 倍），由于结晶膨胀作用而导致混凝土力学强度降低，以至破坏。石膏是生成硫酸铝盐的中间产物，生成硫酸铝盐的反应式为：

$$3CaO \cdot Al_2O_3 \cdot 6H_2O + 3CaSO_4 + 25H_2O \rightarrow 3CaO \cdot Al_2O_3 \cdot 3CaSO_4 \cdot 31H_2O \tag{4-11}$$

这种结晶性侵蚀并不是孤立进行的，它常与分解性侵蚀相伴生，往往有分解性侵蚀时更能促进这种作用的进行。另外，硫酸侵蚀性还与水中氯离子含量及混凝土建筑物在地下所处的位置有关，如建筑物位于水位变动带，这种结晶性侵蚀作用就增强。

3. 分解结晶复合性侵蚀

分解结晶复合性侵蚀主要是水中弱盐基硫酸盐离子的侵蚀，即水中 Mg^{2+}、$NH_4{}^+$、Cl^-、SO_4^{2-}、NO_3^- 等含量很多时，与混凝土发生化学反应，使混凝土力学强度降低，甚至破坏。例如水中的 $MgCl_2$ 与混凝土中结晶的 $Ca(OH)_2$ 起交替反应，形成 $Mg(OH)_2$ 和易溶于水的 $CaCl_2$，使混凝土遭受破坏。

根据以上各种侵蚀所引起的破坏作用，将侵蚀性的 CO_2、HCO_3^- 离子和 pH 值归纳为分解性侵蚀的评价指标；将 SO_4^{2-} 离子的含量归纳为结晶性侵蚀的评价指标；而将 Mg^{2+}、$NH_4{}^+$、Cl^-、SO_4^{2-}、$NO_3{}^-$ 离子的含量作为分解结晶复合性侵蚀的评价指标。同时，在评价地下水对建筑结构材料的侵蚀性时，必须结合建筑场地所属的环境类别。建筑场地根据气候区、土层透水性、干湿交替和冻融交替情况区分为三类环境，见表 4-7。

混凝土侵蚀的场地环境类别 **表 4-7**

<table>
<tr><th>环境类别</th><th>气候区</th><th>土层特性</th><th colspan="2">干湿交替</th><th>冰冻区(段)</th></tr>
<tr><td>Ⅰ</td><td>高寒区
干旱区
半干旱区</td><td>直接临水，强透入土层中的地下水，或湿润的强透入水层</td><td>有</td><td rowspan="3">混凝土不论在地面还是在地下，无干湿交替作用时，其侵蚀强度比有干湿交替作用时相对降低</td><td rowspan="2">混凝土不论在地面还是在地下，受潮或浸水，并处于严重冰冻区(段)、冰冻区(段)或微冰冻区(段)</td></tr>
<tr><td rowspan="2">Ⅱ</td><td>高寒区
干旱区
半干旱区</td><td>弱透水土层中的地下水，或湿润的强透水土层</td><td>有</td></tr>
<tr><td>湿润区
半湿润区</td><td>直接临水，强透入土层中的地下水，或湿润的强透入水层</td><td>有</td><td></td></tr>
<tr><td>Ⅲ</td><td>各气候区</td><td>弱透水土层</td><td colspan="2">无</td><td>不冻区(段)</td></tr>
<tr><td>备注</td><td colspan="5">当竖井、隧洞、水坝等工程的混凝土结构一面(地下水和地表水)接触，另一面又暴露在大气中时，场地环境分类应划为Ⅰ类</td></tr>
</table>

地下水对建筑材料侵蚀性评价标准见表 4-8～表 4-10。

分解性侵蚀评价标准 **表 4-8**

侵蚀等级	pH 值		侵蚀性 CO_2(mg/L)		HCO_3^- (mmol/L)
	A	B	A	B	A
无侵蚀性	＞6.5	＞5.0	＜15	＜30	＞1.0
弱侵蚀性	5.0～6.5	4.0～5.0	15～30	30～60	0.5～1.0
中侵蚀性	4.0～5.0	3.5～4.0	30～60	60～100	＜0.5
强侵蚀性	＜4.0	＜3.5	＞60	＞100	
备注	A——直接临水,强透水土层中的地下水,或湿润的强透水土层 B——弱透水土层中的地下水或湿润的弱透水土层				

结晶性侵蚀评价标准 **表 4-9**

侵蚀等级	SO_4^{2-} 在水中含量(mg/L)		
	Ⅰ类环境	Ⅱ类环境	Ⅲ类环境
无侵蚀性	＜250	＜500	＜1500
弱侵蚀性	250～500	500～1500	1500～3000
中侵蚀性	500～1500	1500～3000	3000～6000
强侵蚀性	＞1500	＞3000	＞6000

分解结晶复合性侵蚀评价标准 **表 4-10**

侵蚀等级	Ⅰ类环境		Ⅱ类环境		Ⅲ类环境	
	$Mg^{2+}+NH_4^+$	$Cl^-+SO_4^{2-}+NO_3^-$	$Mg^{2+}+NH_4^+$	$Cl^-+SO_4^{2-}+NO_3^-$	$Mg^{2+}+NH_4^+$	$Cl^-+SO_4^{2-}+NO_3^-$
	mg/L					
无侵蚀性	＜1000	＜3000	＜2000	＜5000	＜3000	＜10000
弱侵蚀性	1000～2000	3000～5000	2000～3000	5000～8000	3000～4000	10000～20000
中侵蚀性	2000～3000	5000～8000	3000～4000	8000～10000	4000～5000	20000～30000
强侵蚀性	＞3000	＞8000	＞4000	＞10000	＞5000	＞30000

4.2.3.2 地下水对土木工程的影响

1. 地基沉降

在软土地层中进行深基础施工时，往往需要人工降低地下水位。若降水不当，会使周围地基土层产生固结沉降，轻者造成邻近建筑物或地下管线的不均匀沉降；重者使建筑物基础下的土体颗粒流失，甚至被掏空，导致建筑物开裂和危及安全。

如果抽水井滤网和砂滤层的设计不合理或施工质量差，则抽水时会将软土层中的黏粒、粉粒甚至细砂等细小土颗粒随同地下水一起带出地面，使周围地面土层很快产生不均匀沉降，造成地面建筑物和地下管线不同程度的损坏。另一方面，井管开始抽水时，井内水位下降，井外含水层中的地下水不断流向滤管，经过一段时间后，在井周围形成漏斗状的弯曲水面——降水漏斗。在这一降水漏斗范围内的软土层会发生渗透固结而造成地基土沉降。而且，由于土层的不均匀性和边界条件的复杂性，降水漏斗往往是不对称的，因而使周围建筑物或地下管线产生不均匀沉降，甚至开裂。

2. 流砂

流砂是地下水自下而上渗流时土产生流动的现象，它与地下水的动水压力有密切关系。当地下水的动水压力大于土粒的浮容重或地下水的水力坡度大于临界水力坡度时，就会产生流砂。这种情况的发生常是由于在地下水位以下开挖基坑、埋设地下管道、打井等工程活动而引起的，所以流砂是一种工程地质现象。易产生在细砂、粉砂、粉质黏土等土中。流砂在工程施工中能造成大量的土体流动，致使地表塌陷或建筑物的地基破坏，能给施工带来很大困难，或直接影响工程建设及附近建筑物的稳定，因此，必须进行防治。

在可能产生流砂的地区，若其上面有一定厚度的土层，应尽量利用上面的土层作天然地基，也可用桩基穿过流砂层，总之尽可能地避免开挖。如果必须开挖，可用以下方法处理流砂：

（1）人工降低地下水位。使地下水位降至可能产生流砂的地层以下，然后开挖。

（2）打板桩。在土中打入板桩，它可以加固坑壁，同时增加了地下水的渗流路径以减小水力坡度。

（3）冻结法。用冷冻方法使地下水结冰，然后开挖。

（4）水下挖掘。在基坑（或沉井）中用机械在水下挖掘，避免因排水而造成产生流砂的水头差，为了增加砂的稳定，也可向基坑中注水并同时进行挖掘。

此外，处理流砂的方法还有化学加固法、爆炸法及加重法等。在基槽开挖的过程中局部地段出现流砂时，可立即抛入大块石等，克服流砂的活动。

3. 潜蚀

潜蚀作用可分为机械潜蚀和化学潜蚀两种。机械潜蚀是指土粒在地下水的动水压力作用下受到冲刷，将细粒冲走，使土的结构破坏，形成洞穴的作用。化学潜蚀是指地下水溶解土中的易溶盐分，破坏土粒间的结合力和土的结构，土粒被水带走，形成洞穴的作用。这两种作用一般是同时进行的。在地基土层内如具有地下水的潜蚀作用时，将会破坏地基土的强度，形成空洞，产生地表塌陷，影响建筑工程的稳定。在我国的黄土层及岩溶地区的土层中，常有潜蚀现象产生，修建建筑物时应予注意。

对潜蚀的处理可以采用堵截地表水流入土层、阻止地下水在土层中流动、设置反滤层、改良土的性质、减小地下水流速及水力坡度等措施。这些措施应根据当地的具体地质条件分别或综合采用。

4. 浮托作用

当建筑物基础底面位于地下水位以下时，地下水对基础底面产生静水压力，即产生浮托力。如果基础位于粉性土、砂性土、碎石土和节理裂隙发育的岩石地基上，则按地下水位100%计算浮托力；如果基础位于节理裂隙不发育的岩石地基上，则按地下水位50%计算浮托力；如果基础位于黏性土地基上，其浮托力较难准确地确定，应结合地区的实际经验考虑。

地下水不仅对建筑物基础产生浮托力，同样对其水位以下的岩石、土体产生浮托力。所以《建筑地基基础设计规范》GB 50007—2011 第5.2.4规定：确定地基承载力设计值时，无论是基础底面以下土的天然重度或是基础底面以上土取加权平均重度，地下水位以下一律取有效重度。

5. 基坑突涌

当基坑下伏有承压含水层时，开挖基坑减小了底部隔水层的厚度。当隔水层较薄经受不住承压水头压力作用时，承压水的水头压力会冲破基坑底板，这种工程地质现象被称为基坑突涌。

为避免基坑突涌的发生，必须验算基坑底层的安全厚度 M。基坑底层厚度与承压水头压力的平衡关系式：

$$\gamma M=\gamma_w H \tag{4-12}$$

式中 γ、γ_w——黏性土的重度和地下水的重度；

H——相对于含水层顶板的承压水头值；

M——基坑开挖后黏土层的厚度。

所以基坑底部黏土层的厚度必须满足下式（图 4-19）：

$$M>\frac{\gamma_w}{\gamma}H \tag{4-13}$$

如果 $M<\gamma_w \cdot H/\gamma$，为防止基坑突涌，则必须对承压水层进行降水，使承压水层下降到坑底能够承受的水头压力（图 4-20），而且相对于含水层顶板的承压水头 H_w 必须满足下式：

$$H_w<\frac{\gamma}{\gamma_w}M \tag{4-14}$$

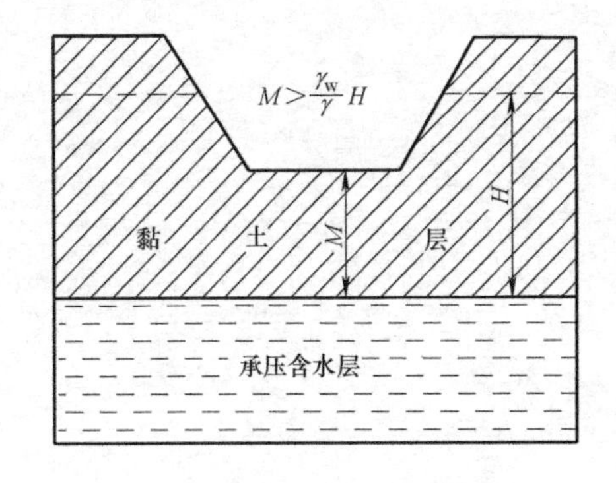

图 4-19 基坑底隔水层最小厚度 M

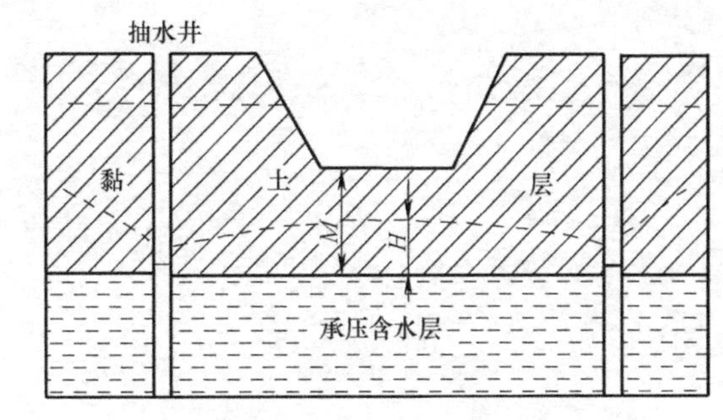

图 4-20 防止基坑突涌的排水降压

本章小结

(1) 地表水可分为暂时流水和长期流水；暂时流水的地质作用有淋滤作用、洗刷作用和冲刷作用；不同的作用形成不同的沉积层，分别为残积层、坡积层和洪积层。

(2) 河流是地表最活跃的外营力，它的侵蚀和淤积作用不仅塑造了河漫滩、阶地等重要的地表形态，而且常对工程建设造成各种危害，对这种不良地质作用的防治必须建立在充分认识河流地质作用规律的基础上。

(3) 岩土中的空隙包括孔隙、裂隙及溶隙，它们是地下水赋存和运动的通道。空隙的大小和多少决定着岩土透水的能力和含水量。空隙大、水能自由通过的岩土层称为透水层；空隙小、能够给出并透过相当数量的重力水的岩土层为含水层；不能给出并透过水的岩土层为隔水层。

(4) 地下水中含有多种元素的离子、分子或化合物。

(5) 地下水按埋藏条件可分为上层滞水、潜水和承压水，按含水空隙类型可分为孔隙水、裂隙水和岩溶水。

(6) 地下水对工程的影响主要有地基沉降、潜蚀、流砂、浮托作用、基坑突涌以及水对于钢筋混凝土结构的腐蚀等。

思考与练习题

4-1 什么是淋滤作用？试说明其地质作用特征。

4-2 河流地质作用表现在哪些方面？河流侧蚀作用和公路建设有何关系？

4-3 什么是坡积层？试说明坡积层的工程地质特征。

4-4 第四纪沉积物的主要类型有哪几种？

4-5 什么是地下水？地下水的物理性质有哪些？地下水的化学成分有哪些？

4-6 地下水按埋藏条件可以分为哪几种类型？试简述它们之间的不同点。

4-7 试说明地下水与工程建设的关系。

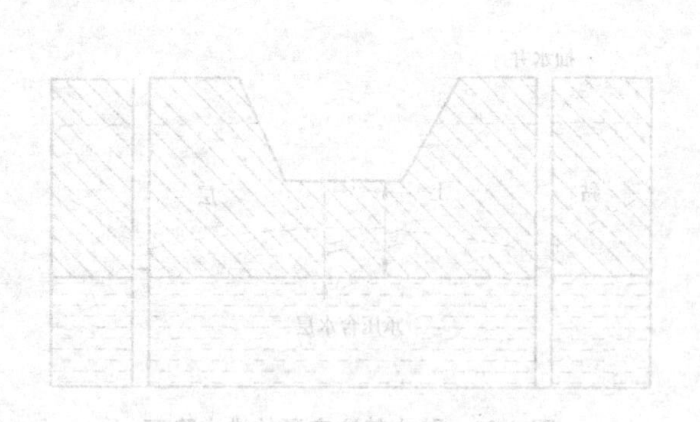

第 5 章　岩土体的工程性质

本章要点及学习目标

本章要点：

(1) 了解风化作用的概念、类型、影响因素及风化程度的分级。

(2) 掌握岩土体的物理、水理和力学性质。

(3) 掌握岩土体的工程分类。

(4) 掌握特殊土的成因、特征及工程性质。

学习目标：

(1) 掌握防止岩石风化的工程措施。

(2) 掌握岩土体的工程地质特性。

(3) 掌握特殊土的工程防治措施。

5.1　风化作用

5.1.1　风化作用的概念

地球表层的岩石在太阳、水、空气等自然因素及生物活动等因素的作用下，逐渐产生裂隙，发生机械破碎和化学成分的改变，丧失完整性的过程称为风化作用。

5.1.2　风化作用的类型

根据风化作用的性质和特征，风化作用可以分为物理风化、化学风化和生物风化三种。

5.1.2.1　物理风化

岩石在自然因素作用下，只发生机械破碎，无明显成分改变的作用，称为物理风化作用。引起岩石产生物理风化的因素主要有温度变化、冰劈作用和盐类结晶作用等。

1. 温度变化

温度变化是引起物理风化的主要因素。岩石的导热性能较差，白天岩石表层受阳光照射升温较快，体积膨胀，内部因传热慢温度变化小，几乎没有膨胀。夜间气温下降，岩石表面首先降温收缩，而内部仍在升温膨胀，表里胀缩不一，长期作用下会导致岩石的最终开裂破坏，如图 5-1 所示。例如花岗岩的球状风化是温度变化作用的典型代表。

2. 冰劈作用

当气温降至 0℃以下时，岩石裂隙中的水会结成冰，体积膨胀，对岩石裂隙壁面产生

图 5-1 岩石的热胀冷缩作用

强大的压力，使裂隙扩大，反复的冻融会导致岩石逐渐破碎。

3. 盐类结晶作用

岩石裂隙中的水都含有一定的可溶盐，水分蒸发时，盐分逐渐饱和，或当气温降低溶解度减小时，盐分会逐渐结晶出来对岩石裂隙产生压力，促使岩石逐渐破碎。

5.1.2.2 化学风化

在水、空气等自然因素作用下，岩石发生化学成分的改变，导致岩石发生破坏的作用称为化学风化。化学风化作用主要有溶解、水化、氧化和碳酸化等作用。

1. 溶解作用

溶解作用是指岩石中的矿物直接被水或水溶液所溶解的作用。如石灰岩易被含侵蚀性二氧化碳的水溶解，形成岩溶现象：$CaCO_3 + H_2O + CO_2 \rightarrow Ca(HCO_3)_2 \rightarrow Ca^{2+} + 2HCO_3^-$。

2. 水化作用

岩石中的某些矿物与水化合形成新矿物，称为水化作用。如硬石膏水化成石膏：$CaSO_4 + 2H_2O \rightarrow CaSO_4 \cdot 2H_2O$，硬度降低，体积膨胀 1.5 倍，对围岩产生压力，导致岩石破裂。

3. 氧化作用

氧化作用是指岩石中的某些矿物与大气或水中的氧化合形成新矿物的作用。如黄铁矿氧化成褐铁矿：$4FeS_2 + 15O_2 + 11H_2O \rightarrow 2Fe_2O_3 \cdot 3H_2O + 8H_2SO_4$。

4. 碳酸化作用

矿物中的阳离子（K^+、Na^+、Ca^{2+}）与溶于水中的碳酸根离子或碳酸氢根化合，形成易溶于水的碳酸盐，随水迁移，使原有矿物分解，这种作用称为碳酸化作用。如正长石碳酸化为高岭石：$2KAlSi_3O_8 + CO_2 + 3H_2O \rightarrow K_2CO_3 + 4SiO_2 \cdot H_2O + Al_2Si_2O_5(OH)_4$。

5.1.2.3 生物风化

生物风化是指有生物（动物、植物及微生物）活动参与的岩石风化的作用，分为生物物理风化和生物化学风化两种。如生长于岩石裂隙中的树根发育延伸，对岩石产生的劈裂作用，为生物物理风化；生长在岩石表面的生物或生物遗体的分泌物腐蚀岩石，使其分解，为生物化学风化作用。

5.1.3 风化作用的影响因素

影响岩石风化的因素主要有岩性、地质构造、地形和气候等。

5.1.3.1 岩性

岩石的成因、矿物成分、结构和构造等对岩石的风化作用有着重要影响。

1. 成因

岩石的成因反映了岩石形成时的环境，若岩石的生成环境与目前环境相近，则岩石的抗风化能力就强。如岩浆岩中的深成岩、浅成岩、喷出岩的抗风化能力逐渐增强，而沉积岩的抗风化能力通常比岩浆岩和变质岩要强。

2. 矿物成分

岩石的矿物成分不同，其结晶格架和化学活泼性也不同，进而影响到岩石的抗风化能力。主要造岩矿物按抗风化能力由强到弱顺序依次为石英、正长石、酸性斜长石、角闪石、辉石、基性斜长石、黑云母、黄铁矿。从矿物颜色看，浅色矿物抗风化能力强，暗色矿物抗风化能力弱。对碎屑岩和黏土岩抗风化能力主要取决于胶结物，硅质、钙质、泥质胶结的抗风化能力逐渐减弱。单矿岩的抗风化能力通常比复矿岩要强。

3. 结构和构造

通常均匀、细粒结构岩石抗风化能力比粗粒结构强，等粒结构比斑状结构要强，基底式胶结比孔隙式胶结要强，隐晶质的抗风化能力最强。构造上，厚层、致密块状岩石的抗风化能力强，薄层、层理或片理构造的容易风化。

5.1.3.2 地质构造

地质构造和节理裂隙发育的岩石，扩大了与空气、水的接触面积，促进了岩石的风化。因此，断层破碎带、褶皱轴部的岩石的风化程度较高。

5.1.3.3 地形

地形条件对岩石风化的强度、深度、类型及产物等也会产生影响。如高差很大的山区，以物理风化为主，风化的强度和深度通常大于地表平缓的地区，风化的产物不断被剥落并被搬运走，风化层较薄。在地形平缓的地区，水流速度慢，以化学风化为主，风化产物搬运距离小，风化层较厚。

5.1.3.4 气候

气候对岩石风化的影响主要是通过气温、降水和生物繁殖等来实现的。在昼夜温差大或寒暑变化大的地区，物理风化作用显著。而在热带湿润地区，化学风化和生物风化作用显著，一般在地表温度每增加 10℃化学作用增强 1 倍。如我国西北干旱地区以物理风化为主，而南方湿热地区以化学风化为主。

5.1.4 风化程度的分级

岩石风化后，工程性质变差，强度降低，对工程建设带来不利影响，因此，有必要确定岩石的风化程度，充分利用岩石的强度来保证工程建筑的安全性和经济性。如完整的花岗岩、厚层的石灰岩等岩石中开挖隧道，可以不支撑、不衬砌，直接暴露在空气中几十年几乎没有风化。而一些水工砂页岩隧洞，开挖一年后风化深度可达 1m 以上。因此，有必要根据岩石的风化程度，采取相应的工程措施，以满足工程建设的需要。

岩石的风化程度的分级，可根据矿物颜色变化、矿物成分改变、岩石破碎程度和岩石强度降低按照《工程岩体分级标准》GB/T 50218—2014 进行划分，如表 5-1 所示。

岩石风化程度的划分　　**表 5-1**

风化程度	风化特征
未风化	岩石结构构造未变，岩质新鲜
微风化	岩石结构构造、矿物成分和色泽基本未变，部分裂隙面有铁锰质渲染或略有变色
中等(弱)风化	岩石结构构造部分破坏，矿物成分和色泽较明显变化，裂隙面风化较剧烈
强风化	岩石结构构造大部分破坏，矿物成分和色泽明显变化，长石、云母和铁镁矿物已风化蚀变
全风化	岩石结构构造完全破坏，已崩解和分解成松散土状或砂状，矿物全部变色，光泽消失，除石英颗粒外的矿物大部分风化蚀变为次生矿物

在《岩土工程勘察规范》GB 50021—2001（2009 版）中，根据岩石野外特征、波速比、风化系数等进行了较详细的分类，详见表 5-2。

岩石按风化程度分类　　**表 5-2**

风化程度	野外特征	风化程度参数指标	
		波速比 K_v	风化系数 K_f
未风化	岩质新鲜，偶见风化痕迹	0.9～1.0	0.9～1.0
微风化	结构基本未变，仅节理面有渲染或略有变色，有少量风化裂隙	0.8～0.9	0.8～0.9
中等风化	结构部分破坏，沿节理面有次生矿物，风化裂隙发育，岩体被切割成岩块，用镐难挖，岩芯钻方可钻进	0.6～0.8	0.4～0.8
强风化	结构大部分破坏，矿物成分显著变化，风化裂隙很发育，岩体破碎，用镐可挖，干钻不易钻进	0.4～0.6	<0.4
全风化	结构基本破坏，但尚可辨认，有残余结构强度，可用镐挖，干钻可钻进	0.2～0.4	—
残积土	组织结构全部破坏，已风化成土状，锹镐易挖掘，干钻易钻进，具可塑性	<0.2	—

5.1.5　岩石风化的防治措施

5.1.5.1　直接清除

对于风化深度较薄的情况，可直接清除风化层，使建筑物地基坐落在未风化或微弱风化的岩石上。

5.1.5.2　表面封闭

在新鲜岩石表面喷抹水泥砂浆、沥青或石灰水泥砂浆等，或设置绿化来封闭岩面，防止水、空气与岩石直接接触或渗入其中。

5.1.5.3　胶结灌浆

向岩石裂隙、孔隙中灌注水泥、水玻璃、沥青、黏土等浆液，提高岩石的整体性，降低透水性，以增强抗风化能力。

5.1.5.4　防水排水

水是促进风化的一个重要因素，加强防水和排水措施，减小或隔离水的不利影响。

5.1.5.5 其他工程措施

若风化层厚度较大不能全部清除时，地基工程可采用桩基穿透风化层至新鲜岩石上，边坡和隧道工程可根据风化程度和风化厚度采取支护、支挡、衬砌等措施。

5.2 岩土的工程性质

5.2.1 物理性质

岩土的物理性质主要包括重量性质和空隙性质。表征重量性质的指标主要有密度、重度、颗粒密度和相对密度；表征空隙性质的指标主要有孔隙度和孔隙比。

5.2.1.1 密度（ρ）和重度（γ）

单位体积岩土的质量称为密度（ρ），按式（5-1）计算；单位体积岩土的重力称为重度（γ），按式（5-2）计算。

$$\rho=\frac{m}{V} \tag{5-1}$$

$$\gamma=\rho g=\frac{mg}{V} \tag{5-2}$$

式中 ρ——岩土的密度（kg/m^3）；

γ——岩土的重度（kN/m^3）；

m——岩土的质量（kg）；

V——岩土的体积（m^3）；

g——重力加速度，$g=9.81m/s^2$。

天然状态下，岩土中包含固体颗粒、孔隙和水三部分，此时的密度为天然密度；若所有孔隙被水充满，则为饱和密度；若把水分烘干，则为干密度。常见岩石的密度如表 5-3 所示。

常见岩石的密度 表 5-3

岩石名称	密度（g/cm^3）	岩石名称	密度（g/cm^3）
花岗岩	2.52～2.81	石灰岩	2.37～2.75
闪长岩	2.67～2.96	白云岩	2.75～2.80
辉长岩	2.85～3.12	片麻岩	2.59～3.06
辉绿岩	2.80～3.11	片岩	2.70～2.90
砂岩	2.17～2.70	大理岩	2.75 左右
页岩	2.06～2.66	板岩	2.72～2.84

5.2.1.2 颗粒密度（ρ_s）和相对密度（d_s）

颗粒密度（ρ_s）是指单位体积岩土固体颗粒的质量。岩土的颗粒密度与 4℃纯水的密度（ρ_w）之比称为岩土的相对密度（d_s），$d_s=\rho_s/\rho_w$，数值上相对密度与颗粒密度相等。常见岩石的相对密度如表 5-4 所示，常见土体的相对密度如表 5-5 所示。

常见岩石的相对密度 表 5-4

岩石名称	相对密度 d_s	岩石名称	相对密度 d_s
花岗岩	2.50～2.84	泥灰岩	2.70～2.80
流纹岩	2.65 左右	石灰岩	2.48～2.76
凝灰岩	2.56 左右	白云岩	2.78 左右
闪长岩	2.60～3.10	板岩	2.70～2.84
斑岩	2.30～2.80	石英片岩	2.60～2.80
辉长岩	2.70～3.20	绿泥石片岩	2.80～2.90
辉绿岩	2.60～3.10	角闪片麻岩	3.07 左右
玄武岩	2.50～3.30	花岗片麻岩	2.63 左右
砂岩	2.60～2.75	石英岩	2.63～2.84
页岩	2.63～2.73	大理岩	2.70～2.87

常见土体的相对密度 表 5-5

土体种类	砂土	粉土	粉质黏土	黏土
相对密度 d_s	2.65～2.69	2.70～2.71	2.71～2.73	2.74～2.76

5.2.1.3 孔隙度（*n*）和裂隙率（K_T）

岩土中孔隙体积与岩土总体积之比称为孔隙度 n，多用于松散的土体或以矿物颗粒的后期胶结形成的沉积岩石。岩土中各种裂隙的体积与岩土总体积之比称为裂隙率 K_T，多用于结晶连接的坚硬岩石。

$$n=K_T=\frac{V_V}{V} \tag{5-3}$$

式中 V_V——空隙的体积（m^3）；

V——岩土的总体积（m^3）。

5.2.1.4 孔隙比（*e*）

岩土中孔隙体积与固体颗粒体积之比称为孔隙比 e。孔隙比 e 与孔隙度 n 之间可以相互换算。

$$e=\frac{V_V}{V_s} \tag{5-4}$$

$$n=\frac{e}{1+e} \tag{5-5}$$

式中 V_s——固体颗粒的体积（m^3）；

其余符号意义同上。

上述指标中密度和颗粒密度为试验指标，只能通过试验才能得到具体数值。而孔隙度 n 和孔隙比 e 为计算指标，可通过试验确定的干密度 ρ_d 和颗粒密度 ρ_s 换算得到。

$$n=1-\frac{\rho_d}{\rho_s} \tag{5-6}$$

$$e=\frac{\rho_s}{\rho_d}-1 \tag{5-7}$$

一般情况下，岩土的密度和颗粒密度越大，则岩土的孔隙度和孔隙比越小，岩土的工程性质也就越好。

5.2.2 水理性质

岩土的水理性质是指岩土与水作用时表现出来的特性。

5.2.2.1 岩石的水理性质

1. 吸水性

表征岩石吸水性的指标有吸水率、饱和吸水率和饱和系数。

(1) 吸水率（w_1）

常压条件下，岩石浸入水中充分吸水，被吸收水的质量与干燥岩石质量之比称为吸水率（w_1）。

$$w_1=\frac{m_{w_1}}{m_s}\times 100\% \tag{5-8}$$

式中 m_{w_1}——吸水的质量（g）；

m_s——干燥岩石的质量（g）。

岩石的吸水率取决于孔隙度的大小，尤其是大孔隙的数量。常见岩石的吸水率如表5-6所示。

常见岩石的吸水率　　表5-6

岩石名称	吸水率(%)	岩石名称	吸水率(%)
花岗岩	0.10～0.70	花岗片麻岩	0.10～0.70
辉绿岩	0.80～5.00	角闪片麻岩	0.10～3.11
玄武岩	0.3左右	石英片岩	0.10～0.20
角砾岩	1.00～5.00	云母片岩	0.10～0.20
砂岩	0.20～7.00	板岩	0.10～0.30
石灰岩	0.10～4.45	大理岩	0.10～0.80
泥灰岩	2.14～8.16	石英岩	0.10～1.45

(2) 饱和吸水率（w_2）

干燥的岩石在高压（15MPa）下，或在真空中保存然后再浸水，使水进入全部开口的孔隙中，此时的吸水率称为饱和吸水率（w_2）。

$$w_2=\frac{m_{w_2}}{m_s}\times 100\% \tag{5-9}$$

式中 m_{w_2}——饱和吸水的质量（g）。

(3) 饱和系数（K_w）

饱和系数是指岩石的吸水率与饱和吸水率之比。

$$K_w=\frac{w_1}{w_2} \tag{5-10}$$

岩石的饱和系数一般为0.5～0.9，通常岩石的吸水率、饱和吸水率和吸水系数越大，岩石的工程性质也越差。

2. 透水性

岩石的透水性是指岩石容许水透过的能力，用渗透系数k来表征。渗透系数的大小与孔隙、裂隙大小及连通情况有关。

水在岩石孔隙、裂隙中的流动大多服从达西定律。

$$Q=kA\frac{dh}{dl}=kiA=vA \tag{5-11}$$

式中 Q——岩石中渗透流动的水量（m^3/s）；

A——与渗流水垂直方向的断面面积（m^2）；

dh——水流渗透断面两侧的水位差（m）；

dl——水流渗透路径（m）；

i——单位渗透路径上的水头损失，即水力坡度，$i=dh/dl$；

v——渗透速度（m/s）。

根据公式（5-11）可知，渗透系数在数值上等于水力坡度为1时的渗透速度。由渗透系数可以预测岩石渗透流量的大小，常见岩石的渗透系数如表5-7所示。

常见岩石的渗透系数 **表5-7**

岩石名称	岩石渗透系数 k(cm/s)	
	室内试验	现场试验
花岗岩	$10^{-11}\sim10^{-7}$	$10^{-9}\sim10^{-4}$
玄武岩	10^{-12}	$10^{-7}\sim10^{-2}$
砂岩	$8\times10^{-8}\sim3\times10^{-3}$	$3\times10^{-8}\sim10^{-3}$
页岩	$5\times10^{-13}\sim10^{-9}$	$10^{-11}\sim10^{-8}$
石灰岩	$10^{-13}\sim10^{-5}$	$10^{-7}\sim10^{-3}$
白云岩	$10^{-13}\sim10^{-5}$	$10^{-7}\sim10^{-3}$
片岩	10^{-8}	2×10^{-7}

3. 软化性

软化性是指岩石浸水后强度降低的性能。表示软化性的指标是软化系数 K_R，软化系数是指岩石饱和状态下单轴抗压强度与天然风干状态下单轴抗压强度之比。

$$K_R=\frac{R_c}{R} \tag{5-12}$$

式中 R_c——饱和状态下岩石单轴极限抗压强度（MPa）；

R——干燥状态下岩石单轴极限抗压强度（MPa）。

软化性的大小主要取决于岩石中的矿物成分和孔隙性。通常，黏土矿物含量越大、孔隙度越大，则软化性越大，而软化系数越小。一般来说，软化系数小于0.75的岩石具有软化性。常见岩石的软化系数如表5-8所示。

4. 抗冻性

抗冻性是指岩石抵抗冻融破坏的能力。表示岩石抗冻性的指标有强度损失率和重量损失率。

强度损失率是指饱和岩石在一定负温度（一般为25℃）条件下，冻融25次以上，冻融前、后抗压强度差值与冻融前抗压强度的比值。强度损失率大于25%的岩石是不抗冻的。

重量损失率是指冻融前、后岩石质量（干燥岩石质量）差值与冻融前干燥岩石质量的比值。重量损失率大于2%的岩石是不抗冻的。

常见岩石的软化系数 表 5-8

岩石名称	软化系数 K_R	岩石名称	软化系数 K_R
花岗岩	0.72～0.97	泥岩	0.40～0.60
闪长岩	0.60～0.80	泥灰岩	0.44～0.54
辉绿岩	0.33～0.90	石灰岩	0.70～0.94
流纹岩	0.75～0.95	片麻岩	0.75～0.97
安山岩	0.81～0.91	石英片岩、角闪片岩	0.44～0.84
玄武岩	0.30～0.95	云母片岩、绿泥石片岩	0.53～0.69
凝灰岩	0.52～0.86	千枚岩	0.67～0.96
砾岩	0.50～0.96	硅质板岩	0.75～0.79
砂岩	0.21～0.75	泥质板岩	0.39～0.52
页岩	0.24～0.74	石英岩	0.94～0.96

5.2.2.2 土体的水理性质

1. 含水率 w

含水率 w 是指土体中水的质量 m_w 与土粒质量 m_s 的比值，即：

$$w=\frac{m_w}{m_s}\times 100\% \tag{5-13}$$

式中 m_w——土体中水的质量（g）；

m_s——土体中土粒质量（g）。

土体的含水率是描述土体干湿程度的重要指标，天然含水率的变化范围很大，小的接近于零，如干砂，大的百分之几百，如蒙脱土等。

2. 透水性

土体的透水性是指土体容许水通过的能力。透水性用渗透系数 k 来表示，土体渗透系数的大小与孔隙大小有关。孔隙大小与孔隙度大小不同，如砂、砾的孔隙度约为 30%，但砂、砾孔隙大，透水性好，渗透系数也大；而黏土的孔隙度虽可达到 50%以上，但孔隙很小，水不易从孔隙之间通过，渗透系数很小，可认为是不透水的。常见土体的渗透系数如表 5-9 所示。

常见土体的渗透系数 表 5-9

土体类型	渗透系数 k(cm/s)	土体类型	渗透系数 k(cm/s)
黏土	$<1.2\times10^{-6}$	细砂	$1.2\times10^{-3}\sim6.0\times10^{-3}$
粉质黏土	$1.2\times10^{-6}\sim6.0\times10^{-5}$	中砂	$6.0\times10^{-3}\sim2.4\times10^{-2}$
黏质粉土	$6.0\times10^{-5}\sim6.0\times10^{-4}$	粗砂	$2.4\times10^{-2}\sim6.0\times10^{-2}$
黄土	$3.0\times10^{-4}\sim6.0\times10^{-4}$	砾砂	$6.0\times10^{-2}\sim1.8\times10^{-1}$
粉砂	$6.0\times10^{-4}\sim1.2\times10^{-3}$		

3. 黏土的界限含水率

黏土在不同含水率下会呈现不同的物理状态，如可以从软黏的流动状态变化到坚硬的固体状态。黏土从一种状态转到另一种状态的分界含水率称为界限含水率。其中，流动状态与可塑状态间的界限含水率称为液限 w_L；可塑状态与半固体状态间的界限含水率称为

塑限 w_p；半固体状态与固体状态间的界限含水率称为缩限 w_s。

(1) 塑性指数 I_p

它是指黏土液限与塑限的差值，是描述土体可塑性的指标，塑性指数越大，土体的可塑性越好。

$$I_p = w_L - w_p \tag{5-14}$$

(2) 液性指数 I_L

它是指黏土的天然含水率和塑限的差值与塑性指数之比。

$$I_L = \frac{w - w_p}{I_p} \tag{5-15}$$

液性指数可用来表示黏土的软硬程度，其数值范围为0～1。液性指数越大，土体越软；液性指数大于1，表示土体处于流动状态；液性指数小于0的土处于固体或半固体状态。黏土状态的划分如表5-10所示。

黏土状态的划分 表5-10

液性指数 I_L	状态	液性指数 I_L	状态
$I_L \leqslant 0$	坚硬	$0.75 < I_L \leqslant 1$	软塑
$0 < I_L \leqslant 0.25$	硬塑	$I_L > 1$	流塑
$0.25 < I_L \leqslant 0.75$	可塑		

5.2.3 力学性质

土木工程中，岩土体的力学性质，主要是指强度性质和变形性质两部分。

5.2.3.1 岩石的力学性质

1. 岩石的强度

岩石的强度是指岩石在外力作用下发生破坏时所能承受的最大应力。岩石的强度主要有抗压强度、抗拉强度、抗剪强度等。

(1) 抗压强度 R_c

抗压强度通常是指岩石的单轴抗压强度，是指干燥岩石试样在单轴压缩条件下所能承受的最大压应力，也称单轴极限抗压强度。常见岩石的抗压强度如表5-11所示。

常见岩石的抗压和抗拉强度 表5-11

岩石名称	抗压强度 R_c(MPa)	抗拉强度 R_t(MPa)	岩石名称	抗压强度 R_c(MPa)	抗拉强度 R_t(MPa)
花岗岩	100～250	7～25	页岩	5～100	2～10
流纹岩	160～300	12～30	黏土岩	2～15	0.3～1
闪长岩	120～280	12～30	石灰岩	40～250	7～20
安山岩	140～300	10～20	白云岩	80～250	15～25
辉长岩	160～300	12～35	板岩	60～200	7～20
辉绿岩	150～350	15～35	片岩	10～100	1～10
玄武岩	150～300	10～30	片麻岩	50～200	5～20
砾岩	10～150	2～15	石英岩	150～350	10～30
砂岩	20～250	4～25	大理岩	100～250	7～20

(2) 抗拉强度 R_t

岩石的抗拉强度是指岩石在单轴拉伸条件下所能够承受的最大拉应力。岩石的抗拉强度须通过拉伸试验测得，由于岩石大多具有易碎性，采用常规的夹具难以夹持岩石试样进行试验，因此，岩石的抗拉强度多采用劈裂试验、点荷载试验等方法间接确定。实际工程中，一般认为岩石为不抗拉材料，只有在某些特殊情况下，才会用到岩石的抗拉强度。常见岩石的抗拉强度如表 5-11 所示。

(3) 抗剪强度 τ

抗剪强度是指岩石试样在一定法向压应力 σ_n 作用下能够承受的最大剪应力 τ。抗剪强度 τ 由式（5-16）表示：

$$t=c+\sigma_n \tan\varphi \tag{5-16}$$

式中 c——岩石的黏聚力（MPa）；

φ——岩石的内摩擦角（°）；

σ_n——剪切面上的法向压应力（MPa）。

常见岩石的抗剪强度指标如表 5-12 所示。

常见岩石的抗剪强度指标 表 5-12

岩石名称	黏聚力 c（MPa）	内摩擦角 φ（°）	岩石名称	黏聚力 c（MPa）	内摩擦角 φ（°）
花岗岩	10～50	45～60	页岩	2～30	20～35
流纹岩	15～50	45～60	石灰岩	3～40	35～50
闪长岩	15～50	45～55	白云岩	4～45	35～50
安山岩	15～40	40～50	板岩	2～20	35～50
辉长岩	15～50	45～55	片岩	2～20	30～50
辉绿岩	20～60	45～60	片麻岩	8～40	35～55
玄武岩	20～60	45～55	石英岩	20～60	50～60
砂岩	4～40	35～50	大理岩	10～30	35～50

2. 岩石的变形

(1) 弹性模量 E

岩石的弹性模量来自于岩石变形试验。图 5-2 为一条理想化的岩石变形曲线。由图所示，岩石的受力变形曲线可以分为三个阶段：裂隙压密阶段（OA 段）、弹性变形阶段（AB 段）和塑性变形、裂隙扩展阶段（BC 段）。

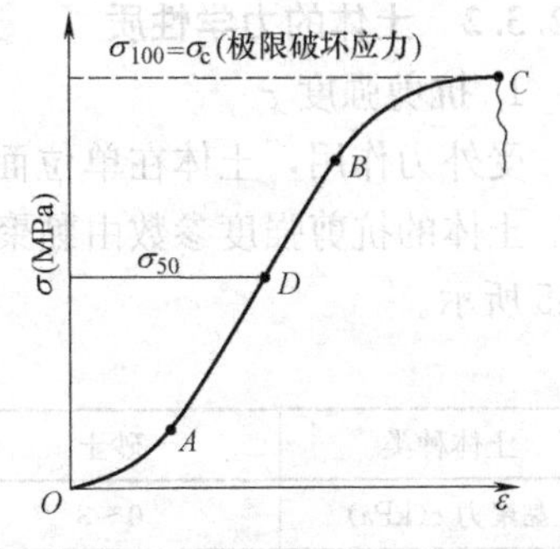

图 5-2 岩石的应力应变曲线

岩石的弹性模量是变形曲线弹性段（直线段）的斜率。由于多数情况下难以获得理想的直线段，因此，实际处理时可采用不同的方法来定义应力-应变的比例系数，如曲线上任一点的应力与应变之比，或任一点与坐标原点连线的斜率等。此时得到的模量是变形模量，但实际应用中也称为弹性模量。常见岩石的弹性模量见表 5-13 所示。

常见岩石的弹性模量与泊松比 表 5-13

岩石名称	弹性模量 $E(\times10^4 \mathrm{MPa})$	泊松比 μ	岩石名称	弹性模量 $E(\times10^4 \mathrm{MPa})$	泊松比 μ
花岗岩	5～10	0.1～0.3	页岩	0.2～8	0.2～0.4
流纹岩	5～10	0.1～0.25	石灰岩	5～10	0.2～0.35
闪长岩	7～15	0.1～0.3	白云岩	5～9.4	0.15～0.35
安山岩	5～12	0.2～0.3	板岩	2～8	0.2～0.3
辉长岩	7～15	0.1～0.3	片岩	1～8	0.2～0.4
玄武岩	6～12	0.1～0.35	片麻岩	1～10	0.1～0.35
砂岩	0.5～10	0.2～0.3	石英岩	6～20	0.08～0.25

（2）泊松比 μ

岩石的泊松比是指单轴压缩状态下岩石横向应变与纵向应变之比，一般通过单轴压缩试验得到。常见岩石的泊松比见表 5-13 所示。

（3）波速 V

波速是指弹性波在岩石中的传播速度。根据质点的振动方向，波速可分为纵波波速 V_{P} 和横波波速 V_{s}。岩石的波速反映了岩石传递能量的能力及其内部的完整程度，可用于衡量岩石某些特定的工程性质。常见岩石的波速见表 5-14 所示。

常见岩石的波速 表 5-14

岩石名称	纵波波速 $V_{\mathrm{P}}(\mathrm{m/s})$	横波波速 $V_{\mathrm{s}}(\mathrm{m/s})$	岩石名称	纵波波速 $V_{\mathrm{P}}(\mathrm{m/s})$	横波波速 $V_{\mathrm{s}}(\mathrm{m/s})$
玄武岩	4570～7500	3050～4500	石灰岩	2000～6000	1200～3500
安山岩	4200～5600	2500～3300	石英岩	3030～5160	1800～3200
闪长岩	5700～6450	2793～3800	片岩	5800～6420	3500～3800
花岗岩	4500～6500	2370～3800	片麻岩	6000～6700	3500～4000
辉长岩	5300～6560	3200～4000	板岩	3650～4450	2160～2860
砂岩	1500～4000	915～2400	大理岩	5800～7300	3500～4700
页岩	1330～3790	780～2300	千枚岩	2800～5200	1800～3200
砾岩	1500～2500	900～1500			

5.2.3.2 土体的力学性质

1. 抗剪强度 τ

受外力作用，土体在单位面积剪切面上所能承受的最大剪应力，称为土体的抗剪强度。土体的抗剪强度参数由黏聚力和内摩擦角来进行表征。常见土体的抗剪强度参数如表 5-15 所示。

常见土体的抗剪强度参数 表 5-15

土体种类	砂土	粉土	粉质黏土	黏土
黏聚力 c(kPa)	0～3	3～7	10～40	25～60
内摩擦角 φ(°)	28～40	23～30	17～24	15～18

2. 压缩性

土体的压缩性是指土体在荷载作用下产生变形的特性。土体的压缩性主要是孔隙减小，孔隙水排出，因此土体的压缩又称为固结。土体的压缩模量是指在侧限条件下，竖向应力增量与竖向应变增量之比，称为土的压缩模量 E_s。常见土体的压缩模量 E_s 见表5-16。

常见土体的压缩模量 表 5-16

土体种类	砂土	粉土	粉质黏土	黏土
压缩模量 E_s(MPa)	24～46	11～23	8～45	11～28

3. 泊松比 μ

土体的泊松比是指土体在单向受力的情况下横向应变与轴向应变的比值，也称为横向变形系数，是反映土体横向变形的弹性常数。常见土体的泊松比如表 5-17 所示。

常见土体的泊松比 表 5-17

土体种类	碎石土	砂土	粉质黏土	软塑黏土
泊松比 μ	0.15～0.25	0.25～0.30	0.23～0.30	0.35～0.40

4. 剪切波速 V_s

在土体中传播的横波工程应用中常称为剪切波，一般用剪切波速 V_s 来评价土的动力性能。常见土体的剪切波速如表 5-18 所示。

常见土体的剪切波速 表 5-18

土体种类	填土	黏土	粉土	砂土(干)	碎石土
剪切波速 V_s(m/s)	100～150	100～230	130～230	170～260	200～240

5.3 岩土的工程分类

5.3.1 岩石的工程分类

岩石的工程分类主要根据岩石的坚硬程度和风化程度进行划分。其中按风化程度的划分方法可参见 5.1.4 节中风化程度的分级部分内容。

岩石的坚硬程度可根据定性鉴定或定量指标进行确定。定性划分可参见《工程岩体分级标准》GB/T 50218—2014，如表 5-19 所示。岩石坚硬程度的定量指标根据岩石单轴饱和抗压强度（R_c）参见《岩土工程勘察规范》GB 50021—2001（2009 版），如表 5-20 所示。

岩石坚硬程度的定性划分 表 5-19

岩石种类		定性鉴定	代表性岩石
硬质岩	坚硬岩	锤击声清脆，有回弹，振手，难击碎； 浸水后，大多无吸水反应	未风化至微风化的花岗岩、正长岩、闪长岩、辉绿岩、玄武岩、安山岩、片麻岩、硅质板岩、石英岩、硅质胶结的砾岩、石英砂岩、硅质石灰岩等
	较坚硬岩	锤击声较清脆，有轻微回弹，稍振手，较难击碎； 浸水后，有轻微吸水反应	1. 中等(弱)风化的坚硬岩； 2. 未风化至微风化的熔结凝灰岩、大理岩、板岩、白云岩、石灰岩、钙质砂岩、粗晶大理岩等

续表

岩石种类		定性鉴定	代表性岩石
软质岩	较软岩	锤击声不清脆，无回弹，较易击碎； 浸水后，指甲可刻出印痕	1. 强风化的坚硬岩； 2. 中等（弱）风化的较坚硬岩； 3. 未风化至微风化的凝灰岩、千枚岩、砂质泥岩、泥灰岩、泥质砂岩、粉砂岩、砂质页岩等
	软岩	锤击声哑，无回弹，有凹痕，易击碎； 浸水后，手可掰开	1. 强风化的坚硬岩； 2. 中等（弱）风化至强风化的较坚硬岩； 3. 中等（弱）风化的较软岩； 4. 未风化的泥岩、泥质页岩、绿泥石片岩、绢云母片岩等
	极软岩	锤击声哑，无回弹，有较深凹痕，手可捏碎； 浸水后，可捏成团	1. 全风化的各种岩石； 2. 强风化的软岩； 3. 各种半成岩

岩石坚硬程度与单轴饱和抗压强度（R_c）的对应关系 表 5-20

单轴饱和抗压强度 R_c（MPa）	＞60	30～60	15～30	5～15	＜5
坚硬程度	坚硬岩	较硬岩	较软岩	软岩	极软岩

注：1. 当无法取得饱和单轴抗压强度数据时，可用点荷载试验强度换算，换算方法按现行国家标准《工程岩体分级标准》GB/T 50218—2014 执行；

2. 当岩体完整程度为极破碎时，可不进行坚硬程度分类。

5.3.2 土体的工程分类

5.3.2.1 按颗粒级配分类

土体是由固体颗粒、水和气体组成的三相体，固体颗粒的大小以直径表示，称为粒径，介于一定粒径范围内的土粒称为粒组，土中不同粒组颗粒的相对含量称为土的颗粒级配，用各粒组颗粒的质量占该土颗粒总质量的百分数来表示。

根据《土的工程分类标准》GB/T 50145—2007 采用的颗粒分组标准，土的粒组划分见表 5-21。

土的粒组划分 表 5-21

粒组	颗粒名称		粒径 d 的范围（mm）
巨粒	漂石（块石）		$d>200$
	卵石（碎石）		$60<d\leqslant200$
粗粒	砾粒	粗砾	$20<d\leqslant60$
		中砾	$5<d\leqslant20$
		细砾	$2<d\leqslant5$
	砂粒	粗砂	$0.5<d\leqslant2$
		中砂	$0.25<d\leqslant0.5$
		细砂	$0.075<d\leqslant0.25$
细粒	粉粒		$0.005<d\leqslant0.075$
	黏粒		$d\leqslant0.005$

对于细粒土，应根据塑性土参照《土的工程分类标准》GB/T 50145—2007进行划分。

5.3.2.2 按地质成因分类

根据地质成因，可将土体划分为残积土、坡积土、洪积土、冲积土、淤积土、风积土等，土体的成因类型及堆积特征见表5-22。

土的主要成因类型及堆积特征 表5-22

成因类型	堆积方式及条件	堆积物特征
残积	岩石经风化作用而残留在原地的碎屑堆积物	碎屑物从地表向深处由细变粗，其成分与母岩相关，一般不具层理，碎块呈棱角状，土质不均，具有较大孔隙，厚度在小丘顶部较薄，低洼处较厚
坡积和崩积	风化碎屑物由雨水或融雪水沿斜坡搬运及由本身的重力作用堆积在斜坡上或坡脚处而成	碎屑物从坡上往下逐渐变细，分选性差，层理不明显，厚度变化大，厚度在斜坡较陡处较薄，坡脚地段较厚
洪积	由暂时性洪流将山区或高地的大量风化碎屑物携带至沟口或平缓地带堆积而成	颗粒具有一定的分选性，但往往大小混杂，碎屑多呈亚棱角状，洪积扇顶部颗粒较粗，层理紊乱呈交错状，透镜体及夹层较多，边缘处颗粒细，层理清楚
冲积	由长期的地表水流搬运，在河流阶地冲积平原、三角洲地带堆积而成	颗粒在河流上游较粗，向下游逐渐变细，分选性及磨圆度均好，层理清楚，除牛轭湖及某些河床相沉积外厚度较稳定
淤积	在静水或缓慢流水环境中沉积，并伴有生物化学作用而成	颗粒以粉粒、黏粒为主，且含有一定数量的有机质或盐类，一般土质松软，有时为淤泥质黏土、粉土与粉砂互层，具清晰的薄层理
风积	在干旱气候条件下，碎屑物被风吹扬，降落堆积而成	颗粒主要由粉粒或砂粒组成，土质均匀、质纯、孔隙大、结构松散

5.3.2.3 按特殊性质分类

根据土的工程性质可将土分为普通土和特殊土两类。普通土是指按颗粒级配（或塑性指数）分类的土。

特殊土是相对于普通土而言的，是指具有特殊成分、状态、结构特征并具有特殊工程性质的土。特殊土特有的工程性质往往与特定的成因环境、区域自然地理条件及地质条件等密切相关，在分布上也具有区域性的特点。常见的特殊土有软土、黄土、膨胀土、冻土、盐渍土、红黏土、填土等，在5.4节中特殊土的工程性质中将介绍一些常见的特殊土。

5.4 特殊土的工程性质

5.4.1 软土

5.4.1.1 软土概述

软土是指在静水或缓慢流水环境下沉积形成的，天然含水量大、压缩性高、承载力和抗剪强度很低的呈软塑至流塑状的黏性土。软土是这类土的统称，工程上常将软土细分为软黏性土、淤泥质土、淤泥、泥炭质土和泥炭等。

我国软土一般有以下特征：

（1）软土的颜色多为灰绿色、灰黑色，手摸有滑感，能染指，有机质含量高时有腥臭味。

（2）软土的粒度成分主要为黏粒及粉粒，黏粒含量高达60%～70%。

（3）软土的矿物成分除粉粒中的石英、长石、云母外，黏土矿物主要是伊利石，高岭石次之。此外，软土中常含有一定的有机质，含量可高达8%～9%。

（4）软土具有典型的海绵状或蜂窝状结构，其含水量高、孔隙比大、透水性差、压缩性大，是软土强度低的重要原因。

（5）软土常具有层理构造，软土和薄层的粉砂、泥炭层等相互交替沉积，或呈透镜体相间形成的性质复杂的土体。

我国的软土分布广泛，主要位于沿海地区、平原地带、内陆湖盆、山间洼地和河流两岸。其成因主要有以下五种：

（1）沿海沉积型（滨海相、泻湖相、溺谷相、三角洲相）；

（2）内陆湖盆沉积型；

（3）河滩沉积型；

（4）沼泽沉积型；

（5）山间沟谷盆地型。

5.4.1.2 软土的主要工程性质

1. 软土的孔隙比和含水量

软土一般是在静水或缓慢流水环境中沉积，颗粒分散性高，联结弱，孔隙比大，含水量高。孔隙比一般大于1.0，高的可达5.8（云南滇池淤泥），含水量比液限高50%～70%，最大可达300%。沉积年代越久，埋深越大，孔隙比和含水量越小。

2. 软土的透水性和压缩性

软土的孔隙比大，孔隙细小，黏粒亲水性强，土中有机质多，分解出的气体封闭在孔隙中，使土的透水性变差，渗透系数 k 小于 10^{-6}cm/s；荷载作用下排水不畅，固结慢，压缩性高，压缩系数 a 为0.7～20MPa^{-1}，压缩模量 E_s 为1～6MPa。软土在建筑物荷载作用下容易发生不均匀下沉和大量沉降，而且下沉缓慢，完成下沉的时间很长。

3. 软土的强度

软土的强度低，无侧限抗压强度在10～40kPa。不排水直剪试验的黏聚力 c 为10～15kPa，内摩擦角 φ 为2°～5°；排水条件下黏聚力 c 为20kPa，内摩擦角 φ 为10°～15°。所以确定软土的抗剪强度时，应根据建筑物的加载情况选择不同的试验方法。

4. 软土的触变性

软土受到振动或扰动，颗粒联结破坏，土体强度降低，呈流动状态，称为触变，又称振动液化。触变可使地基土大面积失效，或产生大范围滑坡，导致地基侧向滑动、沉降及基底在两侧挤出，对建筑物破坏很大。

软土的触变性用灵敏度 S_t 表示：

$$S_t=\frac{q_u}{q_u'} \tag{5-17}$$

式中 q_u——原状土体的抗剪强度（kPa）；

q'_u——扰动土体的抗剪强度（kPa）。

灵敏度 S_t 一般为 3～4，可高达 8～9。灵敏度越大，强度降低越明显，产生的危害也越大。

5. 软土的流变性

在长期荷载作用下，变形可以持续很长时间，最终导致破坏，这种性质称为流变性。破坏时土体的强度低于常规试验测得的标准强度。一般软土的长期强度只有标准强度的 40%～80%。

5.4.1.3 软土的主要工程地质问题

软土地基的变形破坏主要有：过大的沉降变形、不均匀沉降变形和整体剪切破坏。由于软土含水量高、压缩性大、抗剪强度低，在附加荷载的作用下，软土地基容易产生过大的沉降变形，当建筑物结构或地基的均匀性较差时，也容易产生不均匀沉降，导致建筑物开裂损坏；若附加荷载过大或施工加载过快，则可导致软土地基的剪切破坏。

5.4.1.4 软土的主要防治措施

软土地基的处理方法有很多，而且很多新技术、新方法和新工艺不断涌现，大致可以将软土地基的处理方法归纳为三大类：

1. 挖土换填法

如果软土层不是很厚（一般小于 2～3m），则可将软土直接清除并换填强度较高的材料如砂、砾石、卵石、灰土、三合土等，称为挖土换填法。挖土换填法从根本上改变了地基土的工程性质，但只能处理浅层软土且厚度不大的情况。

2. 排水固结法

排水固结法是指软土地基在荷载作用下，土中孔隙水慢慢排出，孔隙水压力逐渐消散，有效应力逐渐增大，固结变形增大，强度逐渐提高的处理方法。根据加载和排水系统的不同，排水固结法主要可以分为以下四种方法：

（1）预压法

预压法指的是为提高软弱地基的承载力和减小建筑物建成后的沉降量，预先在拟建建筑物地基上施加一定荷载，等地基土压密后再将荷载卸除的压实方法。预压法分为堆载预压和真空预压法。堆载预压法是指在建筑物施工之前，通过临时堆载土石等对地基加载预压，达到压实地基、提高强度、减小建筑物后期沉降的方法。堆载预压法经济、有效，但预压时间长。真空预压法是指在软土中设置竖向塑料排水带或砂井，上铺砂层，再覆盖薄膜封闭，抽气使膜内排水带、砂层等处于部分真空状态，排除土中的水分，使土预先固结以减少地基后期沉降的一种地基处理方法。真空预压法可与堆载预压法联合起来应用。

（2）砂垫层

软土的渗透性差，在建筑物的底部设置一层砂垫层，其作用是在软土顶面增加一个排水面，可以加速软土的排水固结。

（3）砂井法

在软土地基中开挖直径为 0.4～2.0m 的井孔，在孔中放入砂土，然后在砂井顶面铺设 12～20cm 厚的砂石垫层，构成排水通道，加快地基的排水固结，以提高地基土的强度。

(4) 强夯法

强夯法采用重量为 10～20t 的重锤，从 10～40m 的高处自由落下，产生很大的冲击能，使软土迅速排水固结，达到加固软土地基的目的，强夯法的加固深度可达 12m，是一种古老而又有效的方法。

3. 设置增强体

通过在软土地基内设置增强体（如桩体、土工合成材料等），达到提高软土地基的强度，减小地基变形的目的。根据设置增强体的方向，可分为竖向增强体和水平向增强体两类。

(1) 竖向增强体：一般是通过在软土地基中设置或拌入其他材料形成桩体，达到提高地基承载力，减小变形的目的。如碎石桩、石灰桩、高压旋喷桩、水泥搅拌桩、预应力混凝土管桩、钻孔灌注桩等。

(2) 水平增强体：一般是通过在软土地基顶部水平向设置增强材料，达到改善地基土承载性能和协调变形的效果，一般较多采用土工合成材料设置水平增强体，如土工格栅，土工膜、土工格室等。

5.4.2 膨胀土

5.4.2.1 膨胀土概述

膨胀土是指含有大量亲水性黏土矿物，吸水急剧膨胀软化，失水显著收缩开裂，具有明显胀缩特性的高塑性黏性土。膨胀土的主要特征有：

1. 膨胀土颜色多呈黄色、黄褐色、灰白色、棕红色等。

2. 膨胀土的粒度成分以黏土颗粒为主，含量为 35%～50%，其次是粉粒，砂粒最少。

3. 膨胀土的矿物成分多以蒙脱石、伊利石为主，高岭石含量很少。

4. 膨胀土具有强烈的胀缩特性，吸水时膨胀，失水时收缩并产生裂隙，干燥时强度较高，多次胀缩后强度迅速降低。

5. 膨胀土地表部分大都风化成土，其中各种成因的裂隙十分发育，而地下部分可保持原岩构造。

6. 早期（第四纪早期或以前）生成的膨胀土具有超固结性。

膨胀土的分布广泛，范围涉及六大洲约 40 个国家和地区。我国是膨胀土分布最广、面积最大的国家之一。二十多个省、市、自治区先后发现了膨胀土，主要分布在云贵高原到华北平原之间的各流域形成的平原、盆地、河谷阶地以及河间地块和平缓丘陵地带等。尤其以云南东南部、广西南部、湖北西北部、陕西东南部、河南西南部、四川盆地、安徽、山东部分地区分布较多，并具有代表性。

膨胀土的成因多以残积、坡积、冲积、洪积、湖积等为主。一般位于盆地内垅岗、山前丘陵地带和二、三级阶地上。形成时代自晚第三纪末期的上新世 N_2 开始到更新世晚期的 Q_3，各地形成时代不一。

5.4.2.2 膨胀土的主要工程性质

1. 膨胀土的亲水性

膨胀土的粒度成分以黏粒为主，黏粒粒径很小，比表面积大，颗粒表面由具有游离价的原子或离子组成，具有较强的表面能，在水溶液中能够吸引极性水分子和水中离子，表现出强亲水性。

2. 膨胀土的裂隙性

膨胀土的裂隙十分发育，是区别于其他土体的显著标志。膨胀土的裂隙按照成因可以分为原生裂隙和次生裂隙。原生裂隙多闭合，裂面光滑，暴露在地表后受风化影响裂面张开；次生裂隙一般以风化裂隙为主，在水的淋滤作用下，裂面附近蒙脱石含量明显增加，呈白色或灰白色，形成膨胀土的软弱面，是引起膨胀土边坡失稳滑动的主要原因。

3. 膨胀土的强度

天然状态下，膨胀土的结构紧密，孔隙比小，天然含水量较小（一般为18%～26%），处于坚硬或硬塑状态，常被误认为良好的天然地基。当含水量增大或结构破坏后，力学性质明显变差。已有的国内外研究表明，膨胀土被浸湿后，强度减小1/3～2/3；而结构破坏后，抗剪强度降低2/3～3/4，有的甚至低至饱和淤泥的强度，压缩性增大，压缩系数可增大1/4～2/3。

4. 膨胀土的胀缩性

膨胀土具有强烈的吸水膨胀性和失水收缩性。根据自由膨胀率F_s或其他亲水性指标，可将膨胀性分为强（$F_s>100\%$）、中（$70\%<F_s\leqslant100\%$）、弱（$40\%<F_s\leqslant70\%$）三级。根据膨胀土地基胀缩变形总量S，可将胀缩性分为Ⅰ级（$40mm<S\leqslant65mm$）、Ⅱ级（$65mm<S\leqslant90mm$）、Ⅲ级（$S>90mm$）。天然状态下膨胀土的吸水膨胀率一般在23%以上，干燥状态下可达40%；而膨胀土的失水收缩率则高达50%以上。膨胀土的这种强烈的胀缩性会导致建筑物的开裂和损坏，以及斜坡建筑场地产生滑坡和崩塌。

5. 膨胀土的超固结性

超固结性是指膨胀土在受力历史中受到过比现有的上覆压力更大的压力，因此孔隙比小，压缩性低，一旦开挖外露，卸荷回弹，产生裂隙，遇水膨胀，强度降低，造成破坏。

5.4.2.3 膨胀土的主要工程地质问题

1. 膨胀土的地基问题

膨胀土地区修建建筑物，其工程地质问题主要是由膨胀土的胀缩变形引起的，导致修建在膨胀土地基上的建筑物开裂甚至破坏。如成都蓝光锦绣城基坑工程，由于膨胀土基坑开挖卸荷、干湿交替，膨胀土强度急剧降低，基坑边坡稳定性急剧下降，在降雨的诱发下，基坑于2011年5月16日产生剧烈变形，导致基坑坍塌，支护桩被剪断，最后采取桩后卸载、坡面封闭措施，边坡才维持稳定。

2. 膨胀土的边坡失稳

大多数膨胀土为裂隙极为发育的裂隙黏土，土体被大小不一、方向各异的裂隙所分割，特别是边坡上由于卸荷松弛裂隙更为发育。随着裂隙的发展和雨水的渗入，导致膨胀土边坡不稳定，极易发生滑坡。特别是在雨季发生滑坡处理后常常会再次发生滑坡，具有浅表层反复破坏的特点，浅表层范围一般指膨胀土滑床深度3～5m和滑坡体厚1～1.5m的表层。

5.4.2.4 膨胀土的主要防治措施

1. 膨胀土地基问题的防治措施

(1) 防水保湿措施

防水保湿主要是保持地基土湿度稳定，控制胀缩变形，主要措施包括防止土中水分蒸发和地表水下渗等。如在建筑物周围设置散水坡，设置水平和垂直隔水层；加强管道的防漏措施及热力管道隔热措施；建筑物周围合理绿化，防止植物根系吸水造成地基土不均匀变形；合理选择施工方法，基坑不宜浸泡或暴晒，及时回填夯实等。

(2) 地基土改良措施

地基土改良的目的是减小或消除膨胀土的胀缩性能。常采用的措施有：

1) 挖土换填法，即挖除膨胀土，换填砂、砾石等土体。

2) 石灰加固法，将石灰水压入膨胀土，胶结土粒，提高土的强度等。

2. 膨胀土边坡问题的防治措施

(1) 地表水防护

通过设置排水天沟、平台纵向排水沟、侧沟等排水系统，截、排坡面水流，防止水流渗入或侵蚀坡面。

(2) 坡面防护加固

常用措施有植被防护和骨架防护。植被防护通过种植草皮、小乔木、灌木等，形成植物覆盖层防止地表水冲刷。骨架防护采用浆砌石方形或拱形骨架护坡，如在骨架内植草防护效果则更好。

(3) 支挡措施

采用抗滑挡墙、抗滑桩、片石垛等措施来防护边坡。

5.4.3 黄土

5.4.3.1 黄土概述

1. 黄土的特征及分布

黄土是指第四纪以来在干旱、半干旱气候条件下形成的一种特殊的陆相沉积物。典型的黄土具有以下特征：

(1) 黄土的颜色多呈黄色、灰黄色或褐黄色。

(2) 黄土的颗粒组成以粉粒（0.005～0.075mm）为主，约占60%～70%，黏粒含量较少，约占10%～20%。

(3) 黄土中含有多种可溶盐，特别富含碳酸盐（主要是碳酸钙），含量可达10%～30%，局部密集形成钙质结核，又称姜结石。

(4) 黄土的结构疏松，孔隙多且大，肉眼可见大孔隙或虫孔、植物根孔等各种孔洞，孔隙度一般为33%～64%。

(5) 黄土的质地均一、无层理，但具有柱状节理和垂直节理，天然条件下能保持近于垂直的边坡。

(6) 黄土的湿陷性是黄土的典型特殊性质，是引起黄土地区工程建筑破坏的重要原因，但并非所有黄土都具有湿陷性，具有湿陷性的黄土称为湿陷性黄土。

具有上述六项特征的黄土是典型黄土，只具备部分特征的黄土称为黄土状土。

黄土的分布广泛，在欧洲、北美、中亚等地均有分布，总面积达1300万平方千米，占地表面积的2.5%以上。我国是黄土分布面积最大的国家，面积达64万平方千米，占国土面积的6.7%。黄河中游的陕、甘、宁及山西、河南一带黄土面积广，厚度大，地理上称为黄土高原。陕甘宁地区黄土厚一般为100～200m，部分地区高达300m；渭北高原厚50～100m，山西高原厚30～50m，陇西高原厚30～100m，其他地区一般厚几米到几十米，很少超过30m。

2. 黄土的成因及形成年代

黄土按照生成过程及特征，成因可分为风积、坡积、残积、洪积、冲积等。

（1）风积黄土

分布在黄土高原平坦的顶部和山坡上，厚度大，质地均匀，无层理。

（2）坡积黄土

多分布于山坡坡脚及斜坡上，厚度不均，基岩出露区常夹有基岩碎屑。

（3）残积黄土

多分布在基岩山地上部，由表层黄土及基岩风化而成。

（4）洪积黄土

主要分布于山前沟口地带，一般有不规则的层理，厚度不大。

（5）冲积黄土

主要分布在大河的阶地上，如黄河及支流的阶地上。一般阶地越高，黄土厚度越大，具有明显的层理，常夹有粉砂、黏土、砂卵石等，大河阶地下部常有厚度为数米至数十米的砂卵石层。

上述几种成因类型中，一般把不具层理的风积黄土称为原生黄土，而原生黄土经过流水冲刷、搬运和重新沉积，生成次生黄土。次生黄土包括坡积黄土、残积黄土、洪积黄土和冲积黄土等多种类型，它一般不具典型黄土的所有特征，因此为黄土状土。

我国的黄土自第四纪开始沉积，一直延续至今，贯穿了整个第四纪。根据黄土形成年代的早晚，可将黄土分为老黄土和新黄土。形成于距今70万～120万年之间的早更新世（Q_1）午城黄土和距今10万～70万年之间的中更新世（Q_2）离石黄土，土质密实，颗粒均匀，无大孔或略具大孔结构，称为老黄土。而形成于距今0.5万～10万年之间的晚更新世（Q_3）的马兰黄土和距今5000年以来的全新世早期（$Q_4{}^1$）的次生黄土，广泛覆盖于老黄土之上的河岸阶地，土质疏松，大孔和虫孔发育，具垂直解理，称为新黄土。新黄土与工程建设的关系最为密切。

在全新世上部，部分地段还有新近堆积的$Q_4{}^2$黄土存在，形成历史短，一般只有几十年至几百年，多分布在河漫滩、低阶地、山间洼地的表层及洪积、坡积地带，厚度一般只有几米，土质松散，大孔排列杂乱，多虫孔，承载力较低。

5.4.3.2 黄土的主要工程性质

1. 黄土的湿陷性

黄土在一定压力作用下，浸水后结构迅速破坏，强度明显降低，并产生明显下沉的现象，称为湿陷性。在饱和自重作用下产生湿陷性的称为自重湿陷性，而在自重压力和附加压力共同作用下产生湿陷性的称为非自重湿陷性。

黄土的湿陷性多采用浸水压缩试验的方法在规定的压力（一般为0.2MPa）下测定的湿陷系数δ_s进行评价。

$$\delta_s=\frac{h_1-h_2}{h_1} \tag{5-18}$$

式中 h_1——天然黄土在规定压力下试样的高度（m）；

h_2——浸水饱和变形稳定后试样的高度（m）。

根据湿陷系数 δ_s 的大小，可将湿陷性黄土分为：

$\delta_s<0.02$ 非湿陷性黄土

$0.02\leqslant\delta_s\leqslant0.03$ 轻微湿陷性

$0.03<\delta_s\leqslant0.07$ 中等湿陷性

$\delta_s>0.07$ 强湿陷性

一般午城黄土和离石黄土大部分没有湿陷性，而新黄土及马兰黄土上部具有湿陷性。因此，湿陷性黄土一般位于地表以下数米到十余米，很少超过20m厚。

2. 黄土的压缩性

压缩性是指单位压力作用下土的孔隙比的减小，用压缩系数 a 表示。一般认为 a 小于 0.1 $(MPa)^{-1}$ 为低压缩性土，a 等于 0.1～0.5 $(MPa)^{-1}$ 为中等压缩性土，a 大于 0.5 $(MPa)^{-1}$ 为高压缩性土。

黄土虽具有大孔隙，结构疏松，但压缩性一般为中等，只有近代堆积的黄土是高压缩性土，黄土的年代越老压缩性越小。

3. 黄土的抗剪强度

黄土的黏聚力 c 一般为 30～40kPa，内摩擦角 φ 为 15°～25°，抗剪强度中等。

5.4.3.3 黄土的主要工程地质问题

1. 黄土湿陷

黄土湿陷变形很大，通常是正常压缩变形的几倍，甚至几十倍，湿陷变形快且不均匀，往往是在受水浸湿后1～3h就开始湿陷。黄土的湿陷变形会使建筑物地基产生很大的沉降和不均匀沉降，导致建筑物开裂、倾斜，甚至破坏。如西宁南川锻件厂1号楼，在施工中地基由于受水浸湿，一夜之间建筑物两端的相对沉降差达到16cm，室外地坪下沉达60cm以上，由于大量的不均匀湿陷变形使这栋房屋地下室尚未建成便被迫停建报废。

2. 黄土陷穴

黄土地区常有天然或人工洞穴，这些洞穴的存在和发展扩大容易造成上覆土层和工程建筑物的突然陷落，称为黄土陷穴。黄土陷穴能造成地基失稳、路基塌陷以及建筑物破坏等，对工程建设的危害很大。黄土陷穴的发展主要是由于黄土湿陷和地下水的潜蚀作用造成的，必须查清黄土洞穴的位置、形状和大小，以便及时整治黄土洞穴。

5.4.3.4 黄土的主要防治措施

1. 防水措施

水的渗入是导致黄土地质病害的根本原因，只要能做到严格防水，就可以有效避免或减少工程事故。防水措施主要有：

(1) 平整场地，确保地面排水通畅；

(2) 采取防水措施，做好室内地面防水措施，室外排水，如排水沟、散水沟等，特别是基坑开挖时防止水的渗入；

(3) 防止管道漏水，切实做到上下水道和暖气管道等用水设施不漏水。

2. 地基处理

地基处理是对基础或建筑物下一定范围内的湿陷性黄土进行加固处理或换填非湿陷性的土，达到消除湿陷性，减小压缩性和提高承载力的目的。常用的黄土地基处理方法有：

换填法、重锤表层夯实法、强夯法、预浸水法、桩基处理法、化学灌浆加固法等。

5.4.4 冻土

5.4.4.1 冻土概述

冻土是指温度低于或等于0℃并含有冰的各种土。根据冻结时间，冻土可分为多年冻土和季节性冻土。多年冻土是指冻结状态持续二年或二年以上的土。季节性冻土是指随季节变化周期性冻结和融化的土。

1. 冻土的分布

我国多年冻土按地区分布可分为高原冻土和高纬度冻土。高原冻土主要分布在青藏高原和西部高山（如天山、阿尔泰山及祁连山等）地区。高纬度冻土主要分布在大、小兴安岭，自满洲里-牙克石-黑河一线以北地区。多年冻土存在于地表以下一定深度，地表面至多年冻土间常有季节性冻土存在。

季节性冻土主要分布在华北、西北、东北地区和西南的高海拔地区。自长江流域以北向东北、西北方向，随纬度的增加，季节性冻土的厚度越来越大，如石家庄以南厚度小于0.5m，北京为1m左右，而辽源、海拉尔则达到了2～3m。

2. 多年冻土的特征

(1) 组成特征

冻土由矿物颗粒、水、气体及冰四相组成。矿物颗粒是四相中的主体，其形状、大小、成分、比表面积、表面活动性等对冻土的性质有重要的影响。冻土中的冰是冻土存在的基本条件，也是冻土各种工程性质形成的基础。

(2) 结构特征

冻土结构有整体结构、网状结构和层状结构三种，如图5-3所示。

1) 整体结构，是指温度降低很快，冻结时水分来不及迁移和集中，冰晶在土中分布均匀所构成的结构。

2) 网状结构，在冻结过程中，由于水分转移和集中，在土中形成网状交错冰晶，这种结构对土的原状结构有破坏，融化后土呈软塑和流塑状态，对建筑物的稳定性不利。

3) 层状结构，在冻结速度较慢的单向冻结条件下，伴随水分转移和外界水的充分补给，形成土层、冰透镜体和薄冰层相间的结构，土的原状结构被完全分割破坏，融化时产生强烈融沉。

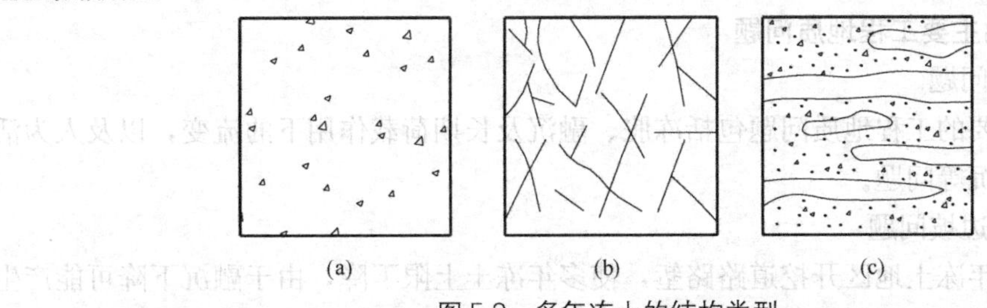

图5-3 多年冻土的结构类型

(a) 整体结构；(b) 网状结构；(c) 层状结构

(3) 构造特征

多年冻土的构造是指多年冻土层与季节冻土层之间的接触关系，分为衔接型构造和非

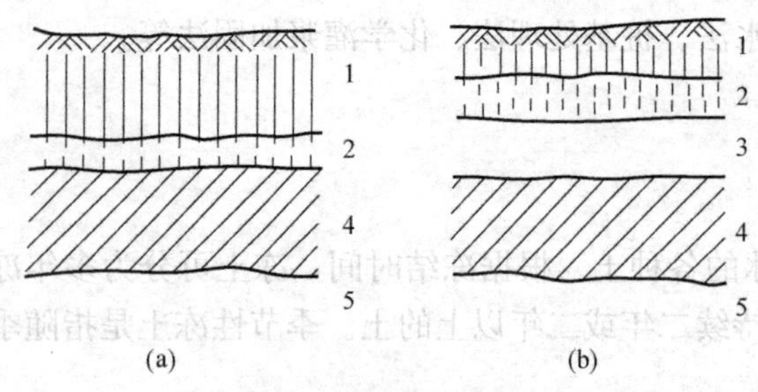

图 5-4 多年冻土的构造类型

(a) 衔接型构造；(b) 非衔接型构造

1—季节冻土层；2—季节冻土最大浆结深度变化范围；3—融土层；4—多年冻土层；5—不冻层

衔接型构造两种，如图 5-4 所示。

1）衔接型构造是指季节性冻土的下限，达到或超过了多年冻土层的上限的构造。稳定的和发展的多年冻土区为衔接型构造。

2）非衔接型构造是指季节性冻土的下限与多年冻土的上限之间有一层不冻土。由气候变暖、温度升高引起的处于退化状态的多年冻土区为非衔接型构造。

5.4.4.2 冻土的主要工程性质

1. 冻土的冻胀和融沉特性

由于季节的冷热变化，冻土表现出反复冻胀和融沉特性。冻土的冻胀和融沉性质是冻土的重要工程性质，分别用冻胀率 n 和融沉系数 δ 来表征冻土的冻胀性和融沉性。

冻胀率 n 是指土在冻结过程中体积的相对膨胀量，以百分数表示：

$$n=\frac{h_2-h_1}{h_1}\times 100\% \tag{5-19}$$

式中 h_1——土体冻结前的高度（m）；

h_2——土体冻结后的高度（m）。

冻土的融化下沉由两部分组成：一是温度升高引起的自身融化下沉，二是外力作用下产生的压缩变形。融沉系数 δ 为：

$$\delta=\frac{m_1-m_2}{m_1}\times 100\% \tag{5-20}$$

式中 m_1——土体融化前的高度（m）；

m_2——土体融化后的高度（m）。

2. 冻土的强度和变形特性

冻土的强度和变形特性可用抗压强度、抗剪强度和压缩系数来表征。由于冰的存在，冻土的力学性质随温度和加载时间而产生显著变化。当温度降低时，土中含冰量增加，未冻结水减少，冻土在短期荷载作用下，强度大大增加，而变形几乎可以忽略。而在长期荷载作用下，冻土的强度明显衰减，变形显著增大。

5.4.4.3 冻土的主要工程地质问题

1. 冻土地基问题

冻土地区主要的工程地质问题包括冻胀、融沉及长期荷载作用下的流变，以及人为活动引起的热融下沉等问题。

2. 冻土道路边坡问题

在融沉性多年冻土地区开挖道路路堑，使多年冻土上限下降，由于融沉下降可能产生基底下沉，边坡滑塌。如果修筑路堤，则多年冻土上限上升，路堤内形成冻土结核，发生冻胀变形，融化后路堤外部沿冻土上限发生局部滑塌，如图 5-5 所示。

3. 冻土地区不良地质现象

多年冻土地区的冰丘和冰锥与季节性冻土地区相比，规模更大，而且可能延续数年不

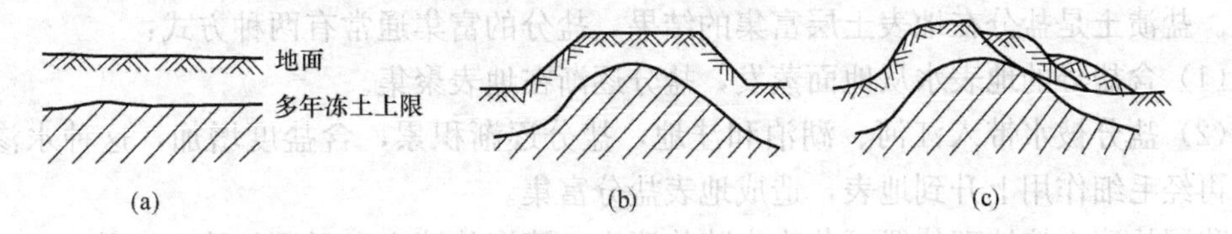

图 5-5 多年冻土区修筑路堤

(a) 未筑堤前；(b) 筑堤后上限上升；(c) 融化后沿上限滑塌

融，对工程建筑的危害严重，应尽量绕避。

5.4.4.4 冻土的主要防治措施

1. 排水

水是造成冻土冻胀融沉的决定因素，必须严格控制土中的水分。在地面修建排水沟、排水管，以拦截地表周围流来的水，同时汇集、排除建筑物地面和内部的水，使这些地表水不能渗入地下。在地下修建排水盲沟、渗沟等拦截从周围流来的水，降低地下水位，防止地下水向地基土聚集。

2. 保温

温度也是引起冻土工程性质变化的一个重要影响因素，应保持冻土温度的相对稳定。应用各种保温材料，防止地基土温度受外界因素、人为因素的影响，最大限度地防止冻胀融沉。如在基坑或路堑的底部、边坡上或在填土路基的底面上铺设一定厚度的草皮、泥炭、苔藓、炉渣或黏土等，都有保温隔热的效果。近年来一些新技术也逐渐得到应用，如举世瞩目的青藏铁路，采用了片石通风路堤、“热棒”、遮阳板路基、通风管等技术保护多年冻土上限的相对稳定。

3. 改善土的性质

(1) 换土垫层法

采用冻胀性小的粗砂、砾石、卵石等代替天然地基的细颗粒土，是目前防治冻土病害的常用措施。一般基底砂垫层厚度 0.8～1.5m，基侧面为 0.2～0.5m，并在砂垫层上铺设 0.2～0.3m 的隔水层，以防地下水渗入基底。

(2) 物理化学法

在土中加入某些物质，改变水与土粒的相互作用，使土体中水的冰点降低，水分转移受到影响，从而削弱和防止土的冻胀。如在土中加入一定量的无机盐（氯化钠、氯化钙等），使之成为人工盐渍土，从而限制了土中水分转移，降低了冻结温度，减小土的冻胀变形。也可在土中掺入厌水性物质或表面活性剂等使土粒之间紧密结合，削弱土粒与水之间的相互作用，减弱或消除水的运动。

4. 桩基处理措施

对于重要的、规模和荷载大的工程，如冻土深度和危害对工程建筑的影响较大，常规的工程措施不能满足工程要求，可采用桩基直接穿透冻土层至良好的持力层上。如青藏铁路工程广泛采用了钻孔灌注桩以减小冻土对工程建筑的影响，起到了很好的效果。

5.4.5 盐渍土

5.4.5.1 盐渍土概述

盐渍土是指地表 1m 范围内易溶盐含量大于 0.3%，且具有溶陷、盐胀、腐蚀等特性的土。盐渍土是盐分在地表土层富集的结果，盐分的富集通常有两种方式：

（1）含盐分的地表水从地面蒸发，盐分逐渐在地表聚集。

（2）盐分被水带入江河、湖泊和洼地，盐分逐渐积累，含盐度增加，这种水渗入地下，再经毛细作用上升到地表，造成地表盐分富集。

我国盐渍土按地理位置可分为内陆盐渍土、滨海盐渍土和平原盐渍土三种。

（1）内陆盐渍土：主要分布在年蒸发量大于降水量，地势低洼，地下水埋藏浅，排泄不畅的干旱和半干旱地区，如内蒙古、甘肃、青海和新疆一些内陆湖盆中广泛分布，尤其是青海柴达木盆地和新疆塔里木盆地含盐量更高。

（2）滨海盐渍土：分布在沿海地带，含盐量一般为1%～4%。在沿海地带，由于海水的浸渍或海岸的推移，经过蒸发，盐分残留在地表，形成盐渍土。

（3）平原盐渍土：主要分布在华北平原和东北平原。在平原地区，河床淤积抬高或修建水库，使沿岸地下水水位升高，造成土的盐渍化。灌溉渠道附近，地下水位升高，也会造成土的盐渍化。

按易溶盐的化学成分可将盐渍土分为氯盐型、硫酸盐型和碳酸盐型盐渍土。其中氯盐型吸水性强，含水量高时易松软、易翻浆；硫酸盐型易吸水膨胀、失水收缩，性质类似膨胀土；碳酸盐型碱性大、土颗粒结合力小、强度低。

5.4.5.2 盐渍土的主要工程性质

1. 盐渍土的溶陷性

盐渍土中的可溶盐经水浸泡后溶解、流失，致使土体结构松散，在饱和土的自重压力下或一定附加压力下产生溶陷，产生较大的变形，导致建筑物损坏。

2. 盐渍土的盐胀性

盐渍土的盐胀作用是由过大的昼夜温差所致，多出现在地表以下不深的位置，一般为0.3m。若硫酸盐类盐渍土中Na_2SO_4含量较多，且温度低于32.4℃，会吸水成为$Na_2SO_4 \cdot 10H_2O$晶体（芒硝），体积增大3.1倍，在反复循环作用下，土体变松。如碳酸盐类盐渍土中含有大量吸附性阳离子，遇水时与胶体颗粒作用，在胶体颗粒和黏粒周围形成结合水膜，减小了黏聚力，使其相互分离，从而引起土体盐胀。

3. 盐渍土的腐蚀性

盐渍土均具有一定的腐蚀性，其腐蚀程度与盐类的成分和建筑结构所处的环境条件有关。

4. 盐渍土的吸湿性

氯盐类盐渍土中含有较多的钠离子，其水解半径大，水化胀力强，从而在钠离子周围形成较厚的水化薄膜，因此氯盐类盐渍土具有较强的吸湿性，一般只限于地表以下0.1m的范围内。在潮湿地区，氯盐类盐渍土极易吸湿软化，土体强度降低；在干旱地区，氯盐类盐渍土容易压实。

5. 盐渍土的物理力学性质

盐渍土的液限、塑限随土中含盐量的增大而减小，当土的含水量等于其液限时，土的抗剪强度近乎等于零，因此含盐量高的盐渍土含水量增大时强度衰减很快。当盐渍土的含盐量较高且含水量较小时，抗剪强度相对较高。

此外，盐渍土具有相对较高的结构强度，当压力小于盐渍土的结构强度时，盐渍土几乎不发生变形；但浸水后，盐类等胶结物软化或溶解，变形显著增大，强度明显降低。

5.4.5.3　盐渍土的主要工程地质问题

1. 盐渍土的溶陷变形

盐渍土中的可溶盐遇水浸泡后溶解，致使土体结构松散，在饱和土的自重压力下或一定附加压力下产生溶陷，产生较大的溶陷变形。溶陷变形可导致房屋、管道等产生较大的变形或不均匀变形，地基产生破坏，导致建筑物开裂和破坏。

盐渍土的溶陷性可用溶陷系数来表征，用盐渍土浸水后的溶陷量与土体初始高度的比值来计算溶陷变形。溶陷系数不小于 0.01 的为溶陷性盐渍土，溶陷系数小于 0.01 的称为非溶陷性盐渍土。

2. 盐渍土的盐胀变形

盐渍土地基的盐胀性是指整平地面以下 2m 深度范围内土体的盐胀性，盐胀变形多发生在硫酸盐类盐渍土中，主要是硫酸钠结晶吸水后体积膨胀所造成的。由于反复的干湿循环、冷热变化，导致土体吸水、失水，体积产生膨胀、收缩，引起地坪、路面、坡面、挡墙等发生变形和破坏，对工程的危害很大。

3. 盐渍土的腐蚀问题

盐渍土中含盐成分主要是硫酸盐和氯盐，中生代红层中的盐分主要是硫酸盐。盐渍土的腐蚀性主要表现为盐渍土及环境水对混凝土和金属材料的腐蚀，硫酸根离子和氯离子是主要的腐蚀离子，对混凝土而言，镁离子、氨离子、水的酸碱度等也是重要的腐蚀性因素。

5.4.5.4　盐渍土的主要防治措施

1. 盐渍土的防水保水措施

盐渍土对水敏感，遇水后可溶盐溶解会产生较大的溶陷变形，在反复的冷热变化作用下还会产生明显的盐胀变形，因此，应结合不同工程情况采取有效的防水和保水措施，防止地表水和地下水变化对盐渍土的工程性质产生不利影响。

2. 盐渍土的填料控制

在盐渍土地区，选择盐渍土作为填料时，应控制填料的含盐量、密实度、填筑高度、毛细水等。

3. 盐渍土的地基处理措施

针对盐渍土地基的溶陷性、盐胀性、腐蚀性问题等，还可采取一定工程处理措施来消除和减小不利工程性质的影响，如预溶法、换土法、强夯法、振冲法、盐化法、防腐措施等。对于溶陷性大、地基承载力要求高的软弱盐渍土地基，可采用桩基、混凝土墩、灰土墩等进行处理。

本章小结

(1) 风化作用是地表最普遍的一种外力地质作用。风化作用有物理风化、化学风化和生物风化三种。影响风化的主要因素有岩性、地质构造、地形、气候等。风化作用会使岩土体的工程性质变差，在工程建设前应详细调查岩土的风化情况。

(2) 岩土的工程性质主要包括物理性质、水理性质和力学性质三个方面。

（3）工程实践中岩石通常按坚硬程度和风化程度进行分类。土体一般按颗粒级配、地质成因、特殊性质等进行分类。

（4）特殊土是指具有特殊成分、状态和结构特征并且具有特殊工程性质的土，分布上也有区域性的特点。软土是在静水或缓慢流水环境下沉积形成的，具有含水量大、压缩性高、抗剪强度低，并具有触变性和流变性的特点。膨胀土具有显著的吸水膨胀和失水收缩的特点，主要分布在我国云贵高原到华北平原之间的各流域形成的平原、盆地、河谷阶地以及河间地块和平缓丘陵地带等。黄土是在干旱、半干旱气候条件下形成的一种特殊的陆相沉积物，具有湿陷性，主要分布于黄河中游的陕、甘、宁及山西、河南一带。冻土是指温度低于或等于0℃并含有冰的土，具有冻融性，主要分布于高海拔和高纬度地区。盐渍土是指地表1m范围内易溶盐含量大于0.3%，且具有溶陷、盐胀、腐蚀等特性的土，主要分布于内蒙古、甘肃、青海、新疆等地区的内陆湖盆、沿海地带、华北平原和东北平原等。

思考与练习题

5-1 风化作用的类型有哪些？影响因素又有哪些？

5-2 岩土体的工程性质有哪些？

5-3 岩土体是如何分类的？

5-4 常见的特殊土有哪些？它们有哪些主要工程性质？

5-5 特殊土都有哪些工程地质问题？工程防治措施主要有哪些？

5-6 为什么水对特殊土的工程性质有至关重要的影响？

第6章　常见的地质灾害

本章要点及学习目标

本章要点：

（1）掌握滑坡的形态特征、基本类型及防治措施。

（2）掌握泥石流的形成条件与防治措施。

（3）了解崩塌及岩堆的形成条件与防治措施。

（4）掌握岩溶的形成条件与发育规律。

（5）掌握地震的成因类型、震级与烈度的基本概念、烈度的确定方法。

（6）掌握地面沉降的危害、形成条件和防治措施。

学习目标：

（1）掌握常见的地质灾害，如滑坡、泥石流、崩塌、岩溶、地面沉降的基本概念、形成条件、基本分类、防治原则及防治措施等。

（2）掌握岩土层卓越周期的概念及地震对土木工程的影响。

地质灾害是指地质作用对人类生存和发展所造成的危害。我国幅员辽阔，自然环境复杂，尤其是我国西部山区，青藏高原的隆升，使得该地区不仅地形地貌极其复杂，而且存在着活跃的动力地质作用，地质灾害频繁发生，地质灾害防治形势异常严峻。随着我国城镇化进程不断加快，人类活动与地质环境之间的相互作用愈发强烈，人们不得不在一些不适宜工程建设的场地进行开发利用，这些工程可能受到地质灾害的严重影响。据统计，我国由地质灾害造成的损失占各种灾害总损失的35%。在地质灾害中，崩塌、泥石流、滑坡及人类工程活动诱发的浅表性地质灾害造成的损失占一半以上，每年约损失200亿元。本章主要介绍滑坡、泥石流、崩塌及岩堆、岩溶、地震、地面沉降等几种常见的地质灾害。

6.1　滑坡

6.1.1　滑坡及形态特征

斜坡上大量岩土体在重力作用下，沿一定的滑动面（或滑动带）整体向下滑动的现象，称为滑坡。

规模大的滑坡一般是缓慢地、长期地往下滑动，其位移速度多在突变阶段才显著增大，滑动过程可以延续几年、十几年甚至更长的时间。有些滑坡滑动速度也很快，如1983年3月发生的甘肃东乡洒勒山滑坡最大滑速可达30～40m/s。

滑坡是山区交通线路、水库和城市建设中经常碰到的工程地质问题之一，由此造成的损失和危害巨大。大规模的滑坡，可以堵塞河道、摧毁公路、破坏厂矿、掩埋村庄，对山区建设和交通设施危害很大。西南地区（云、贵、川、藏）是我国滑坡分布的主要地区，不仅滑坡的规模大、类型多，而且分布广泛，发生频繁，危害严重。在云南省几乎每条公路上都有不同规模的滑坡发生。贵州的炉榕公路，四川的川藏公路、成阿公路、巴峨公路等均遭受过滑坡的严重危害。又如某铁路桥，当桥的墩台竣工后，由于两侧岸坡发生滑动，架梁时发现各墩均有不同程度的垂直和水平位移，墩身混凝土开裂，经整治无效，被迫放弃而另建新桥。贵昆铁路某隧道出口段，由于开挖引起了滑坡，推移和挤裂了已建成的隧道，经整治才趋于稳定。这些实例，充分说明滑坡对工程建设危害的严重性。

一个发育完全的典型滑坡，一般具有下面一些基本的组成部分（图 6-1）。

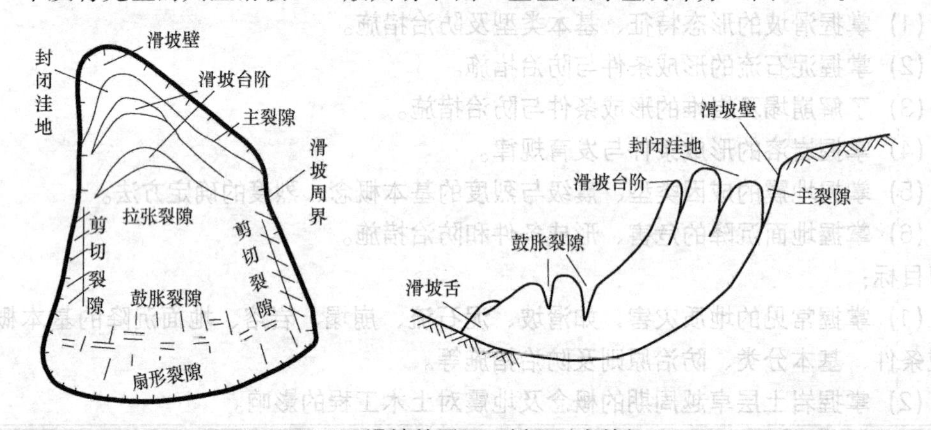

图 6-1 滑坡的平面、剖面形态特征

6.1.1.1 滑坡体

斜坡沿滑动面向下滑动的岩土体称为滑坡体。其内部一般仍保持着未滑动前的层位和结构，但产生许多新的裂缝，个别部位还可能遭受较强烈的扰动。

6.1.1.2 滑动面、滑动带和滑坡床

滑坡体沿其向下滑动的面称为滑动面。滑动面以上，被揉皱的厚数厘米至数米的结构扰动带，称为滑动带。有些滑坡的滑动面（带）可能不止一个。在最后滑动面以下稳定的岩土体称为滑坡床。滑动面（滑动带）是表征滑坡内部结构的主要标志，它的位置、数量、形状和滑动面（带）岩土的物理力学性质，对滑坡的推力计算和工程治理有重要意义。

在一般情况下，滑动面（带）的岩土挤压破碎，扰动严重，富水软弱，颜色异常，常含有夹杂物质。当滑动面（带）为黏性土时，在滑动剪切作用下，常产生光滑的镜面，有时还可见到与滑动方向一致的滑坡擦痕。在勘探中，常可根据这些特征，确定滑动面的位置。

滑动面的形状，因地质条件而异。一般说来，发生在均质土中的滑坡，滑动面多呈圆弧形；沿岩层层面或构造裂隙发育的滑坡，滑动面多呈直线形或折线形。

6.1.1.3 滑坡壁

滑动面的上缘，即滑动体与斜坡断开下滑后形成的陡壁，称为滑坡壁。它在平面上多呈弧形，其高度自几厘米至几十米，陡度一般为 60°～80°。

6.1.1.4 滑坡周界

滑坡体与周围未滑动的稳定斜坡在平面上的分界线，称为滑坡周界。滑坡周界圈定了滑坡的范围。

6.1.1.5 滑坡台阶

有几个滑动面或经过多次滑动的滑坡，由于各段滑坡体的运动速度不同，而在滑坡体上出现的阶梯状的错台，称为滑坡台阶。

6.1.1.6 滑坡舌

滑坡体的前缘，形如舌状伸出的部分，称为滑坡舌。

6.1.1.7 滑坡裂缝

滑坡体的不同部分，在滑动过程中，因受力性质不同，所形成的不同特征的裂缝，称为滑坡裂缝。按受力性质，滑坡裂缝可分为下面四种：

1. 拉张裂缝

分布在滑坡体上部，与滑坡壁的方向大致吻合，多呈弧形，因滑坡体向下滑动时产生的拉力形成，裂缝张开。

2. 剪切裂缝

分布在滑坡体中部的两侧，因滑坡体下滑，在滑坡体内两侧所产生的剪切作用形成的裂缝。它与滑动方向大致平行，其两边常伴有呈羽毛状排列的次一级裂缝。

3. 鼓胀裂缝

主要分布于滑坡体的下部，由于滑坡体上、下部分运动速度的不同或滑坡体下滑受阻，致使滑坡体鼓胀隆起所形成的裂缝。鼓胀裂缝的延伸方向大体上与滑动方向垂直。

4. 扇形张裂缝

分布在滑坡体的中下部（尤以舌部为多），当滑坡体向下滑动时，滑坡体的前缘向两侧扩散引张而形成的张开裂缝。其方向在滑动体中部与滑动方向大致平行，在舌部则呈放射状，故称为扇形张裂缝。

6.1.1.8 滑坡洼地

滑坡滑动后，滑坡体与滑坡壁之间常拉开成沟槽，构成四周高中间低的封闭洼地，称为滑坡洼地。滑坡洼地往往由于地下水在此处露出，或者由于地表水的汇集，常成为湿地或水塘。

6.1.2 滑坡的形成条件及影响因素

6.1.2.1 滑坡的形成条件

滑坡的发生，是斜坡岩（土）体平衡条件遭到破坏的结果。由于斜坡岩（土）体的特性不同，滑动面的形状有各种形式，基本的为平面形和圆弧形两种。二者表现虽有不同，但平衡关系的基本原理还是一致的。

当斜坡岩（土）体沿平面 AB 滑动时的力系如图 6-2 所示。其平衡条件为由岩（土）体重力 G 所产生的侧向滑动分力 T 等于或小于滑动面的抗滑阻力 F。通常以稳定系数 K 表示这两力之比。即：

$$K=\frac{\text{总抗滑力}}{\text{总下滑力}}=\frac{F}{T} \tag{6-1}$$

很显然，若 $K<1$，斜坡平衡条件将遭破坏而形成滑坡；若 $K\geqslant 1$，则斜坡处于稳定或极限平衡状态。

斜坡岩（土）体沿圆弧面滑动时的力系如图 6-3 所示。

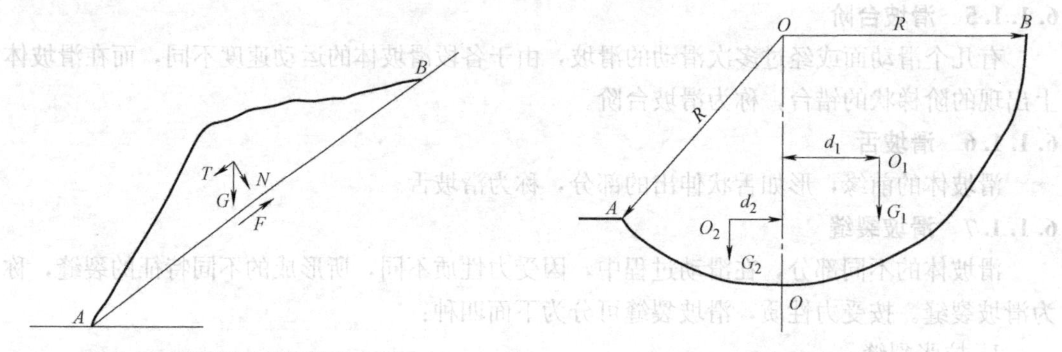

图 6-2 平面滑动的平衡示意图　　图 6-3 圆弧滑动的平衡示意图

图中 AB 为假定的滑动圆弧面，其相应的滑动中心为 O 点，R 为滑弧半径。过滑动圆心 O 作一铅直线$\overline{OO'}$，将滑体分成两部分，在$\overline{OO'}$线右侧部分为“滑动部分”，其重心为 O_1，重量为 G_1，它使斜坡岩（土）体具有向下滑动的趋势，对 O 点的滑动力矩为 G_1d_1；在线 OO_1 线左侧部分为“随动部分”，起着阻止斜坡滑动的作用，具有与滑动力矩方向相反的抗滑力矩 G_2d_2。因此，其平衡条件为滑动部分对 O 点的滑动力矩 G_1d_1 等于或小于随动部分对 O 点的抗滑力矩 G_2d_2 与滑动面上的抗滑力矩 $\tau\cdot\widehat{AB}\cdot R$之和。即：

$$G_1\cdot d_1\leqslant G_2\cdot d_2+\tau\cdot\widehat{AB}\cdot R \tag{6-2}$$

式中　τ——滑动面上的抗剪强度。

其稳定系数 K 为：

$$K=\frac{\text{总抗滑力矩}}{\text{总滑动力矩}}=\frac{G.d_2+\tau\cdot\widehat{AB}\cdot R}{G_1\cdot d_1} \tag{6-3}$$

同理，$K<1$ 将形成滑坡；$K\geqslant 1$ 斜坡处于稳定和极限平衡状态。

6.1.2.2 影响滑坡的因素

从上述分析可以看出，斜坡平衡条件的破坏与否，也就是说滑坡发生与否，取决于下滑力（矩）与抗滑力（矩）的对比关系。而斜坡的外形，基本上决定了斜坡内部的应力状态（剪切力的大小及其分布），组成斜坡的岩土性质和结构决定了斜坡各部分抗剪强度的大小。当斜坡内部的剪切力大于岩土的抗剪强度时，斜坡将发生剪切破坏而滑动，自动地调整其外形来与之相适应。因此，凡是引起改变斜坡外形和使岩土性质恶化的所有因素，都将是影响滑坡形成的因素。这些因素概括起来，主要有：

1. 岩性

滑坡主要发生在易于亲水软化的土层中和一些软弱岩层中，当坚硬岩层或岩体内存在有利于滑动的软弱面时，在适当的条件下也可能形成滑坡。

容易产生滑坡的土层有胀缩黏土、黄土和黄土类土，以及黏性的山坡堆积层等。它们有的与水作用容易膨胀和软化，有的结构疏松，透水性好，遇水容易崩解，强度和稳定性容易受到破坏。

容易产生滑坡的软质岩层有页岩、泥岩、泥灰岩等遇水易软化的岩层。此外，千枚岩、片岩等在一定的条件下也容易产生滑坡。

2. 构造

埋藏于土体或岩体中倾向与斜坡一致的层面、夹层、基岩顶面、古剥蚀面、不整合面、层间错动面、断层面、裂隙面、片理面等，一般都是抗剪强度较低的软弱面，当斜坡受力情况突然变化时，都可能成为滑坡的滑动面。如黄土滑坡的滑动面，往往就是下伏的基岩面或是黄土的层面；有些黏土滑坡的滑动面，就是自身的裂隙面。

3. 水

水对斜坡岩土的作用，是形成滑坡的重要条件。地表水可以改变斜坡的外形，当水渗入滑坡体后，不但可以增大滑坡的下滑力，而且将迅速改变滑动面（带）岩土的性质，降低其抗剪强度，起到"润滑剂"的作用。所以有些滑坡就是沿着含水层的顶板或底板滑动的，不少黄土滑坡的滑动面，往往就在含水层中。两级滑坡的衔接处常有泉水露出，以及大规模的滑坡多在久雨之后发生，都可以说明水在滑坡形成和发展中的重要作用。

此外，如风化作用、降雨、人为不合理的切坡或坡顶加载、地表水对坡脚的冲刷以及地震等，都能促使上述条件发生有利于斜坡岩土向下滑动的变化，激发斜坡产生滑动现象。尤其是地震，由于地震的加速度，使斜坡岩土体承受巨大的惯性力，并使地下水位发生强烈变化，促使斜坡发生大规模滑动。如1973年2月的四川炉霍地震，1974年5月的云南昭通地震，以及1976年5月的云南龙陵地震，7月的河北唐山地震，8月的四川松潘-平武地震，尽管区域地质构造和地貌条件不同，但是地震烈度在VII度以上的地区，都有不同类型的滑坡发生，尤其在高中山区，更为严重。

6.1.3 滑坡的分类

为了对滑坡进行深入研究和采取有效的防治措施，需要对滑坡进行分类。但由于自然地质条件的复杂性，且分类的目的、原则和指标也不尽相同，因此，对滑坡的分类至今尚无统一的认识。结合我国的区域地质特点和大量工程实践，按滑坡体的主要物质组成和滑动时的力学特征进行的分类，有一定的现实意义。

6.1.3.1 按滑坡体的主要物质组成分类

1. 堆积层滑坡

堆积层滑坡是公路工程中经常碰到的一种滑坡类型，多出现在河谷缓坡地带或山麓的坡积、残积、洪积及其他重力堆积层中。它的产生往往与地表水和地下水直接参与有关。滑坡体一般多沿下伏的基岩顶面、不同地质年代或不同成因的堆积物的接触面，以及堆积层本身的松散层面滑动。滑坡体厚度一般从几米到几十米。

2. 黄土滑坡

发生在不同时期的黄土层中的滑坡，称为黄土滑坡。它的产生常与裂隙及黄土对水的不稳定性有关，多见于河谷两岸高阶地的前缘斜坡上，常成群出现，且大多为中、深层滑坡。其中有些滑坡的滑动速度很快，变形急剧，破坏力强，属于崩塌性的滑坡。

3. 黏土滑坡

发生在均质或非均质黏土层中的滑坡，称为黏土滑坡。黏土滑坡的滑动面呈圆弧形，滑动带呈软塑状。黏土的干湿效应明显，干时收缩开裂，给雨水入渗提供了通道，遇水后土体含水率增加而呈软塑或流动状态，抗剪强度急剧降低，所以黏土滑坡多发生在久雨或受水作用之后，多属中、浅层滑坡。

4. 岩层滑坡

发生在各种基岩岩层中的滑坡，称为岩层滑坡。它多沿岩层层面或其他构造软弱面滑动。这种沿岩层层面、裂隙面和前述的堆积层与基岩交界面滑动的滑坡，统称为顺层滑坡，如图 6-4 所示。但有些岩层滑坡也可能切穿层面滑动而成为切层滑坡，如图 6-5 所示。岩层滑坡多发生在由砂岩、页岩、泥岩、泥灰岩以及片理化岩层（片岩、千枚岩等）组成的斜坡上。

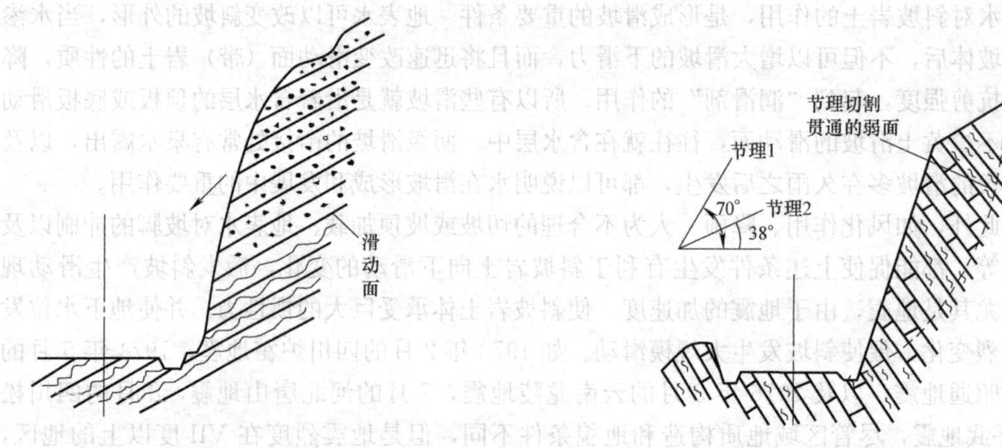

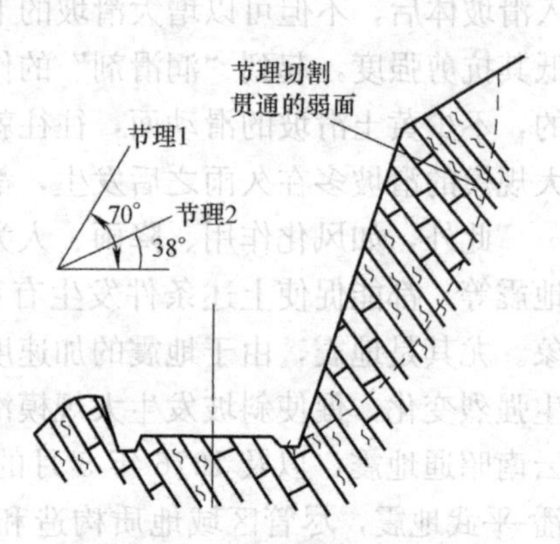

图 6-4 顺层滑坡示意图

图 6-5 切层滑坡示意图

在上述滑坡中，如按滑坡体规模的大小，还可以进一步分为：小型滑坡（滑坡体小于 3 万 m^3）；中型滑坡（滑坡体介于 3 万～50 万 m^3）；大型滑坡（滑坡体介于 50 万～300m^3）；巨型滑坡（滑坡体大于 300 万 m^3）。如按滑坡体的厚度大小，又可分为：浅层滑坡（滑坡体厚度小于 6m）；中层滑坡（滑坡体厚度为 6～20m）；深层滑坡（滑坡体厚度大于 20m）。

6.1.3.2 按滑坡的力学特征分类

1. 牵引式滑坡

它主要是由于坡脚被切割（人为开挖或河流冲刷等）使斜坡下部先变形滑动，因而使斜坡的上部失去支撑，引起斜坡上部相继向下滑动。牵引式滑坡的滑动速度比较缓慢，但会逐渐向上延伸，规模越来越大。

2. 推动式滑坡

它主要是由于斜坡上部不恰当地加荷（如建筑、填堤、弃渣等）或在各种自然因素作用下，斜坡的上部先变形滑动，并挤压推动下部斜坡向下滑动。推动式滑坡的滑动速度一般较快，但其规模在通常情况下不再有较大发展。

6.1.4 滑坡的防治措施

6.1.4.1 滑坡勘测要点

为了有效地防治滑坡，首先必须对滑坡进行详细的工程地质勘测，查明滑坡形成的条件及原因，滑坡的性质、稳定程度及其危害性，并提供防治滑坡的措施与有关的计算参数。为此，需要对滑坡进行测绘、勘探和试验工作，有时还需要进行滑坡位移的观测工作。

滑坡测绘是滑坡调查的主要方法之一，也是系统的滑坡调查首先要做的基本工作。通过测绘，查明滑坡的地貌形态、水文地质特征，弄清滑坡周界及滑坡周界内不同滑动部分的界线等。如滑坡壁的高度、陡度、植被和剥蚀情况；滑坡裂缝的分布形状、位置、长度、宽度及其连通情况；滑坡台阶的数目、位置、高度、长度、宽度；滑坡舌的位置、形状和被侵蚀的情况；泉水、湿地的出露位置和地形与地质构造的关系，流量、补给与排泄关系；岩层层面和基岩顶面是否倾向路线及倾角大小；裂隙发育程度和产状，有无软弱夹层和裂隙水活动等。

滑坡勘探目前常用的有挖探、物探和钻探三种方法。使用时互相配合，相互补充和验证。通过勘探，应查明滑坡体的厚度、下伏基岩表面的起伏及倾斜情况；用剥离表土或挖探方法直接观察或通过岩心分析判断滑动面的个数、位置和形状；了解滑坡体内含水层的分布情况与范围、地下水的流速及流向等；查明滑坡地带的岩性分布及地质构造情况等。

通过测绘和勘探，应提出滑坡工程地质图和滑坡主滑断面图。

滑坡工程地质试验，是为滑坡防治工程的设计提供依据和计算参数的。一般包括滑坡水文地质试验和滑带上的物理力学试验两部分。水文地质试验是为整治滑坡的地下排水工程提供资料，一般结合工程地质钻孔进行试验，必要时，作专门水文地质钻探以测定地下水的流速、流向、流量和各含水层的水力联系及渗透系数等。滑动带岩土的物理力学试验，主要是为滑坡的稳定性验算和抗滑工程的设计提供依据和计算参数的。除一般的常规项目外，主要是做剪切试验，确定内摩擦角值 φ 和黏聚力 c 值。

6.1.4.2 防治原则

滑坡的防治，要贯彻以防为主、整治为辅的原则，在选择防治措施前，要查清滑坡的地形、工程地质和水文地质条件，认真研究和确定滑坡的性质及其所处的发展阶段，了解产生滑坡的主、次要原因及其相互间的联系，结合公路的重要程度、施工条件及其他情况综合考虑。

(1) 整治大型滑坡，技术复杂，工程量大，时间较长，因此在勘测阶段对于可以避绕且经济合理的，首先应考虑路线避绕的方案。在已建成的路线上发生的大型滑坡，如改线避绕将会废弃很多工程，应综合各方面的情况，做出避绕、整治两个方案进行比较。对大型复杂的滑坡，常采用多项综合治理，应作整治规划，工程安排要有主次缓急，并观察效果和变化，随时修正整治措施。

(2) 对于中型或小型滑坡连续地段，一般情况下路线可不避绕，但应注意调整路线平面位置，以求得工程量小、施工方便、经济合理的路线方案。

(3) 路线通过滑坡地区，要慎重对待，对发展中的滑坡要进行整治，对古滑坡要防止复活，对可能发生滑坡的地段要防止其发生和发展。对变形严重、移动速度快、危害性大的滑坡或崩塌性滑坡，宜采取立即见效的措施，以防止其进一步恶化。

(4) 整治滑坡一般应先做好临时排水工程，然后再针对滑坡形成的主要因素，采取相应措施。

6.1.4.3 防治措施

防治滑坡的工程措施，大致可分为排水、力学平衡及改变滑动面（带）岩土性质三类。目前常用的主要工程措施有地表排水、地下排水、减重及支挡工程等。选择防治措施，必须针对滑坡的成因、性质及其发展变化的具体情况而定。

1. 排水

(1) 地表排水。如设置截水沟以截排来自滑坡体外的坡面径流，在滑坡体上设置树枝状排水系统，引坡面径流于滑坡体外排出。

(2) 地下排水。目前常用的排除地下水的工程是各种形式的渗沟，其次有盲洞，近几年来不少地方已在推广使用平孔排除地下水的方法。平孔排水施工方便、工期短、节省材料和劳力，是一种经济有效的措施。

2. 力学平衡法

如在滑坡体下部修筑抗滑片石垛、抗滑挡土墙、抗滑桩等支挡建筑物，以增加滑坡下部的抗滑力。在滑坡体的上部刷方减重以减小其滑动力等。

(1) 修建支挡工程。支挡工程的作用主要是增加抗滑力，使滑坡不再滑动。常用的支挡方法有挡土墙、抗滑桩和锚固工程，分别如图 6-6、图 6-7、图 6-8 所示。在选择以上几种加固方法的时候，应当研究锚固与支挡结构组合技术的可行性和经济合理性。

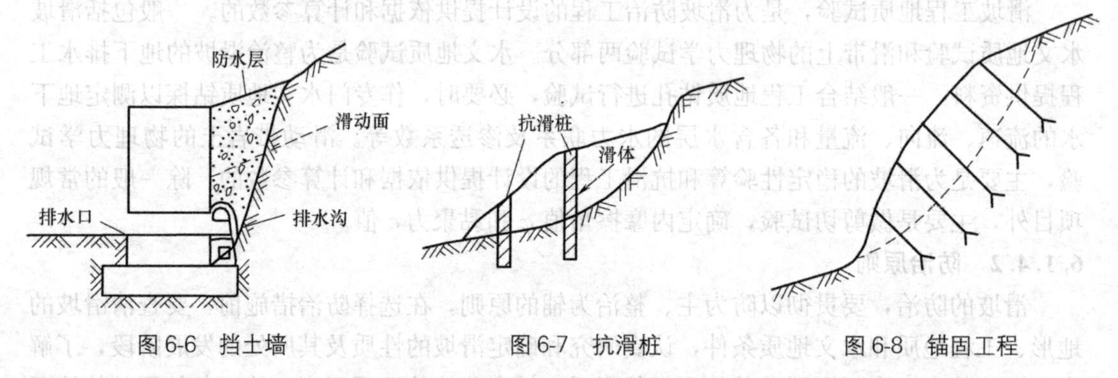

图 6-6 挡土墙 图 6-7 抗滑桩 图 6-8 锚固工程

(2) 刷方减载。这种措施施工方便、技术简单，在滑坡防治中广泛采用。主要做法是将滑体上部岩、土体清除，降低下滑力；清除的岩、土体可堆筑在坡脚，起反压抗滑作用。

3. 改善滑动面（带）的岩土性质

采用改善滑动面（带）岩土性质的工程措施，如焙烧、电渗排水、压浆及化学加固等直接稳定滑坡。

此外，还可针对某些影响滑坡滑动的因素进行整治，如为了防止流水对滑坡前缘的冲刷，可设置护坡、护堤、石笼及拦水坝等防护和导流工程。在滑坡治理和加固过程中应考虑环境保护，以及与周围建筑物和环境相协调。

6.2 泥石流

6.2.1 泥石流及分布

泥石流是一种突然暴发的含有大量泥砂、石块的特殊洪流。它主要发生在地质不良、地形陡峻的山区及山前区。泥石流含有大量的固体物质，突然暴发，持续时间短，侵蚀、搬运和沉积过程异常迅速，比一般洪水具有更大的能量，能在很短的时间内冲出数万至数百万立方米的固体物质，将数十至数百吨的巨石冲出山外。泥石流可以摧毁房屋村镇，淹没农田，堵塞河道，给山区交通和工农业建设造成严重危害。

例 6-1 2010 年 8 月 7 日 22 时左右，甘肃省甘南藏族自治州舟曲县城东北部山区突降特大暴雨，降雨量达 97mm，持续 40 多 min，引发三眼峪、罗家峪等四条沟系特大山洪地质灾害，泥石流长约 5km，平均宽度 300m，平均厚度 5m，总体积 750 万 m^3，流经区域被夷为平地，如图 6-9 所示。受灾人数约 2 万人，共造成 1765 人死亡或失踪。事后调查发现，舟曲一带是秦岭西部的褶皱带，山体分化，破碎严重，“5·12”特大地震致使山体松垮，半年多长期干旱无雨，土体收缩，裂缝暴露，加之瞬间性强降暴雨，是造成这次特大自然灾害的主要原因。

(a)

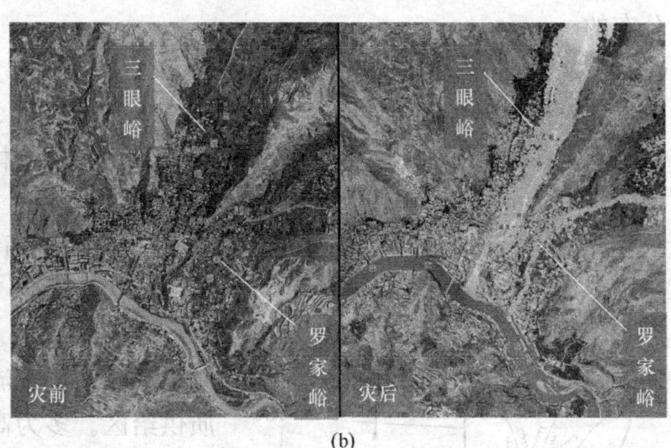

(b)

图 6-9 甘肃舟曲特大泥石流

(a) 泥石流现场图；(b) 泥石流发生前后卫星影像对比图

泥石流主要分布在半干旱和温带山区，以北回归线至北纬 50°之间山区最活跃，如阿尔卑斯山-喜马拉雅山系，其次是拉丁美洲、大洋洲和非洲某些山区。法国、奥地利、瑞士、意大利等国和苏联中亚地区都是泥石流频繁活动的地区。据有关资料介绍，奥地利有泥石流沟 4200 条，瑞士环境保险局统计资料表明 1971～1978 年泥石流造成的损失为 2.31 亿瑞士法郎。苏联阿拉木图市历史上多次受到泥石流袭击，1921 年暴发的泥石流，一次堆积了 $350\times10^4m^3$ 的固体物质。1970 年秘鲁泥石流致使 5 万人丧生，80 万人无家可归。

我国地域辽阔，山区面积达 70%，是世界上泥石流最发育的国家之一。我国泥石流主要分布在西南、西北和华北山区。如云南东川地区，金沙江中、下游沿岸和四川西昌地区都是泥石流分布集中、活动频繁的地区。甘肃东南部山区、秦岭山区、黄土高原也是泥石流泛滥成灾的地区。据初步统计甘肃全省 82 个县（市），有 40 多个县内有泥石流发育，分布范围约 $7\times10^4km^2$，占全省面积的 15%。另外，华东、中南部分山地，东北的辽西山地以及长白山区也有零星分布。

我国山区铁路中，除台湾省外，已发现 1000 余条泥石流沟，主要分布在西南、西北铁路各线，其中成昆沿线分布数量最多，1981 年 7 月 9 日成昆线利子依达沟暴发泥石流，流速高达 13.2m/s，冲毁两跨桥梁，2 号桥墩被剪断，442 次列车遇难，是我国铁路史上最大的泥石流灾害。

6.2.2　泥石流的形成条件

泥石流的形成和发展，与流域的地质、地形和水文气象条件有密切的关系，同时也受人类经济活动的深刻影响。

6.2.2.1　地质条件

凡是泥石流发育的地方，都是岩性软弱，风化强烈，地质构造复杂，褶皱、断裂发育，新构造运动强烈，地震频繁的地区。由于这些原因，导致岩层破碎，崩塌、滑坡等各种不良地质现象普遍发育，为形成泥石流提供了丰富的固体物质来源。我国的一些著名的泥石流沟群，如云南东川、四川西昌、甘肃武都和西藏东南部山区大都是沿着构造断裂带分布的。

6.2.2.2　地形条件

泥石流流域的地形特征，是山高谷深、地形陡峻、沟床纵坡大。完整的泥石流流域，它的上游多是三面环山，一面出口的漏斗状山谷。这样的地形既利于储积来自周围山坡的固体物质，也有利于汇集坡面径流。

典型的泥石流流域，一般可以分为形成区、流通区和沉积区三个动态区，如图 6-10所示。

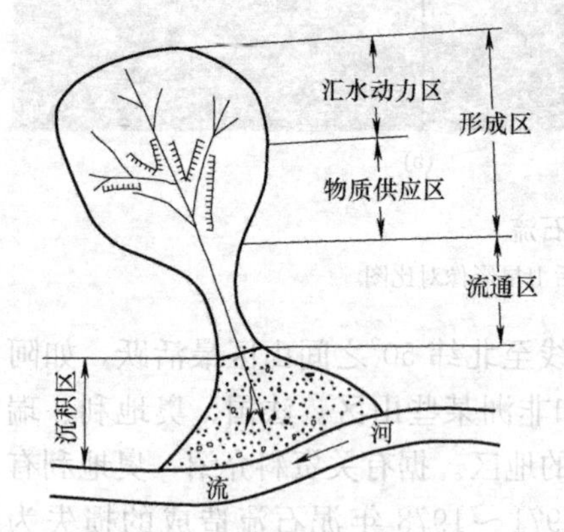

图 6-10　典型泥石流沟的分区

1. 形成区

形成区位于流域上游，包括汇水动力区和固体物质供给区。多为高山环抱的山间小盆地，山坡陡峻，沟床下切，纵坡较陡，有较大的汇水面积，区内岩层破碎，风化严重，山坡不稳，植被稀少，水土流失严重，崩塌、滑坡发育，松散堆积物储量丰富。区内岩性及剥蚀强度直接影响着泥石流的性质和规模。

2. 流通区

流通区一般位于流域的中、下游地段，多为沟谷地形，沟壁陡峻，河床狭窄、纵坡大，多陡坎或跌水。

3. 沉积区

沉积区多在沟谷的出口处，地形开阔，纵坡平缓，泥石流至此多漫流扩散，流速降低，固体物质大量堆积，形成规模不同的堆积扇。

以上几个分区，仅对一般的泥石流流域而言，由于泥石流的类型不同，常难于明显区分。有的流通区常伴有沉积，如山坡型泥石流其形成区就是流通区；有的泥石流往往直接排入河流而被带走，无明显的堆积层。

6.2.2.3　水文气象条件

水既是泥石流的组成部分之一，也是泥石流活动的基本动力和触发条件。降雨，特别是强度大的暴雨，在我国广大山区泥石流的形成中具有普遍的意义。我国降雨过程主要受东南和西南季风控制，多集中在 5 月至 10 月，在此期间，也是泥石流暴发频繁的季节。在高山冰川分布地区，冰川、积雪的急剧消融，往往能形成规模巨大的泥石流。此外，因湖的溃决而形成泥石流，在西藏东南部山区，也是屡见不鲜的。

6.2.2.4 人类活动的影响

良好的植被，可以减弱剥蚀过程，延缓径流汇集，防止冲刷，保护坡面。在山区建设中，如果滥伐山林，使山坡失去保护，将导致泥石流逐渐形成，或促使已经退缩的泥石流又重新发展。如东川、西昌、武都等地的泥石流，其形成和发展都是与过去滥伐山林有着密切联系。此外，在山区建设中，由于矿山剥土、工程弃渣处理不当，也可导致发生泥石流。

综上所述，可以看出，形成泥石流有三个基本条件：

（1）流域中有丰富的固体物质补给泥石流；

（2）有陡峭的地形和较大的沟床纵坡；

（3）流域的中、上游有强大的暴雨或冰雪强烈消融等形成的充沛水源。

6.2.3 泥石流的分类

泥石流的分类，目前尚不统一。这里根据泥石流的形成、发展和运动规律，结合防治措施的需要，介绍以下三种主要分类系统。

6.2.3.1 按泥石流的固体物质组成分类

1. 泥流

所含固体物质以黏土、粉土为主（约占80%～90%），仅有少量岩屑碎石，黏度大，呈不同稠度的泥浆状。主要分布于甘肃的天水、兰州及青海的西宁等黄土高原山区和黄河的各大支流，如渭河、湟水、洛河、泾河等地区。

2. 泥石流

固体物质由黏土、粉土及石块、砂砾所组成。它是一种比较典型的泥石流类型。西藏波密地区、四川西昌地区、云南东川地区及甘肃武都地区的泥石流，大都属于此类。

3. 水石流

固体物质主要是一些坚硬的石块、漂砾、岩屑及砂等，粉土和黏土含量很少，一般小于10%，主要分布于石灰岩、石英岩、大理岩、白云岩、玄武岩及砂岩分布地区。如陕西华山、山西太行山、北京西山及辽东山地的泥石流多属此类。

6.2.3.2 按泥石流的流体性质分类

1. 黏性泥石流

黏性泥石流，也称结构型泥石流。其固体物质的体积含量一般约达40%～80%，其中黏土含量一般在8%～15%左右，其密度多介于1700～2100kg/m^3。固体物质和水混合组成黏稠的整体，作等速运动，具层流性质。在运动过程中，常发生断流，有明显阵流现象。阵流前锋常形成高大的“龙头”，具有巨大的惯性力，冲淤作用强烈。流体到达沉积区后仍不扩散，固液两相不离析，堆积物一般具有棱角，无分选性。堆积地形起伏不平，呈“舌状”或“岗状”，仍保持运动时的结构特征，故又称结构型泥石流。

2. 稀性泥石流

稀性泥石流，也称紊流型泥石流。其固体物质的体积含量一般小于40%，粉土、黏土含量一般小于5%，其密度多介于1300～1700kg/m^3，搬运介质为浑水或稀泥浆，砂粒、石块在搬运介质中滚动或跃移前进，浑水或泥浆流速大于固体物质的运动速度，运动过程中发生垂直交换，具有紊流性质，故又称紊流型泥石流。它在运动过程中，无阵流现象。停积后固液两相立即离析，堆积物呈扇形散流，有一定分选性，堆积地形较平坦。

6.2.3.3 按泥石流流域的形态特征分类

1. 标准型泥石流

它具有明显的形成区、流通区、沉积区三个区段。形成区多崩塌、滑坡等不良地质现象，地面坡度陡峻。流通区较稳定，沟谷断面多呈V形。沉积区一般均形成扇形地，沉积物棱角明显，破坏能力强，规模较大。

2. 河谷型泥石流

流域呈狭长形，形成区分散在河谷的中、上游。固体物质来源比较分散，沿河谷既有堆积亦有冲刷。沉积物棱角不明显，破坏能力较强，周期较长，规模较大。

3. 山坡型泥石流

沟小流短，沟坡与山坡基本一致，没有明显的流通区，形成区直接与沉积区相连。洪积扇坡陡而小，沉积物棱角尖锐、明显，大颗粒滚落扇脚。冲击力大，淤积速度较快，但规模较小。

6.2.4 泥石流的防治措施

6.2.4.1 泥石流勘测要点

在勘测时，应通过调查和访问，查明泥石流的类型、规模、活动规律、危害程度、形成条件和发展趋势等，作为路线布局和选择通过方案的依据，并收集工程设计所需要的流速与流量等方面的资料。

发生过泥石流的沟谷，常遗留有泥石流运动的痕迹。如离河较远，不受河水冲刷，则在沟口沉积区都发育有不同规模的洪积扇或洪积锥，扇上堆积有新沉积的泥石物质，有的还沉积有表面嵌有角砾、碎石的泥球；在流通区，往往由于沟槽窄，经泥石流的强烈挤夺和摩擦，沟壁常遗留有泥痕、擦痕及冲撞的痕迹。

在有些地区，虽然未曾发生过泥石流，但存在形成泥石流的条件，在某些异常因素（如大地震、特大暴雨等）的作用下，有可能促使泥石流的突然暴发，对此，在勘测时应特别予以注意。

6.2.4.2 泥石流的防治原则

（1）路线跨越泥石流沟时，首先应考虑从流通区或沟床比较稳定、冲淤变化不大的堆积扇顶部用桥跨越。这种方案可能存在以下问题：平面线型较差，纵坡起伏较大，沟口两侧路堑边坡容易发生崩塌、滑坡等病害。因此，应注意比较。还应注意目前的流通区有无转化为堆积区的趋势。

（2）当河谷比较开阔、泥石流沟距大河较远时，路线可以考虑走堆积扇的外缘。这种方案线型一般比较舒顺，纵坡也比较平缓，但可能存在以下问题：堆积扇逐年向下延伸，淤埋路基；河床摆动，路基有遭受水毁的威胁。

（3）对泥石流分布较集中，规模较大，发生频繁、危害严重的地段，应通过经济和技术比较，在有条件的情况下，可以采取跨河绕道走对岸的方案或其他绕避方案。

（4）如泥石流流量不大，在全面考虑的基础上，路线也可以在堆积扇中部以桥隧或过水路面通过。采用桥隧时，应充分考虑两端路基的安全措施。这种方案往往很难彻底克服排导沟的逐年淤积问题。

（5）通过散流发育并有相当固定沟槽的宽大堆积扇时，宜按天然沟床分散设桥，不宜改沟归并。如堆积扇比较窄小，散流不明显，则可集中设桥，一桥跨过。

(6) 在处于活动阶段的泥石流堆积扇上，一般不宜采用路堑。路堤设计应考虑泥石流的淤积速度及公路使用年限，慎重确定路基标高。

6.2.4.3 泥石流的防治措施

防治泥石流应全面考虑跨越、排导、拦截以及水土保持等措施，根据因地制宜和就地取材的原则，注意总体规划，采取综合防治措施。

1. 水土保持

水土保持包括封山育林、植树造林、平整山坡、修筑梯田，修筑排水系统及支挡工程等措施。其虽是根治泥石流的一种方法，但需要一定的自然条件，收效时间也较长，一般应与其他措施配合进行。

2. 跨越

根据具体情况，可以采用桥梁、涵洞、过水路面、明洞及隧道、渡槽等方式跨越泥石流。采用桥梁跨越泥石流时，既要考虑淤积问题，也要考虑冲刷问题。确定桥梁孔径时，除考虑设计流量外，还应考虑泥石流的阵流特性，应有足够的净空和跨径，保证泥石流能顺利通过。桥位应选在沟道顺直、沟床稳定处，并应尽量与沟床正交，不应设在沟床纵坡由陡变缓的变坡点附近。

3. 排导

采用排导沟（渠）、急流槽、导流堤等措施使泥石流顺利排走，以防止掩埋道路、堵塞桥涵。泥石流排导沟是一种常用的建筑物，如图 6-11 所示。设计排导沟应考虑泥石流的类型和特征。为减小沟道冲淤，防止决堤漫溢，排导沟应尽可能按直线布设。必须转变时，应有足够大的弯道半径。排导沟纵坡宜一坡到底，如必须变坡时，从上往下应逐渐弯陡。排导沟的出口处最好能与地面有一定的高差，同时必须有足够的堆淤场地，最好能与大河直接衔接。

图 6-11 甘肃舟曲三眼峪泥石流排导渠

4. 滞流与拦截

滞流措施是在泥石流沟中修筑一系列低矮的拦挡坝，其作用是：

(1) 拦蓄部分泥砂石块，减弱泥石流的规模；

（2）固定泥石流沟床，防止沟床下切和谷坡坍塌；

（3）减缓沟床纵坡，降低流速。

拦截措施是修建拦渣坝或停淤场，将泥石流中的固体物质全部拦淤，只许余水过坝，如图6-12所示。

(a)　　(b)

图6-12　甘肃舟曲三眼峪泥石流拦挡坝

（a）格栅式；（b）重力式

6.3　崩塌及岩堆

6.3.1　崩塌

在陡峻的斜坡上，巨大岩块在重力作用下突然而猛烈地向下倾倒、翻滚、崩落的现象，称为崩塌。崩塌经常发生在山区的陡峭山坡上，有时也发生在高陡的路堑边坡上。

规模巨大的山坡崩塌称为山崩。斜坡的表层岩石由于强烈风化，沿坡面发生经常性的岩屑顺坡滚落现象，称为碎落。悬崖陡坡上个别较大岩块的崩落称为落石。

崩塌是山区公路常见的一种病害现象。它来势迅猛，常可摧毁路基和桥梁，堵塞隧道洞门，击毁行车，对公路交通造成直接危害。有时因崩塌堆积物堵塞河道，引起壅水或产生局部冲刷，导致路基水毁。

崩塌可以由自然因素激发产生，也可以由人为因素激发产生。如云南昆明至畹町公路某段的路堑边坡，雨后不久发生崩塌达1.7万多立方米，严重阻碍交通；盐津某线，由于大爆破施工，引起数十万立方米的大规模崩塌，堵河成湖，回水淹没路基达8km之多。

6.3.1.1　崩塌的形成条件

崩塌虽发生比较突然，但有它一定的形成条件和发展过程。崩塌形成的基本条件，归纳起来，主要的有以下几个方面：

1. 地形条件

斜坡高、陡是形成崩塌的必要条件。调查表明，规模较大的崩塌，一般多产生在高度大于30m，坡度大于45°（大多数介于55°～75°之间）的陡峻斜坡上。斜坡的外部形状，对崩塌的形成也有一定的影响。一般在上缓下陡的凸坡和凹凸不平的陡坡（图6-13）上易于发生崩塌。

2. 岩性条件

坚硬的岩石（如厚层石灰岩、花岗岩、砂岩、石英岩、玄武岩等）具有较大的抗剪强度和抗风化能力，能形成高峻的斜坡，在外来因素影响下，一旦斜坡稳定性遭到破坏，即产生崩塌现象，如图 6-14 所示。所以，崩塌常发生在由坚硬脆性的岩石构成的斜坡上。此外，由软硬互层（如砂页岩互层、石灰岩与泥灰岩互层、石英岩与千枚岩互层等）构成的陡峻斜坡，由于差异风化，斜坡外形凹凸不平，因而也容易产生崩塌，如图 6-15 所示。

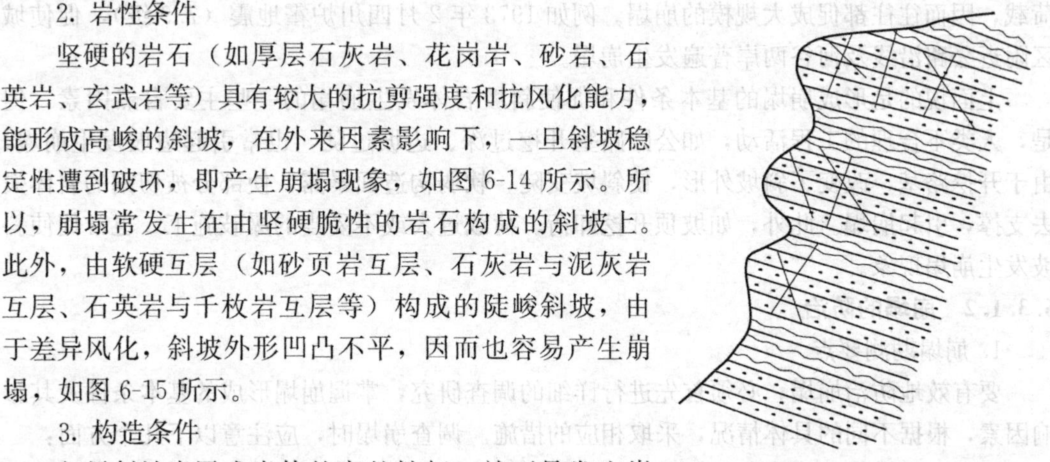

图 6-13 软硬岩互层形成的锯齿状坡面

3. 构造条件

如果斜坡岩层或岩体的完整性好，就不易发生崩塌。实际上，自然界的斜坡，经常是由性质不同的岩层以各种不同的构造和产状组合而成的，而且常常为各种构造面所切割，从而削弱了岩体内部的联结，为产生崩塌创造了条件。一般说来，岩层的层面、裂隙面、断层面、软弱夹层或其他的软弱岩性带都是抗剪性能较低的“软弱面”。如果这些软弱面倾向临空且倾角较陡时，当斜坡受力情况突然变化时，被切割的不稳定岩块就可能沿着这些软弱面发生崩塌。图 6-15 为两组与坡面斜交的裂隙，其组合交线倾向临空，被切割的楔形岩块沿楔形凹槽发生崩塌的示意图。

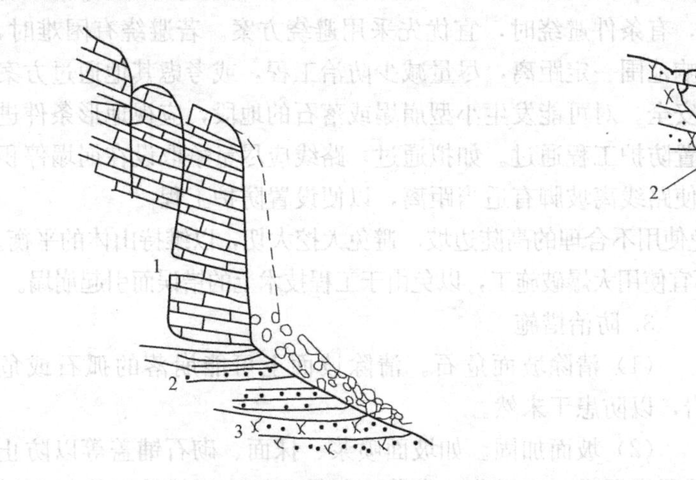

图 6-14 坚硬岩石组成的斜坡前缘卸荷导致崩塌

1—砂岩；2—砂页岩互层；3—石英岩

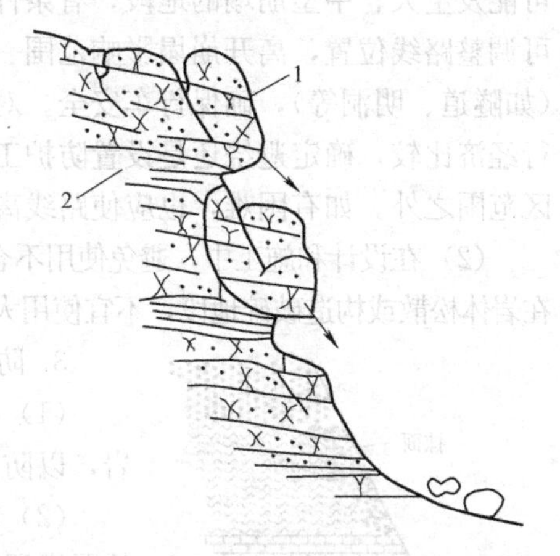

图 6-15 软硬岩性互层的陡坡局部崩塌

1—砂岩；2—页岩

4. 其他自然因素

岩石的强烈风化、裂隙水的冻融、植物根系的楔入等，都能促使斜坡岩体发生崩塌现象，但大规模的崩塌多发生在暴雨、久雨或强震之后。这是因为降雨渗入岩体裂隙后，一方面会增加岩体的质量，另一方面能使裂隙中的充填物或岩体中的某些软弱夹层软化，并产生静水压力及动水压力，使斜坡岩体的稳定性降低；或者由于流水冲掏坡脚、削弱斜坡的支撑部分等，都会促使斜坡岩体产生崩塌现象。地震能使斜坡岩体突然承受巨大的惯性荷载，因而往往都促成大规模的崩塌。例如 1973 年 2 月四川炉霍地震（7.9 级），促使城区附近公路沿线及河谷两岸普遍发生崩塌。

上面说的是形成崩塌的基本条件和促使斜坡岩体发生崩塌的一些主要自然因素，但是，人类不合理的工程活动，如公路路堑开挖过深、边坡过陡，也常引起边坡发生崩塌，由于开挖路基，改变了斜坡外形，使斜坡变陡，软弱构造面暴露，使部分被切割的岩体失去支撑，引起崩塌。此外，如坡顶开挖卸荷、荷载过大或不妥当的爆破施工，也常促使斜坡发生崩塌现象。

6.3.1.2 崩塌的防治

1. 崩塌勘测要点

要有效地防治崩塌，必须首先进行详细的调查研究，掌握崩塌形成的基本条件及其影响因素，根据不同的具体情况，采取相应的措施。调查崩塌时，应注意以下几个方面：

（1）查明斜坡的地形条件，如斜坡的高度、坡度、外形等；

（2）查明斜坡的岩性和构造特征，如岩石的类型、风化破碎程度、主要构造面的产状以及裂隙的充填胶结情况；

（3）查明地面水和地下水对斜坡稳定性的影响以及当地的地震烈度等。

2. 防治原则

由于崩塌发生得突然而猛烈，治理比较困难而且复杂，特别是大型崩塌，所以一般多采取以防为主的原则。

（1）在选线时，应注意根据斜坡的具体条件，认真分析崩塌的可能性及其规律。对有可能发生大、中型崩塌的地段，有条件避绕时，宜优先采用避绕方案。若避绕有困难时，可调整路线位置，离开崩塌影响范围一定距离，尽量减少防治工程，或考虑其他通过方案（如隧道、明洞等），确保行车安全。对可能发生小型崩塌或落石的地段，应视地形条件进行经济比较，确定避绕还是设置防护工程通过。如拟通过，路线应尽量争取设在崩塌停积区范围之外。如有困难，也应使路线离坡脚有适当距离，以便设置防护工程。

（2）在设计和施工中，避免使用不合理的高陡边坡，避免大挖大切，以维持山体的平衡。在岩体松散或构造破碎地段，不宜使用大爆破施工，以免由于工程技术上的错误而引起崩塌。

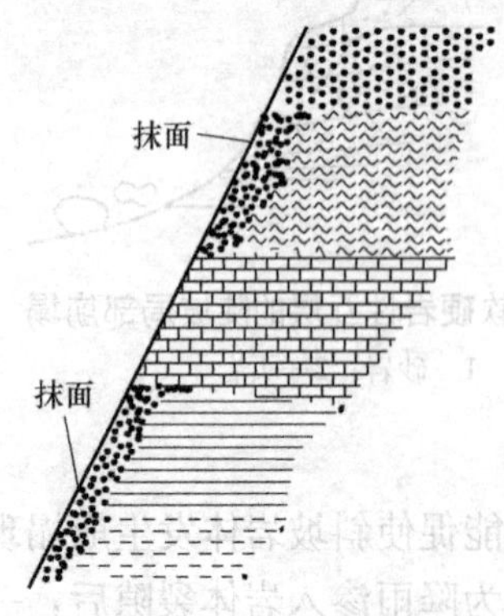

图 6-16 软岩抹面加固

3. 防治措施

（1）清除坡面危石。清除坡面上可能崩落的孤石或危岩，以防患于未然。

（2）坡面加固。如坡面喷浆、抹面、砌石铺盖等以防止软弱岩层进一步风化；灌浆、勾缝、镶嵌、锚栓以恢复和增强岩体的完整性，如图 6-16 所示。

（3）危岩支顶。如用浆砌片石或用混凝土作支垛、护壁、支柱、支墩、支墙等以增加斜坡的稳定性，如图 6-17。

（4）拦截防御。如修筑落石平台、落石网、落石槽、拦石堤、拦石墙等，如图 6-18。

（5）调整水流。如修筑截水沟、堵塞裂隙、封底加固附近的灌溉引水、排水沟渠等，防止水流大量渗入岩体而恶化斜坡的稳定性。

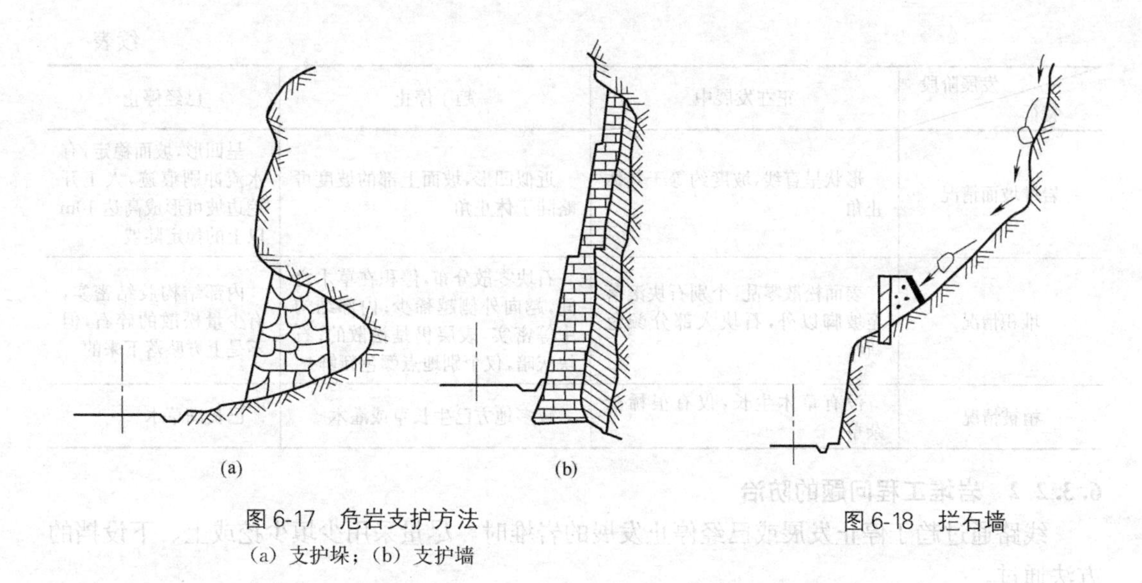

图6-17 危岩支护方法
(a) 支护垛；(b) 支护墙

图6-18 拦石墙

6.3.2 岩堆

岩堆是指边坡岩体主要在物理风化作用下形成的岩石碎屑，由重力搬运到坡脚平缓地带堆积成的锥状体。

6.3.2.1 岩堆的特征

岩堆内部多为较大的碎石、块石错乱叠置而成，细颗粒的泥砂较少，碎屑物之间没有胶结，或稍有胶结，结构松散，处于“一触即溃”的极不稳定状态。

岩堆体是指松散岩石堆集体。所以岩堆表面的坡度与岩堆组成物的天然休止角大致相近。休止角是散粒体物质在自然状态下保持稳定的极限坡角。它的大小与组成物的形状、粒径大小、岩石性质等有关。表面粗糙的、棱角状的大岩块，休止角就大，一般在30°～40°。

岩堆多分布在坡脚下，岩堆底部斜靠在倾斜的基岩面上，从剖面看，岩堆顶部坡度大于底部，极易滑移。一旦岩堆体下部稍有外力作用，接近天然休止角的岩堆就有可能沿基底接触面滑移。铁路勘察中，由于把岩堆误认为岩体，将线路或隧道洞门设置在岩堆体中，施工时才发现，而使工程陷入困境。因此，在山区线路工程地质勘察中，必须对岩堆进行认真的调查研究。

岩堆大部分分布在近期构造运动强烈上升、物理风化盛行的地区。我国西南成昆线通过大渡河、牛日河峡谷区，两岸坡脚处岩堆接连分布，边坡上时有岩块滚落下来，岩堆大都处于发展增长阶段。

岩堆的发展和停止，主要取决于岩堆物质的供应来源。边坡上方物质来源枯竭时，岩堆就停止发展，根据表6-1提供的不同发展阶段的岩堆特征，可做出判断。

不同发展阶段的岩堆特征　　表6-1

特征＼发展阶段	正在发展中	趋于停止	已经停止
山坡情况	基岩裸露破碎，坡面参差不齐，并有新鲜的崩塌和剥落痕迹	基岩大部分已稳定，仅有个别落石现象	基岩已稳定，基岩不稳定的岩块剥落，坡度平缓

续表

特征 \ 发展阶段	正在发展中	趋于停止	已经停止
岩堆坡面情况	形状呈直线,坡度约等于其休止角	近似凹形,坡面上部的坡度可略陡于休止角	呈凹形,坡面稳定,有水流冲刷痕迹,人工开挖边坡可形成高达10m以上的稳定陡坡
堆积情况	表面松散零乱,个别石块滚落至坡脚以外,石块大部分颜色新鲜	石块零散分布,停积在草木之间,越向外侧越稀少;内部结构中等密实,表层仍是松散的;石块灰暗,仅个别地点颜色新鲜	内部结构胶结密实,有少量松散的碎石,但不是上方坠落下来的
植被情况	没有草木生长,仅有很稀少杂草	较多地方已生长草或灌木	已长满草木

6.3.2.2 岩堆工程问题的防治

线路通过趋于停止发展或已经停止发展的岩堆时，尽量采用少填少挖或上、下设挡的方法通过。

在线路以路堤通过岩堆时，图6-19所示的线路Ⅰ的位置最为不利，有可能引起岩堆的活动，线路Ⅲ位于岩堆下部，可以增加岩堆的稳定性。

在陡斜的岩堆坡面上填筑路堤，为防止沿路基基底的滑动或岩堆顺下卧基岩面滑动，在岩堆不厚的情况下，可采用在路基外侧设路肩墙（图6-20），把墙基嵌入基岩内，稳定岩堆，防止滑移。

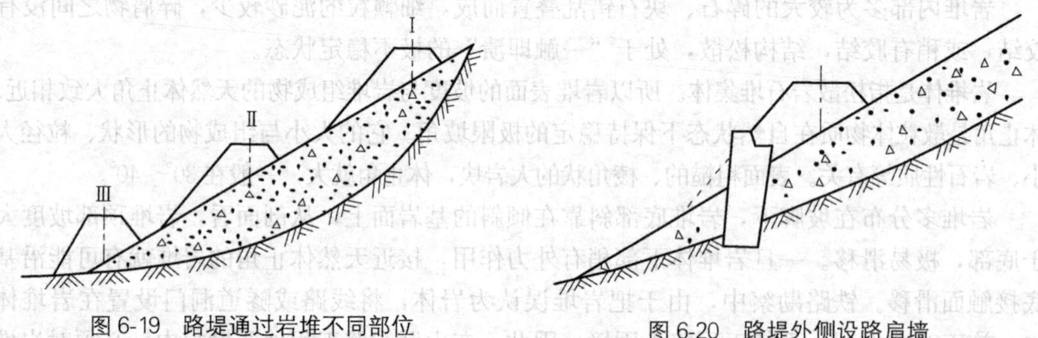

图6-19 路堤通过岩堆不同部位　　图6-20 路堤外侧设路肩墙

在以路堑通过岩堆时，图6-21中的线路Ⅲ易引起岩堆上部剩余部分向下滑移，线路Ⅰ的位置较好，线路Ⅱ次之。

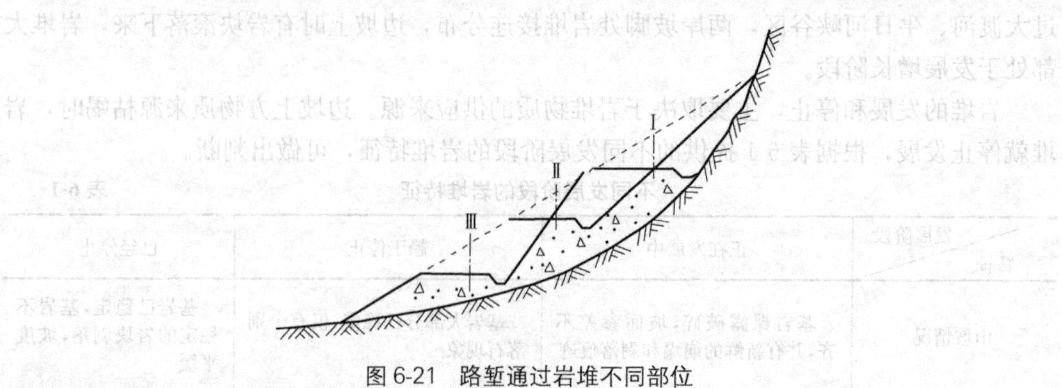

图6-21 路堑通过岩堆不同部位

若边坡挖方切断整个岩堆体，路基面不完全在岩堆内，有一部分路在基岩内（图 6-22），两者承载力不同，可能发生不均匀沉陷，施工时可将路基面的岩堆部分挖除，换填坚硬的石块，换填深度应根据岩堆的密度确定。另外，也要考虑到外侧部分受车辆动荷载作用后，是否会产生滑动，必要时可在下方修建挡墙进行支挡。

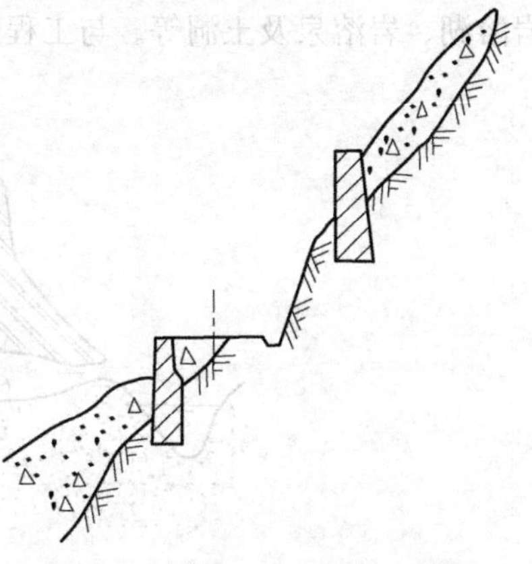

图 6-22 路基面不完全在岩堆上

线路通过岩堆时、在有地表水或地下水活动时，还必须采取拦截地表水、排除岩堆体内的地下水措施。对于规模较大，正在发展中的岩堆，防治困难，最好避绕。

6.4 岩溶

6.4.1 岩溶及形态特征

6.4.1.1 岩溶的基本概念及研究意义

岩溶亦名喀斯特。喀斯特原为南斯拉夫一个石灰岩高地的名称，因岩溶发育，这个地名就成了代表岩溶现象的名词。

凡是以地下水为主、地表水为辅，以化学过程（溶解和沉淀）为主、机械过程（流水侵蚀和沉积、重力崩塌和堆积）为辅的对可溶性岩石的破坏和改造作用都叫岩溶作用。这种作用所造成的地表形态和地下形态叫岩溶地貌。岩溶作用及其所产生的水文现象和地貌现象统称岩溶。

可溶性岩石包括碳酸盐类岩石、硫酸盐类岩石和岩盐类岩石，后两种岩石地表分布范围不广。从工程建设角度看，岩溶重点应放在石灰岩、白云岩等碳酸盐类岩石广泛分布地区。

我国西南、中南地区岩溶现象分布比较普遍。广西碳酸盐岩露出的面积占全区面积的60%，贵州和云南东南部碳酸盐岩分布的面积占该地区总面积的 50%以上。整个西南石灰岩地区连成一片，面积共达 55 万 km^2；全国石灰岩分布面积约 130 万 km^2，约占全国总面积的 13.5%。

岩溶与工程的关系密切。在水利水电建设中，岩溶造成的库水渗漏是水工建设中主要的工程地质问题。在岩溶地区修建隧洞，一旦揭穿高压岩溶管道水时，就会造成突水、突泥等工程问题。在地下洞室施工中遇到巨大溶洞时，洞中高填方或桥跨施工困难，造价昂贵，有时不得不另辟新道，因而延误工期。为此，研究岩溶的形成及发展规律，查明影响岩溶发育形成的条件，预测建筑物可能产生的危害，并采取有效的防治措施，以正确指导岩溶区的工程建设。

6.4.1.2 岩溶的形态

岩溶的形态类型很多，如图 6-23 所示，有石芽、石林、溶沟、漏斗、溶蚀洼地、坡立谷和溶蚀平原、溶蚀残丘、孤峰和峰林、槽谷、落水洞、竖井、溶洞、暗河、天生桥、岩溶湖、岩溶泉及土洞等。与工程建设有密切关系的岩溶形态主要有以下几种：

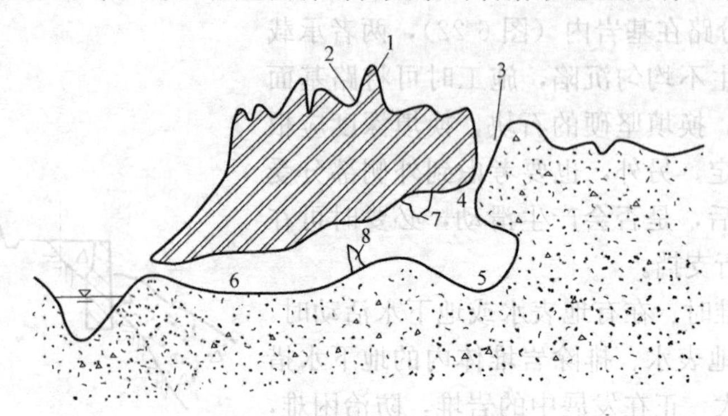

图6-23　岩溶形态示意图

1—石林；2—溶沟；3—漏斗；4—落水洞；5—溶洞；
6—暗河；7—钟乳石；8—石笋

1. 漏斗

由地表水的溶蚀和侵蚀作用并伴随塌陷作用而在地表形成的漏斗形态，直径和深度一般由数米至数十米，是最常见的地表岩溶形态之一。

2. 溶蚀洼地

溶蚀洼地由许多相邻的漏斗不断扩大汇合而成。平面上呈圆形或椭圆形，直径由数百米至二千米。溶蚀洼地周围常有溶蚀残丘、峰丛、峰林，底部常有漏斗和落水洞。

3. 坡立谷和溶蚀平原

坡立谷是一种大型的封闭洼地，宽数百米至数千米，长数百米至数十千米，四周山坡陡峻，谷底宽平，覆盖溶蚀残余的黏性土，有时还有河流冲积层。

坡立谷进一步发展，即形成宽广开阔的溶蚀平原。

4. 落水洞和竖井

落水洞和竖井都是地表通向地下深处的通道，下部多与溶洞或暗河连通，是岩层裂隙受流水溶蚀扩大或坍塌而成。常出现在漏斗、槽谷、溶蚀洼地和坡立谷的底部，或河床的边缘，呈串珠状分布。

5. 溶洞

溶洞是一种近于水平方向发育的岩溶形态。多由地下水对岩层的长期溶蚀和塌陷作用而形成，是早期岩溶水活动的通道。溶洞规模、形态变化很大，除少部分洞身比较顺直、断面比较规则外，多忽高忽低、忽宽忽窄、曲折很大，且多支洞。在溶洞内普遍分布有钟乳石、石笋、石柱等岩溶形态。

6. 暗河与天生桥

暗河是地下岩溶水汇集、排泄的主要通道，在岩溶发育地区，地下大部分都有暗河存在。其中部分暗河常与地面的槽谷伴随存在，通过槽谷底部的一系列漏斗、落水洞使两者互相连通。因此，可以根据这些地表岩溶形态的分布位置，概略地判断暗河的发展方向。

溶洞或暗河洞道塌陷，在局部地段有时会形成横跨水流的天生桥。

7. 土洞

在坡立谷和溶蚀平原内，可溶性岩层常为第四纪土层所覆盖。由于地下水位降低或水动力条件改变，在淋滤、潜蚀、搬运等作用下，使上部土层下陷、流失或坍塌，形成大小不一、形状不同的土洞。

6.4.2 岩溶的形成条件及发育规律

6.4.2.1 岩溶的形成条件

岩溶发育必须具备下列四个条件：可溶性岩层的存在，可溶岩必须是透水的，具有侵蚀能力的水，水是流动的。

可溶性岩层是发生溶蚀作用的必要前提，它必须具有一定的透水性，使水能进入岩层内部进行溶蚀。纯水对钙、镁碳酸盐的溶解能力很弱，含有二氧化碳及其他酸类时，侵蚀能力才显著提高。具有侵蚀能力的水在碳酸盐岩中停滞而不交替，很快成为饱和溶液而丧失其侵蚀性，因此水的流动是保持溶蚀作用持续进行的必要条件。

1. 岩石的可溶性

岩石的可溶性取决于岩石的岩性成分和结构。

按岩性成分，可溶性可划分为：易溶的卤素盐类、中等溶解度的硫酸盐类和难溶的碳酸盐类。卤素盐类及硫酸盐类虽易溶解，但分布面积有限，对易溶的影响远不如分布较广的碳酸盐类岩石。

碳酸盐岩由不同比例的方解石和白云石组成，并含有泥质、硅质等杂质。纯方解石的溶解速度约为纯白云石的两倍，故纯石灰岩地区的岩溶最为发育，白云岩次之，硅质和泥质灰岩最难溶蚀。

2. 岩石的透水性

碳酸盐岩的初始透水性取决于它的原生孔隙和构造裂隙的发育程度。厚层质纯的灰岩，构造裂隙发育很不均匀，各部分初始透水性差别很大，溶蚀作用集中于水易于进入的裂隙发育部位；薄层的碳酸盐岩，通常裂隙发育比较均匀，因而岩溶发育也比较普遍，但薄层石灰岩含黏土等杂质成分比较多，所以岩溶规模一般不大。

3. 水的溶蚀性

水的溶蚀性主要决定于水溶液的成分。含有碳酸的水，对碳酸盐类的溶蚀能力比纯水大得多。水中二氧化碳的含量受空气中二氧化碳含量的影响，水中二氧化碳的含量越多，水的溶蚀力越大。其化学方程式如下：

$$CaCO_3 + H_2O + CO_2 \leftrightarrow Ca^{2+} + 2HCO_3^- \qquad (6\text{-}4)$$

另外，水中二氧化碳的含量与大气中的二氧化碳含量及局部气压成正比，而与温度成反比。这样地壳上层的水的溶蚀能力比地表水及地下深处的水的溶蚀能力更强，尤其是地壳上层经强烈的生物化学作用生成侵蚀性碳酸，加强了地壳上部水的溶蚀能力。但是，地球化学作用的影响也促进了深部岩溶的发育。

4. 水的流动性

水的溶蚀能力与水的流动性关系密切。在水流停滞的条件下，随着二氧化碳不断消耗，水溶液达到平衡状态，成为饱和溶液而完全丧失溶蚀能力，溶蚀作用便告终止。只有当地下水不断流动，与岩石广泛接触，富含二氧化碳的渗入水不断补充更新，水才能经常保持溶蚀性，溶蚀作用才能持续进行。

6.4.2.2 影响岩溶发育的因素

影响岩溶发育的因素很多，除上述基本条件外，地质的因素还有地层（包括地层的组合、厚度）、构造（包括地层产状、大地构造、地质构造等）。地理因素有气候、覆盖层、植被和地形等。其中，气候因素对岩溶影响最为显著。

1. 气候影响

从大范围来说，气候是影响岩溶发育的一个重要因素。气候湿热的我国南方，岩溶远较干燥寒冷的北方发育。据统计，广西中部可溶盐的年溶蚀量为 0.12～0.3mm，而河北西北部仅为 0.02～0.03mm，两者相差达 6～10 倍。湿热气候下植被发育，土层生物化学作用强烈，水中富含碳酸及有机酸，又有充沛的降水量，大量富有侵蚀性的水，提供了强大的溶蚀能力。

2. 地层的组合、厚度及产状的影响

根据地层组合特征，碳酸盐地层可粗略地分为：(1) 由比较单一的各类碳酸盐岩层组成的均匀地层；(2) 由碳酸盐岩层和非碳酸盐岩层相间组成的互层状地层；(3) 以非碳酸盐为主，间夹有碳酸盐类岩层的间层状地层。

不同的组合特征构成不同的水文地质断面，同时也控制了岩溶的空间分布格局。在均匀状地层分布区，岩溶成片分布，且发育良好，如广西的阳新统、马平统地层分布区。在互层状地层分布区，岩溶成带状分布，如贵州北部。而间层状地层分布区，岩溶只零星分布，如广西西北部。当可溶岩下伏空隙率小的非可溶岩时，由于非可溶岩的隔水作用，水在可溶岩内集中，所以岩溶发育强烈。

在巨厚层和厚层碳酸盐类岩层中，一般含不溶物较少，结晶颗粒粗大，因此溶解度较大，加之张开的节理裂隙发育，岩溶化程度较剧烈。而薄层碳酸盐类地层则相反。

岩层产状由于控制地下水的流态，而对岩溶的发育程度及方向有影响，如水平岩层中岩溶多水平发育；直立地层区岩溶可发育很深；倾斜地层中，由于水的运动扩展面大，最有利于岩溶发育。

3. 构造的影响

岩溶发育与地质构造关系甚为密切，很多典型岩溶区均受构造体系控制。断裂及褶皱构造均有利于岩溶发育，尤其是断裂构造发育的地区，沿断裂破碎带岩溶发育较为强烈。断层的规模、性质、走向、断裂带的破碎及填实状态，都和岩溶发育密切相关。例如，正断层破碎带，断层裂隙宽大，破碎带内多断层角砾岩，透水性强，有利于岩溶发育。压性断层的破碎带，常形成大量的碎裂岩、糜棱岩，胶结好，孔隙率低，呈致密状态，其构造面常起隔水作用。但在断层两端，裂隙发育，常形成富水地段，因此岩溶发育。不论正断层还是逆断层，一般其上盘的岩溶发育程度常较下盘显著。

褶皱构造对岩溶发育的影响，一是控制水流的循环动态；二是由于褶皱区的裂隙发育的特点的影响。例如，背斜构造为山时构成补给区；呈谷时构成汇水区，都因裂隙的发育而促进岩溶的发展。在背斜的轴部和倾伏端，岩溶发育最强烈，向两翼逐渐减弱。向斜构造区由于裂隙发育、地下水及地表水的汇集而形成特定的水循环交替条件，因此在其轴部，岩溶最发育，向两翼逐步减弱。

6.4.2.3 岩溶的发育规律

岩溶发育以地下水的流动为前提。厚层裸露碳酸盐地区岩溶的发育，在很大程度上受到局部侵蚀基准面的控制，而显示水平与垂直分带性。

1. 水平方向

岩溶的发育强度取决于地下水的交替强度。在同一地区，哪里地下水的交替强度大，哪里的岩溶就发育。由于地下水的交替强度通常是由河谷向分水岭逐渐变弱，因此，岩溶发育程度也由河谷向分水岭逐渐减弱。

2. 垂直方向

由于岩层裂隙随着深度增加而逐步减少，地下水的运动也相应减弱，因而岩溶发育一般是随着深度增加而减弱。

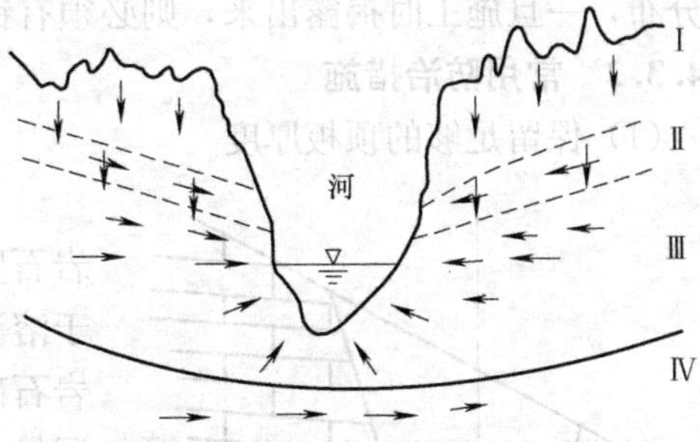

在地表，主要受降水及地表径流的影响，广泛发育有溶沟、溶槽等地表岩溶形态。在岩溶地区，水的运动具有明显的垂直分带性，从而决定了地下岩溶的发育强度和形态分布的某些规律性。地下岩溶水的运动状况大致可分为以下四个带，见图6-24。

图6-24　岩溶水的垂直分带

Ⅰ—垂直循环带；Ⅱ—季节循环带；Ⅲ—水平循环带；Ⅳ—深部循环带

（1）垂直循环带

位于地面以下、潜水面之上，平时无水，降雨时地表水沿裂隙向下渗流，侵蚀岩层中的裂隙，形成竖向的漏斗、落水洞和竖井等岩溶形态。

（2）水平循环带

位于潜水面以下，为主要排水通道控制的饱水层。水的运动主要沿水平方向进行，是地下岩溶形态主要发育地带，并广泛发育有水平溶洞、地下河等大型水平延伸的岩溶形态。水平循环带的发育方向，受地质构造延伸方向控制明显。

（3）季节循环带

位于上述两带之间，潜水面随季节而变化。雨季潜水面升高，此带变为水平循环带的一部分，旱季潜水面下降，此带又变为垂直循环带的一部分，是两者之间的一个过渡带。此带既发育有竖向的岩溶形态，又发育有水平的岩溶形态。由于岩层裂隙随深度增加而减少，此带以水平岩溶形态为主。

（4）深部循环带

在水平循环带之下，由于地层的裂隙极不发育，地下水的运动也很缓慢，因此，这一带的岩溶作用是很微弱的。

6.4.3　岩溶地区工程地质问题及防治措施

6.4.3.1　主要的工程地质问题

在岩溶发育的地方，气候潮湿多雨，岩石的富水性和透水性都很强，岩溶作用使岩体结构发生变化，以致岩石强度降低。在岩溶发育地区修建公路、桥梁或隧道，常会给工程设计或施工带来许多困难，如果不认真对待，还可能造成工程失败或返工。

在岩溶发育地区进行工程建设，经常遇到的工程地质问题主要是地基塌陷、不均匀下沉和基坑、洞室涌水等。

各种岩溶形态常造成了地基的不均匀性，因而引起基础的不均匀变形。

在建筑物基坑或地下洞室的开挖中，若挖穿了暗河或地表水下渗通道，则会造成突然涌水，给工程施工和使用造成重大损失和灾难。在岩溶发育地区修建工程建筑物时，首先，必须在查清岩溶分布、发育情况的基础上，选择工程建筑物的位置，尽可能避开危害严重的地段；其次，由于岩溶发育的复杂性，特别是不可能在施工之前全部查清地下岩溶的分布，一旦施工时揭露出来，则必须有针对性地采取必要的工程措施。

6.4.3.2　常用防治措施

（1）保留足够的顶板厚度

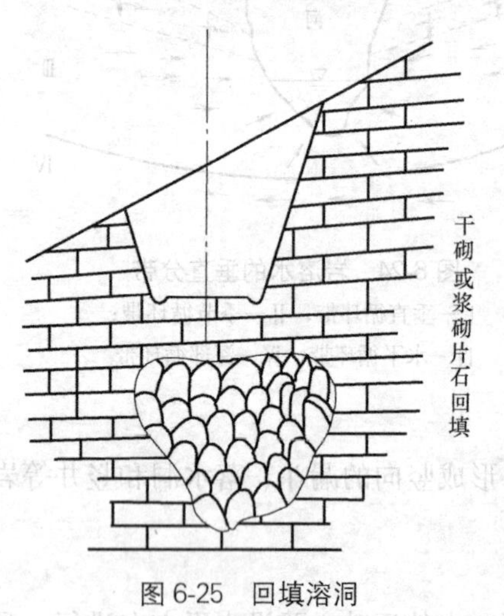

图 6-25　回填溶洞

一般认为，对于普通建筑物地基，若地下可溶岩石坚硬、完整，裂隙较少，则溶洞顶板厚度 H 大于溶洞最大宽度 b 的 1.5 倍时，该顶板不致塌陷；若岩石破碎、裂隙较多，则溶洞顶板厚度 H 应大于溶洞最大宽度 b 的 3 倍时，才是安全的。对于地质条件复杂或重要建筑物的安全顶板厚度，则需进行专门的地质分析和力学验算才能确定。

（2）空洞处理

对于在建筑物下地基中的岩溶空洞，可以用灌浆、灌注混凝土或片石回填的方法，必要时用钢筋混凝土盖板加固，以提高基底承载力，防止洞顶坍塌，如图 6-25 所示。

隧道穿过岩溶区，视所遇溶洞规模及出现部位采取相应措施。若溶洞规模不大且出现于洞顶或边墙部位时，一般可采用清除充填物后回填堵塞（图 6-26）；若出现在边墙下或洞底可采用加固或跨越的方案（图 6-27）；若溶洞规模较大，且有暗河存在时，可在隧道内架桥跨越。

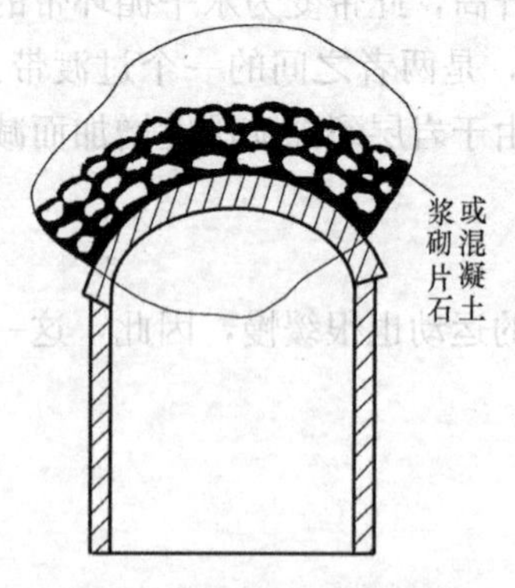

图 6-26　隧道顶拱溶洞回填

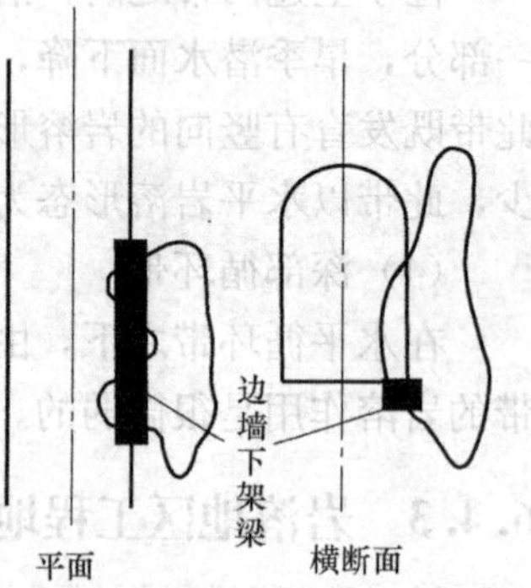

边墙下架梁
平面
横断面

图 6-27　隧道边墙下溶洞处理

（3）排水措施

对于岩溶地区的防排水措施应予慎重处理。主要原则是既要有利于工程修建，减轻岩溶发展和危害，又要考虑有利于该区的环境保护，不能由于排水、引水不当，造成新的环境问题。在岩溶区的隧道工程中常遇到岩溶水问题，若岩溶水水量较小，可采用注浆堵水，也可用侧沟或中心沟将水排出洞外；若水量较大，可采用平行导坑作排水坑道。总之，对岩溶一般宜用排堵结合的综合处理措施，不宜强行拦堵，且应做好由于长期排水造成的地面环境问题（如地面塌陷或地表缺水干涸）的处理补救措施。

6.5 地震

6.5.1 地震概述

6.5.1.1 地震的概念

地震是一种地质现象，是地壳构造运动的一种表现。地下深处的岩层，由于某种原因突然破裂、塌陷以及火山爆发等而产生振动，并以弹性波的形式传递到地表，这种现象称为地震。

地壳或地幔中发生地震的地方称为震源。震源在地面上的垂直投影称为震中。震中可以看作地面上振动的中心，震中附近地面振动最大，远离震中地面振动减弱。

震源与地面的垂直距离，称为震源深度（图 6-28）。通常把震源深度在 70km 以内的地震称为浅源地震，70～300km 的称为中源地震，300km 以上的称为深源地震。目前出现在最深的地震是 720km。绝大部分的地震是浅源地震，震源深度多集中于 5～20km 左右，中源地震比较少，而深源地震为数更少。

同样大小的地震，当震源较浅时，波及范围较小，破坏性较大；当震源深度较大时，波及范围虽较大，但破坏性相对较小。多数破坏性地震都是浅源地震。深度超过 100km 的地震，在地面上不会引起灾害。

地面上某一点到震中的直线距离，称为该点的震中距（图 6-28）。震中距在 1000km 以内的地震称为近震，震中距＞1000km 的称为远震。引起灾害的一般都是近震。

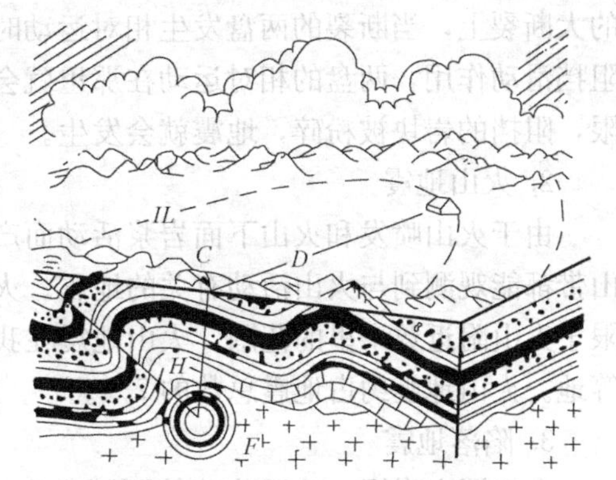

图 6-28 地震名词解释示意图
F—震源；*C*—震中；*H*—震源深度；
D—震中距；*IL*—等震线

围绕震中的一定面积的地区，称为震中区，它表示一次地震时震害最严重的地区。强烈地震的震中区往往又称为极震区。

在同一次地震影响下，地面上破坏程度相同各点的连线，称为等震线。绘有等震线的平面图，称为等震线图。

全世界每年平均约发生 500 万次大大小小的地震，95%以上的地震，或是由于发生在地下深处，或是由于其能量很小，因而人们无从感觉，只有用专用的仪器才能记录下来。三级左右的有感地震，每年约发生 5 万次，但是它们对人类的生命安全与健康设施并无危害。能造成严重灾害的地震，全世界每年平均要发生十几次。

我国是一个多地震的国家，近四十年来，发生了多次破坏性的强烈地震。如 1966 年 3 月河北邢台地震、1975 年 2 月辽宁海城地震、1976 年 7 月河北唐山地震、1998 年 1 月的河北张北地震、1998 年 8 月的新疆伽师地震、1999 年 9 月的台湾南投地震、2008 年 5 月的汶川地震等。

强烈地震瞬时之间可使很大范围的城市和乡村沦为废墟，是一种破坏性很强的自然灾害。因此，在规划各种工程活动时，都必须考虑地震这样一个极其重要的环境地质因素，而在修建各种建筑物时，都必须考虑可能遭受多强的地震并采取相应的防震措施。

6.5.1.2 地震的成因类型

形成地震的原因是各种各样的。地震按其成因，可分为天然地震与人为地震两大类型。人为地震所引起的地表振动都较轻微，影响范围也很小，且能做到事先预告及预防，不是本章所要讨论的对象，下面所讲皆指天然地震。天然地震按其成因可划分为构造地震、火山地震、陷落地震和激发地震。

1. 构造地震

由于地质构造作用所产生的地震称为构造地震。这种地震与构造运动的强弱直接有关，它分布于新生代以来地质构造运动最为剧烈的地区。构造地震是地震的最主要类型，约占地震总数的90%。

构造地震中最为普遍的是由于地壳断裂活动而引起的地震。这种地震绝大部分都是浅源地震，由于它距地表很近，对地面的影响最显著，一些巨大的破坏性地震都属于这种类型。一般认为这种地震的形成是由于岩层在大地构造应力的作用下产生应变，积累了大量的弹性应变能，当应变一旦超过极限数值，岩层就突然破裂和产生位移而形成大的断裂，同时释放出大量的能量，以弹性波的形式引起地壳的振动，从而产生地震。此外，在已有的大断裂上，当断裂的两盘发生相对运动时，如在断裂面上有坚固的大块岩层伸出，能够阻挡滑动作用，两盘的相对运动在那里就会受阻，局部的应力就越来越集中，一旦超过极限，阻挡的岩块被粉碎，地震就会发生。

2. 火山地震

由于火山喷发和火山下面岩浆活动而产生的地面振动称为火山地震。在世界一些大火山带都能观测到与火山活动有关的地震。火山活动有时相当猛烈，但地震波及的地区多局限于火山附近数十里的范围。火山地震在我国很少见，主要分布在日本、印度尼亚及南美等地。火山地震约占地震总数的7%。

3. 陷落地震

由于洞穴崩塌、地层陷落等原因发生地震，称为陷落地震。这种地震能量小，震级小，发生次数也很少，仅占地震总数的3%。在岩溶发育地区，由于溶洞陷落而引起的地震，危害小，影响范围不大，为数亦很少。在一些矿区，当岩层比较坚固完整时，采空区并不立即塌落，而是待悬空面积相当大以后方才塌落，因而造成矿山陷落地震。由于它总是发生在人烟稠密的工矿区，对地面上的破坏不容忽视，对安全生产有很大威胁，所以也是地震研究的一个课题。

4. 激发地震

在构造应力原来处于相对平衡的地区，由于外界力量的作用，破坏了相对稳定的状态，发生构造运动并引起地震，称为激发地震。属于这种类型的地震有水库地震、深井注水地震和爆破引起的地震，它们为数甚少。

由于修建水库引起地震的问题，近来很受注意，因为它能达到较高的震级而造成地面的破坏，并进而危及水坝本身的安全。我国著名的水库地震发生于广东新丰江水库，该水库蓄水后地震不断发生，震级越来越高，曾发生6.1级地震。

与深井注水有关的地震，最典型的是美国科罗拉多州丹佛地区的例子，该地一口排灌废水的深井（3614m 深），开始使用后不久，就发生了地震。地震出现于深井附近，当注水量加大时地震随之增加，当注水量减少时地震随之减弱。其原因可能是注水后岩石抗剪强度降低，导致破裂面重新滑动。

地下核爆炸、大爆破均可能激发小的地震系列。

6.5.1.3 地震波

地震发生时，震源处产生剧烈振动，以弹性波方式向四周传播，此弹性波称地震波。地震波具有振幅和周期，如图 6-29 所示。

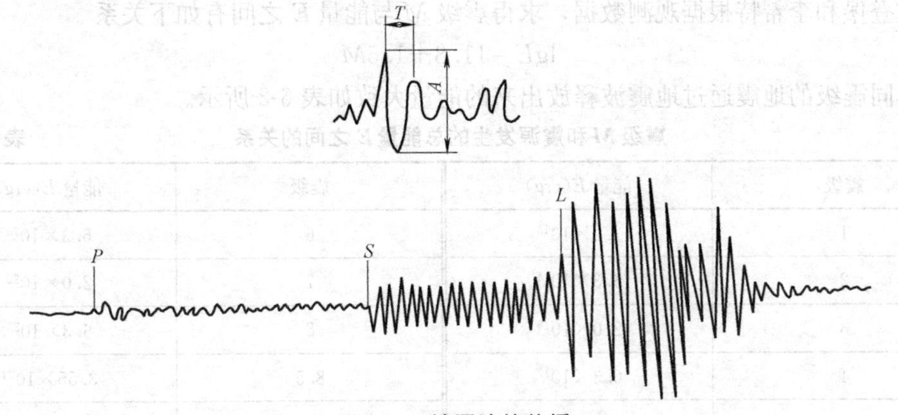

图 6-29　地震波的传播

T—周期；A—全振幅；P—纵波；S—横波；L—面波

地震波在地下岩土介质中传播时称体波，体波到达地表面后，引起沿地表面传播的波称面波。

体波包括纵波和横波。纵波又称压缩波或 P 波，它是由于岩土介质对体积变化的反应而产生的，靠介质的扩张和收缩而传播，质点振动的方向与传播方向一致。纵波传播速度最快，平均为 7～13km/s。纵波既能在固体介质中传播，也能在液体或气体介质中传播。横波又称剪切波或 S 波，它是由于介质形状变化的结果，质点振动方向与传播方向垂直，各质点间发生周期性剪切振动。横波传播速度平均为 4～7km/s，比纵波慢。横波只能在固体介质中传播。

面波只限于沿地表面传播，一般可以说它是体波经地层界面多次反射形成的次生波，它包括沿地面滚动传播的瑞利波和沿地面蛇形传播的勒夫波两种。面波传播速率最慢，平均速率约为 3～4km/s。

地震对地表面及建筑物的破坏是通过地震波实现的。纵波引起地面上、下颠簸，横波使地面水平摇摆，面波则引起地面波状起伏。纵波先到，横波和面波随后到达，横波、面波振动更剧烈，造成的破坏也更大。随着与震中距离的增加，振动逐渐减弱，破坏逐渐减小，直至消失。

6.5.2 地震震级与地震烈度

6.5.2.1 地震震级

地震震级是表示地震本身大小的尺度，是由地震所释放出来的能量大小所决定的。释放出来的能量越大则震级越大。因为一次地震所释放的能量是固定的，所以无论在任何地方测定只有一个震级。

地震释放能量大小可根据地震波记录图的最高振幅来确定。由于远离震中波动要衰减，不同地震仪的性能不同，记录的波动振幅也不同，所以必须以标准地震仪和标准震中距的记录为准。按李希特-古登堡的最初定义，震级（M）是距震中100km的标准地震仪（周期0.8s，阻尼比0.8，放大倍率2800倍）所记录的以“μm”为单位的最大振幅A的对数值，即：

$$M=\lg A \tag{6-5}$$

古登堡和李希特根据观测数据，求得震级M与能量E之间有如下关系

$$\lg E=11.8+1.5M \tag{6-6}$$

不同震级的地震通过地震波释放出来的能量大致如表6-2所示。

震级M和震源发生的总能量E之间的关系　　表6-2

震级	能量E(erg)	震级	能量E(erg)
1	2.0×10^{13}	6	6.3×10^{20}
2	6.3×10^{14}	7	2.0×10^{22}
3	2.0×10^{16}	8	6.3×10^{23}
4	6.3×10^{17}	8.5	3.55×10^{24}
5	2.0×10^{19}	8.9	1.4×10^{25}

注：erg为尔格，$1\text{erg}=10^{-7}$J。

一次1级地震所释放出来的能量相当于2×10^{6}J。震级每增大一级，能量约增加30倍。一个7级地震相当于近30个2万吨级原子弹的能量。

小于2级的地震，人们感觉不到，称为微震；2～4级地震称为有感地震；5级以上地震开始引起不同程度的破坏，统称为破坏性地震或强震；7级以上的地震称为强烈地震或大震。已记录的最大地震震级未有超过8.9级的，这是由于岩石强度不能积蓄超过8.9级的弹性应变能。

6.5.2.2　地震烈度

地震烈度，是指某一地区的地面和各种建筑物遭受地震影响的强烈程度。

地震烈度表，是划分地震烈度的标准。它主要是根据地震时地面建筑物受破坏的程度、地震现象、人的感觉等来划分制订的。我国和世界上大多数国家都是把烈度分为十二度。表6-3是我国制订并采用的地震烈度表。

中国地震烈度鉴定标准表　　表6-3

烈度	名称	加速度a(cm/s^2)	地震系数K_c	地震情况
Ⅰ	无震感	<0.25	$<\frac{1}{4000}$	人不能感觉，只有仪器可以记录到
Ⅱ	微震	0.26～0.50	$\frac{1}{4000}\sim\frac{1}{2000}$	少数人在极宁静的地方能感觉，住在楼上者更容易
Ⅲ	轻震	0.6～1.0	$\frac{1}{2000}\sim\frac{1}{1000}$	少数人感觉地动(像有轻车从旁边过)，不能即刻断定是地震。振动来自方向或持续时间有时约略可定

续表

烈度	名称	加速度 $a(\mathrm{cm/s^2})$	地震系数 K_c	地震情况
Ⅳ	弱震	1.1～2.5	$\frac{1}{1000}\sim\frac{1}{400}$	少数在室外的人和绝大多数在室内的人都有感觉。家具等有些摇动，盘、碗和窗户玻璃振动有声。屋梁、天花板等咯咯作响，缸里的水或敞开皿中的液体有些荡漾，个别情形惊醒睡觉的人
Ⅴ	次强震	2.6～5.0	$\frac{1}{400}\sim\frac{1}{200}$	差不多人人有感觉，树木摇晃，如有风吹动。房屋及室内物件全部振动，并咯咯作响。悬吊物如帘子、灯笼、电灯等来回摆动，挂钟停摆或乱打，盛满器皿中的水溅出。窗户玻璃出现裂纹。睡觉的人惊逃户外
Ⅵ	强震	5.1～10.0	$\frac{1}{200}\sim\frac{1}{100}$	人人感觉，大部分惊骇跑到户外，缸里的水剧烈荡漾，墙上挂图、架上书籍掉落，碗碟器皿打碎，家具移动位置或翻倒，墙上灰泥发生裂缝，坚固的庙堂房屋亦不免有些地方掉落一些泥灰，不好的房屋会有损伤，但较轻
Ⅶ	损害震	10.1～25.0	$\frac{1}{100}\sim\frac{1}{40}$	室内陈设物品及家具损伤甚大。庙里的风铃叮当作响，池塘里腾起波浪并翻起浊泥，河岸砂碛处有崩塌，井泉水位有改变，房屋有裂缝，灰泥及雕塑装饰大量脱落，烟囱破裂，骨架建筑的隔墙亦有损伤，不好的房屋严重损伤
Ⅷ	破坏震	25.1～50.0	$\frac{1}{40}\sim\frac{1}{20}$	树木发生摇摆，有时断折。重的家具物件移动很远或抛翻，纪念碑从座下扭转或倒下，建筑较坚固的房屋如庙宇也被损害，墙壁裂缝或部分裂坏，骨架建筑隔墙倾脱，塔或工厂烟囱倒塌，建筑物特别好的烟囱顶部亦遭损坏。陡坡或潮湿的地方发生小裂缝，有些地方涌出泥水
Ⅸ	毁坏震	50.1～100.0	$\frac{1}{20}\sim\frac{1}{10}$	坚固建筑物如庙宇等损坏颇重，一般砖砌房屋严重破坏，有相当数量的倒塌，不能再住人。骨架建筑根基移动，骨架歪斜，地上裂缝颇多
Ⅹ	大毁坏震	100.1～250.0	$\frac{1}{10}\sim\frac{1}{4}$	大的庙宇、大的砖墙及骨架建筑连基础遭受破坏，坚固砖墙发生危险的裂缝，河堤、坝、桥梁、城垣均严重损伤，个别的被破坏，钢轨亦挠曲，地下输送管道破坏，马路及柏油街道起了裂缝与皱纹，松散软湿之地开裂有相当宽而深的长沟，且有局部崩滑。崖顶岩石有部分剥落，水边惊涛拍岸
Ⅺ	灾震	250.1～500	$\frac{1}{4}\sim\frac{1}{2}$	砖砌建筑全部坍塌，大的庙宇与骨架建筑亦只部分保存。坚固的大桥破坏。桥柱崩裂，钢梁弯曲（弹性大的木桥损坏较轻），城墙开裂崩坏。路基堤坝断开，错离很远。钢轨弯曲且凸起。地下输送线完全破坏，不能使用。地面开裂甚大，沟道纵横错乱，到处土滑山崩，地下水夹泥砂，从地下涌出
Ⅻ	大灾震	500.1～1000	$>\frac{1}{2}$	一切人工建筑物无不毁坏，物件抛掷空中。山川风景变异，范围广大。河流堵塞，造成瀑布，湖底升高，地崩山摧，水道改变等

6.5.2.3　地震烈度的确定

在工程建筑抗震设计时，经常用的地震烈度有基本烈度和设计烈度，此外，还有考虑场地条件影响的场地烈度。

1. 基本烈度

基本烈度是指一个地区今后一定时期内，在一般场地条件下可能普遍遭遇的最大地震烈度（也叫区域烈度）。它是根据对一个地区的实地地震调查、地震历史记载、仪器记录并结合地质构造综合分析得出的。基本烈度提供的是地区内普遍遭遇的烈度。它所指的是一个较大范围的地区，而不是一个具体的工程建筑场地。

2. 场地烈度

场地烈度是指根据场地条件如岩土性质、地形地貌、地质构造和水文地质调整后的烈度。

在同一个基本烈度地区，由于建筑物场地的地质条件不同，往往在同一次地震作用下，地震烈度不相同，因此，在进行工程抗震设计时，应该考虑场地条件对烈度的影响，对基本烈度作适当的提高或降低，使设计所采用的烈度更切合实际情况。如岩石地基一般较安全，烈度可比一般工程地基降低半度到一度；淤泥类土或饱水粉细砂较基岩烈度应提高 2～3 度等。

3. 设计烈度

在场地烈度的基础上，根据建筑物的重要性，针对不同建筑物，将基本烈度予以调整，作为抗震设防的根据，这种烈度称为设计烈度，也叫设防烈度。永久性的重要建筑物需提高基本烈度作为设计烈度，并尽可能避免设在高烈度区，以确保工程安全。临时性和次要建筑物可比永久性建筑或重要建筑物低 1～2 度。

6.5.3 地震对土木工程的影响

在地震作用下，地面会出现各种震害和破坏现象，也称为地震效应，即地震破坏作用。它主要与震级大小、震中距和场地的工程地质条件等因素有关。地震对土木工程的影响主要通过地震的不同效应来实现的，可分为地震力效应、地震破裂效应、地震液化与震陷、地震激发地质灾害等几个方面。

6.5.3.1 地震力

地震力，即地震波传播时施加于建筑物的惯性力，假如建筑物所受重力为 W，质量为 W/g，g 为重力加速度，则在地震波作用下，建筑物所受到的最大惯性力即地震力（P）为：

$$P=\frac{W}{g}\cdot\alpha_{\max}=W\cdot\frac{\alpha_{\max}}{g}=W\cdot K \tag{6-7}$$

式中 $\alpha_{\max}$——地面最大加速度；

$\alpha_{\max}/g$——地震系数（K）。

地震时，地震的速度是方向性的，有水平分量与垂直分量。因而地震力也有水平方向和垂直方向。从震源发射出来的体波，传播到震中位置时，垂直方向的地震力最大。到达地表的振波，传播越远，则垂直方向的地震力越小，直到距震中某一距离为零。此外，面波的质点在地平面内成表面波动，其水平方向的分量相应地超过垂直分量。所以在地震区，离震中越远，作用于建筑物的地震力就以水平方向为主。因此，一般抗震设计中，都必须考虑水平地震力的影响，而地震烈度表所示的加速度也是水平方向加速度值。

从震源发出的地震波，在土层中传播时．经过不同性质界面的多次反射，将出现不同周期的地震波，若某一周期的地震波与地基土层固有周期相接近，由于共振的作用，这种地震波的振幅将得到放大，此周期称为卓越周期。卓越周期是按地震记录统计的，即统计一定时间间隔内不同周期地震波的频数，以出现频数最多的振动周期为卓越周期。

根据地震记录统计，地基土随其软硬程度的不同，而有不同的卓越周期，可划分为四级：

Ⅰ级——稳定岩层，卓越周期为0.1～0.2s，平均0.15s；

Ⅱ级——一般土层，卓越周期为0.21～0.4s，平均0.27s；

Ⅲ级——松软土层，卓越周期为Ⅱ～Ⅳ级之间；

Ⅳ级——异常松软土层，卓越周期为0.3～0.7s，平均0.5s。

地震时，由于地面运动的影响，使建筑物发生自由振动。一般低层建筑物刚度较大，自由振动周期都较小，大多小于0.5s。高层建筑物刚度小，自由振动周期一般在0.5s以上。经实测，软土场地上的高层（柔性）建筑与坚硬场地上的刚性建筑的震害严重，这与上述土层的卓越周期与建筑物刚度不同的自振周期相近有关。因此，为了准确估计和防止这类震害发生，必须使工程设施的自振周期避开场地的卓越周期。

6.5.3.2 地震的破裂效应

在震源处以震波的形式传播于周围的地层上，引起相邻的岩石振动，这种振动具有很大的能量，它以作用力的方式作用于岩石上，当这些作用力超过了岩石的强度时，岩石就要发生突然破裂和位移，形成断层和地裂缝，引发建（构）筑物变形和破坏，这种现象称为地震破裂效应。

1. 地震断层

在山区，特别是在震源较浅而松散沉积层不太厚的地区，地震断层在地表出露的基本特点是以狭长的延续几十至百余千米的一个带，其方向往往和本区区域大断裂相一致。在平原区，由于被巨厚的松散沉积层所覆盖，地震震源稍深，地震断层在地表的出露占据一个较宽的范围，往往由几个大致相平行的地表断裂带所组成。如1966年邢台地震时，地表的地震断层由四个带组成，总宽近20km。

地震强度越大，发生地震断层的可能性越大。根据我国300年来的15次大地震统计，当震级$M>7$的地震，则可出现地震断层。当$M>8$时，地震断层就100%出现。若$M<7$，地震断层出现的可能性极少。从震级与地震断层长度关系的统计来看：在$M=8$的极震区内，可出现长达300km的地震断层。

2. 地震地裂缝

地震地裂缝是因地震产生的构造应力作用而使岩土层产生破裂的现象。它对建（构）筑物危害甚大，而它又是地震区一种常见的地震效应现象。地裂缝的成因有两方面：一是与构造活动有关，与其下或邻近的活动断裂带的变形有关；二是地震时震波传播，产生的地震力而使岩土层开裂。

6.5.3.3 地震液化与震陷效应

饱和粉细砂土，在地震过程中，振动使得饱和砂土中的孔隙水压力骤然上升，而在地震过程的短暂时间内，骤然上升的孔隙水压力来不及消散，这就使得原来由砂粒通过其接触点传递的压力（有效压力）减小。当有效压力完全消失时，砂土层完全丧失抗剪强度和承载能力，呈现液态特征，这就是砂土液化现象。地震液化的宏观表现有喷砂冒水和地下砂层液化两种。这两种液化现象会导致地表沉陷和变形。

6.5.3.4　地震激发地质灾害的效应

强烈的地震作用能激发斜坡上岩土体松动、失稳，发生滑坡和崩塌等不良地质现象。如震前久雨，则更易发生。在山区，地震激发的滑坡和崩塌，往往是巨大的，它们可以摧毁房屋、道路交通，甚至整个村庄也能被掩埋，并因崩塌和滑坡而堵塞河道，使河水淹没两岸村镇和道路。1933 年，四川叠溪 7.4 级地震，在叠溪 15km 范围之内，滑坡和崩塌到处可见，在叠溪附近，岷江两岸山体崩塌，形成了三座高达 100 余米的堆石坝，将岷江完全堵塞，积水成湖。而后，堆石坝溃决时，高达 40 余米的水头顺河而下，席卷了两岸的村镇，造成了严重的灾害和损失。因而一般认为，地震时可能发生大规模滑坡、崩塌的地段视为抗震危险的地段，建筑场址和主要线路应尽量避开。

6.6　地面沉降

6.6.1　地面沉降概述

地面沉降是指在自然和人为因素作用下，由于地表松散土体压缩而导致区域性地面标高降低的一种环境地质现象，是城市化建设过程中出现的主要地质灾害之一。地面沉降具有生成缓慢、持续时间长、影响范围广、成因机制复杂和防治难度大等特点，其变形主要以垂直方向位移为主，而水平方向位移较小。

6.6.1.1　地面沉降分布

地面沉降涉及的范围长达数平方千米、数十平方千米甚至上万平方千米。世界上，已有 50 多个国家和地区发生了地面沉降，代表性的国家和地区有墨西哥城，美国的长滩、休斯敦，意大利的波河三角洲，英国的伦敦、柴郡，德国的北部沿海地区，匈牙利的德布勒森，委内瑞拉的马拉开波湖周围地区，俄罗斯的莫斯科，泰国的曼谷，新西兰的怀拉基，越南的河内，印度尼西亚的雅加达，澳大利亚的特拉罗布谷，日本的东京、大阪、新潟等等。在我国主要有三大地面沉降区，分别是长江三角洲地区、华北平原地区和汾渭地堑，主要城市包括上海、苏州、无锡、常州、北京、天津、西安、太原等 50 多个城市。世界各地城市地面沉降情况如表 6-4 所示。

世界各地地面沉降主要情况　　表 6-4

城市	沉降面积(km²)	最大沉降量(m)	最大沉降速率(mm/a)	沉降的主要原因
上海	121	2.63	98	抽取地下水
天津	135	2.16	262	抽取地下水
台北	235	1.9	20	抽取地下水
拉斯维加斯	500	1.0	—	开采石油
墨西哥城	225	9.0	420	抽取地下水
东京	2420	4.6	270	抽取地下水
大阪	630	2.88	163	抽取地下水

6.6.1.2　地面沉降类型

关于地面沉降成因类型可分为三大类型：

（1）内陆盆地型。如波兰的莱格那卡盆地、山西大同。

（2）冲积洪积平原型。如日本的佐贺、我国的郑州。

（3）沿海三角洲和滨海平原型。如意大利的波河三角洲，我国上海、天津和苏锡常地区，这是国内外地面沉降发生的主要地区，也是地面沉降危害最严重的地区。

6.6.1.3 地面沉降的危害

地面沉降的发展过程是不可逆的，一旦形成便难以恢复。危害是长期的，主要表现为：

（1）地面沉降使区域防洪能力大为降低。该地区本身地面标高较低，沉降后由于地面标高不断降低，相对水位上升，导致已建的水利设施防洪功能降低，城市、农村排涝能力下降，洪水灾害的频率、成灾规模及范围趋于加剧，严重时城市交通瘫痪、生产停顿、农作物减产、人民财产受损。

（2）地面沉降造成地表水流不畅，自净能力降低，区域生态环境恶化。

（3）地面建筑物的破坏。差异性地面沉降引起地裂缝灾害，直接损坏房屋、道路、基础设施等。在华北地区，由于地面沉降，唐海沉降中心冀东油田水源地供水井井管与井台脱节。沧州市佟家花园一号井井台与地面脱节裂缝达 9～12cm。北京市区各类地下管道较多，受地面不均匀沉降的影响，地下管道弯曲变形，甚至产生破裂。

（4）地面沉降导致水准点失效，给城市建设、规划产生不利影响。如北京市棉纺厂水准点，1987 年时总下沉量已超过 500mm，该点资料失准，不能使用。

（5）地面沉降造成桥梁净空减少，通航能力降低。

我国未系统开展过地面沉降的经济损失评估。根据长江三角洲、华北地区、汾渭地堑主要城市的研究，粗略统计，1949 年以来，我国地面沉降和地裂缝造成的经济损失累计高达 4500 亿～5000 亿元。其中，直接经济损失累计为 350 亿～400 亿元，年均总损失为 90 亿～100 亿元，年均直接损失 8 亿～10 亿元。地面沉降不仅造成巨大的经济损失，而且对地区经济社会的可持续发展产生了严重影响，引起了社会各界和广大学者的关注和重视。

6.6.2 地面沉降的形成条件

引起地面沉降的原因可分为自然因素和人为因素，大多数学者都在研究人为因素的影响，如地下水、煤炭和石油的开采，其中 80%的地面沉降都与过量开采地下水有关。根据长期的监测和研究结果显示，地面沉降的发生主要是由不合理开采地下水导致的，而地壳活动、地表动静荷载、工程建设、自然作用等其他因素造成的地面沉降只占总沉降量的 5%～20%。地面沉降与地下水位下降密切相关，还与地层岩性结构（土层的压缩性及固结历史）、水文地质条件（含水层的岩性、厚度、渗透性及补给条件等）有关。一般来说，地面沉降的发生应具备以下两个条件：

（1）过量开采地下流体

承压水往往被作为工业及生活用水的水源。在承压含水层中，抽取地下水引起承压水位降低。根据太沙基有效应力原理（$\sigma=\mu+\sigma'$），当在含水层中抽水、地水位下降时，相对隔水黏土层中的总应力（σ）近似保持不变，由孔隙水承担的压力部分——孔隙水压力（μ）随之减小，由固体颗粒承担的压力部分——有效应力（σ'）则随之增大，从而导致土层压密，地表产生沉降变形。另外，含水砂层中抽水诱发的管涌和潜蚀也是地层压密的一个重要原因。

大量的观测资料及研究结果表明，地面沉降大小与地下水位相关性较好，地面沉降中心与地下水开采所形成的漏斗形中心区相一致；地面沉降的速率与地下水的开采量以及开采速率成正比；地面沉降区与地下水集中开采区域基本相一致。因此，地面沉降的发生在时空上与地下水开采密切相关。

（2）具有松软沉积物为主的土层

过量开采地下流体是引发地面沉降的外因，而地表下松软欠固结的沉积物土层的存在则构成了地面沉降的内因。地面沉降一般多发于三角洲、河谷盆地地区，而这些区域多分布着含水量大、孔隙比高、压缩性强的淤泥质土层，一旦由于过量抽取地下水而引发土体的有效应力增加，那么上述淤泥质土层发生压缩变形就是一个必然结果。当地质结构为砂层与黏土层交互的松散土层结构时，也易发生地面沉降。根据苏锡常地区地面沉降的研究成果，该地区地面沉降形成主要为含水砂层的压密和顶底板黏性土层固结。

6.6.3 地面沉降的监测

地面沉降是一种缓变性地质灾害，其发生、发展的过程往往不易被察觉，得不到人们的重视，而地面沉降监测则能随时观测地面沉降的变化。地面沉降监测技术主要有水准测量、分层标、基岩标、GPS、InSAR 等监测手段，其中，InSAR 监测可以快速识别大面积的地表沉降特征，因其周期短、精度高、空间分辨率大等特点而受到广泛运用。

地面沉降的监测主要包括地面沉降量观测、地下水观测、地面沉降范围内已有建筑物的调查三个方面。

（1）地面沉降的长期观测

应按精密水准测量要求进行长期观测，并按不同的地面沉降结构单元设置高程基准标、地面沉降标和分层沉降标。

（2）地下水动态观测

它包括地下水位升降，地下水开采量和回灌量，地下水化学成分和污染情况，孔隙水压力的消散和增长情况。

（3）对已有建筑物的影响监测

调查地面沉降对已有建筑物的影响，对发生时间和发展过程进行监测。

6.6.4 地面沉降的防治

地面沉降虽然具有发展缓慢的渐进性特点，但是地面沉降一旦出现，治理起来就比较困难，因而地面沉降的防治主要在于“预防为主，治理为辅”。

对还没有发生严重地面沉降的区域，可以采取如下措施：

（1）合理开发利用地下水，防止由于过量抽取地下水而造成地面沉降的进一步发展。

（2）加强对地面沉降的监测工作，做好地面沉降发展趋势的预测，做到及早防范。

（3）重要工程项目的建设应避免在可能发生严重地面沉降的地区进行建设。

（4）在进行一般的工程项目建设时，应严格做好规划设计，预先确定引起地面沉降的因素，并能够正确估计发生地面沉降后对拟建项目可能造成的破坏，从而制定出相应的防治措施。

对已经发生比较严重地面沉降区域，采取如下补救措施：

（1）限制地下水开采，必要时应暂时停止对地下水的开采，避免地面沉降的加剧。上海、天津、江苏、浙江均取得了很好的控沉效果。苏锡常地区由于地表水和浅层水污染，自20世纪80年代以来不得不开采水质好的承压水，致使地下水位由20世纪70年代的15～25m至90年代猛降到80m以上。为此，江苏省政府于1996年采取了限采措施，2000年江苏省人大又出台了苏锡常地区全面禁采深层地下水的决定（3年内超采区禁采，5年内区域全面禁采深层地下水），地下水位上升非常显著。2003年与2002年相比，地下水位上升达2～9m，区域地面沉降速率变缓。

（2）优化地下水的开采层位，从主要开采浅层地下水转向深层地下水的开发。20世纪60年代初，上海市区集中开采埋深150m以上第Ⅱ、Ⅲ承压含水层地下水。因土层结构松软，易于压缩变形产生地面沉降。从1968年开始，调整了地下水开采层位，加大对埋深150m以下Ⅳ、Ⅴ承压含水层的开采。至2003年，埋深150m以下地下水开采量已占总量的79%。相比之下，由于150m以下土层相对致密，抽取同样的水量产生的沉降量要比埋深150m以上土层小。

（3）向含水层进行人工回灌，避免地面沉降的加剧。回灌时应严格注意控制回灌水的水质标准，防止造成对含水层的污染。

本章小结

（1）滑坡、泥石流、崩塌、岩溶、地震及地面沉降是最常见的地质灾害。滑坡是斜坡上大量岩土体在重力作用下，沿一定的滑动面（带）整体向下滑动的现象。滑坡工程地质研究是为了了解斜坡的稳定性，查明滑坡的形态、范围、结构特征，掌握其发生、发展规律，正确估计其危害性，为滑坡预报和防治提供依据。其防治措施主要有：消除或减轻水对滑坡的危害；改善滑坡体力学条件，增大抗滑力；改善滑动面（带）岩土体的性质。

（2）泥石流是山区常见的一种自然灾害现象。它是一种含有大量泥沙石块等固体物质，突然暴发的、具有很大破坏力的特殊洪流。通常在暴雨或积雪迅速融化时暴发。

（3）崩塌是指边坡上的岩体受重力的影响，突然脱离坡体崩落的现象。崩落过程中岩块翻滚、跳跃，互相撞击、破碎，最后堆积在坡脚。岩堆是指边坡岩体主要在物理风化作用下形成的岩石碎屑，由重力搬运到坡脚平缓地带堆积成的锥状体。

（4）岩溶是岩溶作用及其所产生的一切岩溶现象的总称。在可溶性岩石地区，地下水和地表水对可溶岩进行化学溶蚀作用、机械侵蚀作用以及与之伴生的迁移、堆积作用，总称为岩溶作用。在岩溶作用下所产生的各种地表和地下的地貌形态，称为岩溶地貌。在岩溶作用地区所产生的特殊地质、地貌和水文特征，称为岩溶现象。

（5）地震是一种地质现象，是地壳构造运动的一种表现。地下深处的岩层，由于某种原因突然破裂、塌陷以及火山爆发等而产生振动，并以弹性波的形式传递到地表，这种现象称为地震。地震震级是指一次地震时，震源处所释放能量的大小。地震烈度是指地震时受震区的地面以及建筑物遭受地震影响和破坏的程度。

（6）地面沉降是指在自然和人为因素作用下，由于地表松散土体压缩而导致区域性地面标高降低的一种环境地质现象，是城市化建设过程中出现的主要地质灾害之一。地面沉降具有生成缓慢、持续时间长、影响范围广、成因机制复杂和防治难度大等特点，其变形主要以垂直方向位移为主，而水平方向位移较小。地面沉降具有缓变性，监测工作十分必要。地面沉降的防治要遵循“预防为主、防治为辅”的原则。

思考及练习题

6-1　什么是滑坡？它的主要形态特征有哪些？

6-2　形成滑坡的条件是什么？影响滑坡发生的因素有哪些？

6-3　滑坡的防治原则是什么？滑坡的防治措施有哪些？

6-4　什么是泥石流？泥石流的形成条件是什么？其发育有何特点？

6-5　什么是崩塌？形成崩塌的基本条件是什么？

6-6　崩塌的防治原则和防治措施有哪些？

6-7　岩堆有哪些工程地质特征？岩堆的处理原则和防治措施是什么？

6-8　什么是岩溶？岩溶主要有哪些形态？

6-9　岩溶发育的基本条件是什么？

6-10　岩溶地区的主要工程地质问题有哪些？常用的防治措施是什么？

6-11　什么是地震？什么是地震等级和地震烈度？震级和烈度之间有什么关系？

6-12　地震对土木工程的影响和破坏表现在哪些方面？

6-13　什么是地面沉降？地面沉降的产生条件是什么？

第 7 章　地基工程的地质问题

本章要点及学习目标

本章要点：

(1) 了解地基、基础的概念。

(2) 了解地基变形的概念及影响因素。

(3) 掌握地基的剪切破坏及类型。

(4) 掌握地基承载力的确定方法。

学习目标：

(1) 掌握地基工程存在的主要地质问题。

(2) 掌握地基工程地质问题的主要防治措施。

7.1　地基工程的主要地质问题

7.1.1　地基的概念

房屋、道路、桥梁、大坝、电厂、机场等工程建筑物都是修筑在一定的岩层或土层之上。将建筑物所承受的各种作用传递给地基的结构的最下部分称为基础。建筑物的荷载会引起基础以下一定深度范围内的岩土层的原始应力状态发生改变，将直接承受建筑物荷载、初始应力状态发生改变的岩土层称为地基。地基的深度范围大概是基础宽度（基础底面的短边尺寸）的 1.5～5 倍，而宽度范围大约是基础宽度的 1.5～3 倍。基础下面直接承受建筑物荷载，并需进行力学计算的岩土层称为持力层。在土力学计算中，持力层受到的附加应力是持续减少的，到若干深度以后附加应力就可以忽略不计，持力层的厚度是根据附加应力与自重应力的比值确定的，持力层以下的岩土层称为下卧层，如图 7-1 所示。

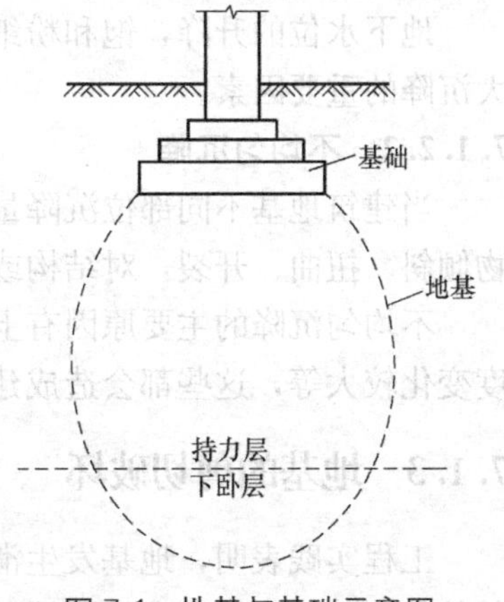

图 7-1　地基与基础示意图

建筑物的荷载通过基础传递给地基，并在地基中产生应力扩散。由于土是可以压缩的，地基土在附加应力的作用下就会产生变形（主要是竖向变形），从而引起建筑物的沉降变形。基础的均匀下沉虽然不会对结构的安全产生太大影响，但过大的沉降会严重影响建筑物的使用和外观。

为了保证建筑物的结构安全和正常使用，地基必须满足两方面的要求：

（1）地基应有足够的强度，在上覆荷载的作用下不会产生失稳破坏，并有一定的安全储备。

（2）地基的变形（沉降量、沉降差、倾斜或局部倾斜等）不能太大而影响建筑物的正常使用。

7.1.2　地基的有害变形

地基的变形分为两方面，一是建筑物荷载作用下地基产生的容许压缩变形，二是由地基工程地质特性引起的有害变形，包括不均匀沉降和过大变形。

7.1.2.1　地基变形过大

引起地基变形过大的主要原因有：

1. 软土地基引起的过大沉降

软土地基压缩性大、抗剪强度低，容易造成过大的地基沉降。如20世纪50年代修建的上海展览馆中央大厅坐落在淤泥质软土地基上，箱型基础的平面尺寸为46.4m×46.5m，高度7.27m，埋置深度0.5m，基底总压力130kPa，根据载荷试验确定地基容许承载力为140kPa，由于苏联专家不了解上海软土的特点又未采纳中国专家的建议，采取了埋置深度很浅的箱型基础，造成建成后产生了很大的沉降，测量显示，建成后11年总沉降量达到了1.6m，巨大的沉降造成中央大厅室内地坪低于侧翼建筑物室内地坪的“建筑奇观”，幸运的是沉降较为均匀，最大沉降差约为260mm，基础倾斜只有0.56‰，这才保持了具有俄罗斯民族风格的公共建筑物的宏伟风貌。

2. 填土密实度不足引起的过大沉降

当修筑地基、路基、堤坝时，由于对填土压实施工控制不达标或对压缩变形研究不足，在长期的上覆荷载作用下，地基土逐渐被压密，可能会产生超过容许值的过大变形。

3. 特殊土引起的过大沉降

特殊土的不良工程性质也是引起修建在特殊土地基上工程建筑物产生过大沉降的一个重要原因。如黄土浸水后，结构迅速破坏，发生湿陷变形；膨胀土遇水膨胀、失水收缩，只要地基土中水分发生变化，膨胀土就会产生胀缩变形；冻土温度升高产生融陷变形，这些都会导致建筑物产生过大变形甚至破坏。

4. 其他因素

地下水位的升降，饱和粉细砂在地震或施工振动作用下产生液化等，也是引起地基过大沉降的重要因素。

7.1.2.2　不均匀沉降

当建筑地基不同部位沉降量不同时，就会产生不均匀沉降（或差异沉降），造成建筑物倾斜、扭曲、开裂，对结构或建筑物的安全和正常使用带来影响，甚至导致结构破坏。

不均匀沉降的主要原因有上部结构荷载相差较大、地基土的刚度相差较大或地基土厚度变化较大等，这些都会造成建筑物不同部位产生不同的压缩量，形成不均匀沉降。

7.1.3　地基的剪切破坏

工程实践表明，地基发生滑移、挤出等都是由于地基强度不足而造成的剪切破坏。地基的剪切破坏多发生在软弱地基中或具有滑移条件、产状不利的软弱岩层中。

例 7-1 1911 年开始修建的加拿大特朗斯康谷仓是建筑工程界著名的软弱地基发生剪切破坏的例子。该谷仓，南北长 59.44m，东西宽 23.47m，高 31.00m。基础为钢筋混凝土筏板基础，厚 61cm，埋深 3.66m。谷仓 1911 年动工，1913 年秋完成。谷仓自重 20000t，相当于装满谷物后总重的 42.5%。1913 年 9 月装谷物，至 31822m^3 时，发现谷仓 1 小时内沉降达 30.5cm，并向西倾斜，24 小时后倾倒，西侧下陷 7.32m，东侧抬高 1.52m，倾斜 27 度。地基虽然破坏，但钢筋混凝土筒仓却安然无恙，后用 388 个 50t 千斤顶纠正后继续使用，但位置较原先下降 4m。事后事故调查发现因设计时未对谷仓地基承载力进行调查，而是采用了邻近建筑地基 352kPa 的承载力，忽略了基础下厚达 16m 的软黏土层，谷仓地基实际承载力为 193.8～276.6kPa，远小于谷仓破坏时发生的压力 329.4kPa，造成在谷仓建成第一次装料时就发生了整体倾倒，如图 7-2 所示。

图 7-2　加拿大特朗斯康谷仓事故

7.1.3.1　地基剪切破坏的机制

土体是由固体颗粒、水、气体组成的三相体，土颗粒之间的联结强度远低于颗粒自身的强度，主要承受抗压、抗剪作用，抗拉能力很弱。当地基岩土层中某一点的任意一个平面上剪应力达到或超过它的抗剪强度时，这部分岩土体将沿着剪应力作用方向相对于另一部分岩土体产生相对滑动，开始剪切破坏，如图 7-3 所示。一般情况下，荷载不太大时，地基中只有个别点位上的剪应力超过其抗剪强度，产生局部剪切破坏，局部破坏通常发生在基础边缘处。随着荷载的不断增大，地基中发生剪切破坏的各局部点不断发展并相互贯通，形成一个连续的剪切滑动面，地基变形增大，基础两侧或一侧地基向上隆起，基础突然下沉，地基发生整体剪切破坏。

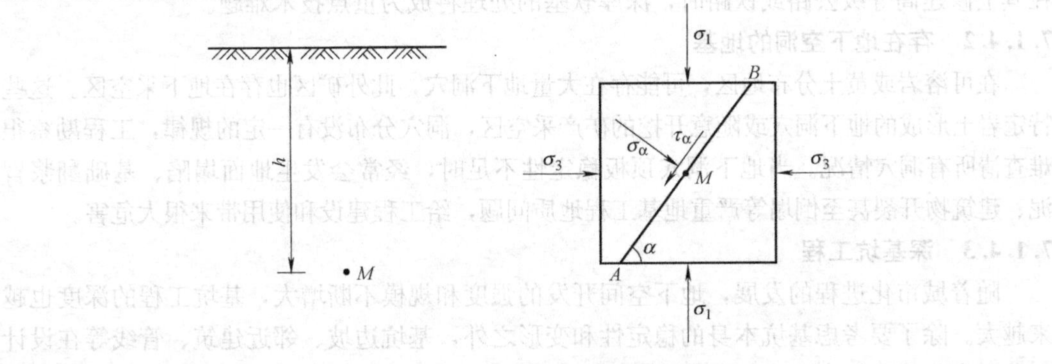

图 7-3　土体中任一点的应力

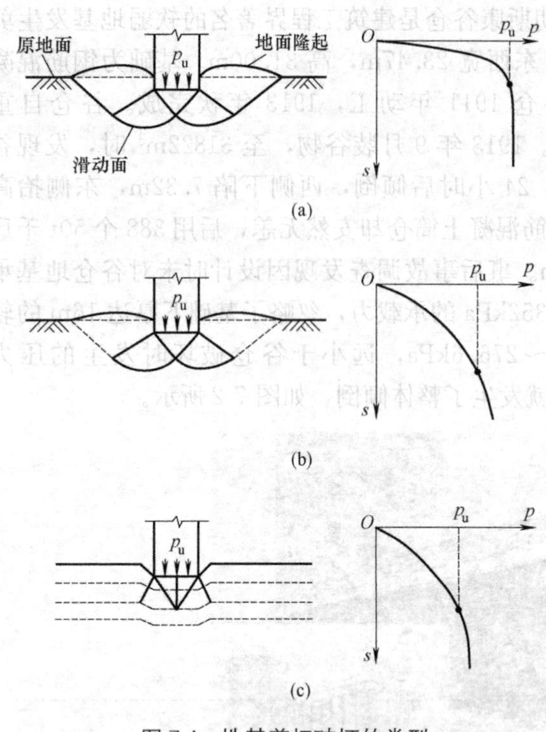

图 7-4 地基剪切破坏的类型

(a) 整体剪切破坏；(b) 局部剪切破坏；(c) 冲剪破坏

7.1.3.2 地基剪切破坏的类型

1. 整体剪切破坏

三角压密区，随着荷载的增加，基础下塑性区发展到地面，形成连续滑动面，地基沿滑动面剪出，两侧挤出并隆起，有明显的两个拐点，如图 7-4（a）所示。整体剪切破坏主要发生在硬性土地基中，如浅基下密实硬土地基的过载。

2. 局部剪切破坏

地基土在荷载增大的情况下，基础下塑性区只发展到地基某一范围，滑动面不延伸到地面，基础两侧地面微微隆起，没有出现明显的裂缝，如图 7-4（b）所示。局部剪切破坏主要发生在软性土地基中，如中等密实砂土的过载。

3. 冲剪破坏（刺入剪切）

基础下土层发生严重的压缩变形，基础下沉，当荷载继续增加，土体发生竖向剪切破坏，而周围土体并不随之变形破坏，两侧地面不发生土体隆起，如图 7-4（c）所示。冲剪破坏发生在特软土地基中，如预制桩基础的地基破坏。

7.1.4 特殊地基的工程地质问题

7.1.4.1 深厚软弱地基

在我国东南沿海和一些内陆湖盆等地区，可能存在深厚饱和软土层，厚度可达数十米，常用的软基处理方法可能难以满足要求。此外，随着土木工程建筑规模和荷载的增大以及工程标准的提高，以前无须考虑或处理的下伏软土层也进入需要处理的范围，这对基础工程提出了更高的要求。如云南通海盆地，下伏饱和粉砂质黏土厚度超过 60m 以上，在其上修建高等级公路或铁路时，深厚软基的处理将成为重点技术难题。

7.1.4.2 存在地下空洞的地基

在可溶岩或黄土分布地区，可能存在大量地下洞穴，此外矿区也存在地下采空区。这些特定岩土形成的地下洞穴或随意开挖的矿产采空区，洞穴分布没有一定的规律，工程勘察很难查清所有洞穴情况。当地下洞穴顶板稳定性不足时，经常会发生地面塌陷、基础翻浆冒泥、建筑物开裂甚至倒塌等严重地基工程地质问题，给工程建设和使用带来很大危害。

7.1.4.3 深基坑工程

随着城市化进程的发展，地下空间开发的强度和规模不断增大，基坑工程的深度也越来越大。除了要考虑基坑本身的稳定性和变形之外，基坑边坡、邻近建筑、管线等在设计和施工中都需要综合考虑，既要安全又要经济，否则一旦出现工程事故，工期延误、造价剧增、影响极大。

7.2 地基承载力

7.2.1 地基承载力的概念

在建筑物荷载的作用下，地基产生压密变形，随着荷载的增加变形也逐渐增大，当荷载达到或超过地基承载能力极限时，地基产生塑性变形，最终导致地基的剪切破坏。因此，地基的承载能力是有限的，把单位面积上地基所能承受的最大极限荷载能力称为地基极限承载力。在建筑物地基基础设计时，为了保证建筑物的安全和地基的稳定性，不能以地基的极限承载力作为地基设计的承载力，必须限定建筑物基础底面的压力不超过规定的地基承载力，这样限定的目的不仅要确保地基不会因强度不足发生破坏还要保证地基变形不至于过大而影响建筑的正常使用，这样限定的地基承载力称为地基容许承载力。

地基承载力的大小除了与岩土层自身的工程性质有关外，还与基础尺寸、形状、埋深、荷载性质、地下水等因素有关。因此，同一地基岩土层中，基础埋深和尺寸不同，其地基承载力也不相同。

7.2.2 地基承载力的确定方法

7.2.2.1 现场试验法

1. 载荷试验

载荷试验是在建筑场地进行的原位试验方法。一般重要的建筑物或地质条件复杂的场地，多采用载荷试验确定地基的承载力。载荷试验相当于是在原位进行的地基基础模型试验，能真实反映地基的实际承载能力，是直接可信的方法，也是其他间接试验方法的标准。

载荷试验是通过一定规格面积的载荷板向地基传递压力，测量压力与地基沉降之间的关系，得到压力 p 与沉降 s 曲线，由 p-s 曲线确定地基的承载力。

从荷载开始施加并逐级加载直至地基发生破坏，地基的变形经历三个阶段：

(1) 压密阶段

压密阶段又称直线变形阶段，压力 p 与沉降 s 呈直线变化，地基的变形主要是在荷载作用下土中孔隙减小，地基土被压密。图 7-5 中 OA 段为压密阶段，A 点处荷载为比例界限 p_0，此时，地基中的应力均小于土体的抗剪强度，土体处于弹性平衡阶段。

(2) 剪切阶段

剪切阶段（或称塑性变形阶段），如图 7-5 中 p-s 曲线的 AB 段，在此阶段地基土中局部范围的剪应力达到土体的抗剪强度，处于极限平衡状态，出现塑性变形区，塑性变形区一般首先从基础边缘处出现，随着荷载的增加，地基中塑性变形区逐渐发展扩大。

(3) 破坏阶段

破坏阶段，随着荷载的增加，地基土中的塑性变形区发展贯通为一连续的剪切滑动面，土体被挤出，承压板周围的土体隆起，地基因失稳而发生剪切破坏，如图 7-5 中 p-s 曲线的 BC 段。

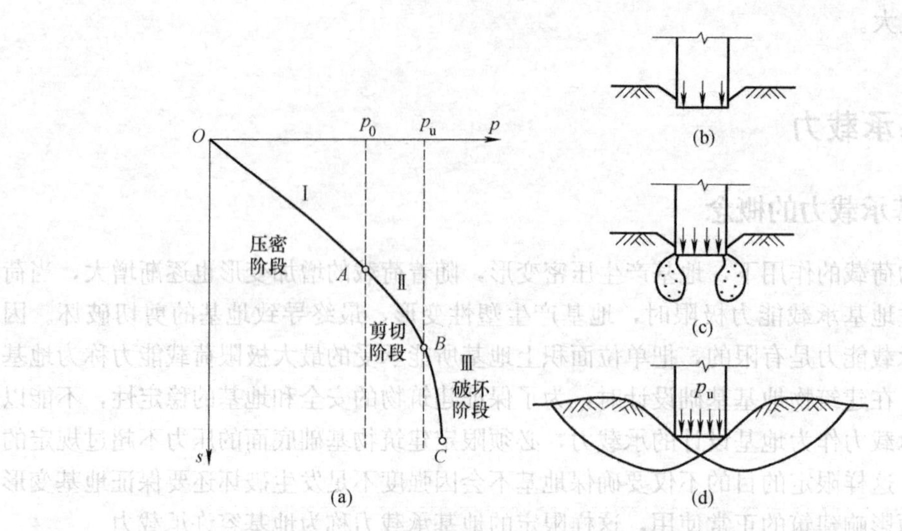

图 7-5　载荷试验 p-s 曲线及地基变形的阶段

(a) p-s 曲线；(b) 压密阶段；(c) 剪切阶段；(d) 破坏阶段

地基承载力分为地基极限承载力和地基承载力特征值。极限承载力是地基丧失整体稳定性时的极限荷载。由 p-s 曲线线性变形阶段内规定的变形所对应的压力值作为承载力特征值 f_{ak}，其最大值为比例界限值。

承载力特征值的确定应符合下列规定：

(1) 当 p-s 曲线有比例界限时，取该比例界限所对应荷载 p_0。

(2) 当 p-s 曲线上极限荷载 p_u 小于对应比例界限的荷载 p_0 的两倍时，取 p-s 曲线上极限荷载 p_u 的一半。

(3) 如果不能按上述两条取值，当承压板面积为 0.25～0.50m^2 时，可取 $s/b=0.001$～0.015 所对应的荷载，但其值不应大于最大加载量的一半。s 和 b 分别为沉降量和载荷板宽度。

同一土层参加统计的试验点数不应少于 3 个，当试验实测值极差不超过平均值的 30%时，取平均值作为该土层的地基承载力特征值 f_{ak}。

根据承压板的形式和设置深度不同，可将载荷试验分为三种：

(1) 浅层平板载荷试验，如图 7-6 所示。适用于浅层地基土，用于确定地基承载力和土的变形模量，不能用于确定桩的端阻力，一般为整体剪切破坏。

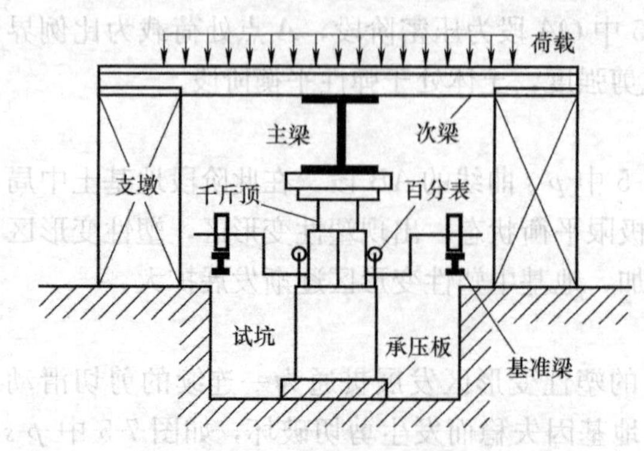

图 7-6　地基载荷试验装置示意图

(2) 深层平板载荷试验。适用于深层地基土和大直径桩的桩端土，深层平板试验的试验深度不应小于 5m，可用于确定地基承载力、桩的端阻力和土的变形模量，破坏模式为局部剪切破坏。

(3) 螺旋板载荷试验。适用于深层地基土或地下水位以下的地基土。

载荷试验系统大致可分为承压板、加

载系统、反力系统、量测系统四部分组成。

载荷试验的优点是对地基土不产生扰动，确定地基承载力最可靠、最具代表性，可直接用于工程设计，还可用于预估建筑物的沉降量，对大型工程、重要建筑物，载荷试验一般不可少，是世界各国用以确定地基承载力的最主要方法，也是比较其他原位测试成果的基础。载荷试验的缺点是价格昂贵、费时、费力。

2. 静力触探试验

静力触探试验（CPT）（cone penetration test），是测试地基承载力的一种间接试验方法，最早由荷兰工程师 P. Barentsen 于 1932 年开展了静力触探试验。其基本原理就是通过一定的机械装置，用准静力将标准规格的金属探头垂直均匀地压入到土中，同时通过探头内部的传感器测出土层对探头的贯入阻力 p_s，根据测得的阻力情况来分析判断土层的物理力学性质。孔压静力触探试验（piezocone penetration test）除静力触探原有功能外，在探头上附加孔隙水压力量测装置，用于测量孔隙水压力增长与消散，如图 7-7 所示。

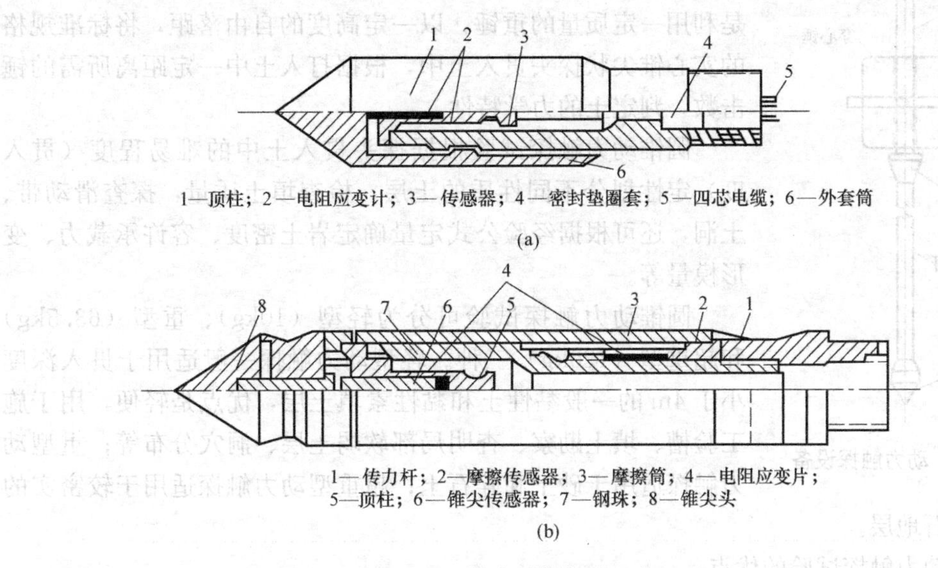

图 7-7 静力触探探头示意图

（a）单桥探头结构；（b）双桥探头结构

静力触探试验中由于地层中各种土的软硬程度不同，探头所受的阻力自然也不一样，探头贯入阻力的大小及变化反映了土体强度的大小及变化，再通过贯入阻力与土的工程地质特征之间的定性关系和统计相关关系，来实现取得土层剖面、提供浅基承载力、选择桩端持力层和预估单桩承载力等工程地质勘察的目的。

静力触探试验系统由探头、贯入装置（加压装置和反力系统）和量测系统组成。静力触探试验的加压方式有机械式、液压式和人力式三种。静力触探在现场进行试验，将静力触探所得的贯入阻力 p_s 与载荷试验、土工试验有关指标进行回归分析，可以得到适用于一定地区或一定土性的经验公式，然后通过静力触探所得的计算指标就可以确定土体的天然地基承载力。

静力触探试验常与钻探取样联合运用，适用于软土、一般黏性土、粉土、砂土和含少量碎石的土。由于无法提供足够大的稳固压入反力，对于含较多的碎石、砾石的土和密实的砂土一般不适合采用。

静力触探试验按测量机理分为机械式静力触探和电测式静力触探。按探头功能分为单桥式静力触探、双桥式静力触探和孔压式静力触探。

静力触探的优点：

(1) 测试连续、快速、效率高，功能多，兼有勘探与测试的双重作用。

(2) 采用电测技术，易于实现测试过程的自动化，大大减轻了人工强度。

静力触探试验的缺点是：

(1) 贯入机理不清，无数理模型。

(2) 对碎石类土和密实砂土难以贯入，也不能直接观测土层。

3. 圆锥动力触探试验

圆锥动力触探试验（DPT）（dynamic penetration test），简称动探，也是一种确定地基承载力的间接试验方法，最早在欧洲得到广泛应用。其原理是利用一定质量的重锤，以一定高度的自由落距，将标准规格的实心锥尖状探头贯入土中，根据打入土中一定距离所需的锤击数，判定土的力学特性。

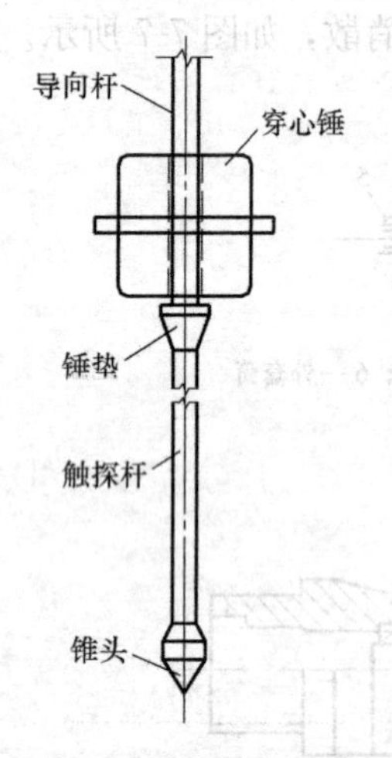

图7-8　动力触探设备

圆锥动力触探试验根据探头贯入土中的难易程度（贯入度）定性划分不同性质的土层，检查填土质量，探查滑动带、土洞，还可根据经验公式定量确定岩土密度、容许承载力、变形模量等。

圆锥动力触探试验可分为轻型（10kg）、重型（63.5kg）和超重型（120kg）三种。轻型动力触探一般适用于贯入深度小于4m的一般黏性土和黏性素填土层，优点是轻便，用于施工验槽、填土勘察、查明局部软弱土层、洞穴分布等；重型动力触探适用于砂土和碎石土；超重型动力触探适用于较密实的卵石、块石地层。

圆锥动力触探试验的优点：

(1) 设备简单，坚固耐用（图7-8）。

(2) 操作及测试方法简单。

(3) 快速、经济，能连续测试土层。

(4) 适用性广，使用广泛，经验丰富。

圆锥动力触探试验的缺点：

(1) 不能取样及对土体进行直接鉴别描述。

(2) 人为误差较大，再现性差。

4. 标准贯入试验

标准贯入试验（SPT）（standard penetration test）是用质量为63.5kg的穿心锤，以76cm的落距，将标准规格的管状贯入器，自钻孔底部预打15cm，记录再打入30cm的锤击数（标贯击数），判定土的力学特性。

标准贯入试验仅适用于砂土、粉土和一般黏性土，不适用于软塑至流塑软土。标准贯入试验的优点是操作简单、使用方便，地层适用性较广。缺点是试验数据离散性较大，精度较低，对于饱和软黏土远不及十字板剪切试验及静力触探试验等方法精度高。

标准贯入设备如图 7-9 所示。标准贯入试验与圆锥动力触探试验的区别在于，将圆锥动力触探的圆锥形探头变成了由两个半圆筒组成的对开式管状贯入器，此外规定将贯入器贯入土中所需要的锤击数（又称为标贯击数）作为分析判断的依据。标准贯入试验具有圆锥动力触探试验所具有的所有优点，另外它还可以取得扰动土样，进行颗粒分析，因而对土层的分层及定名更为准确可靠。

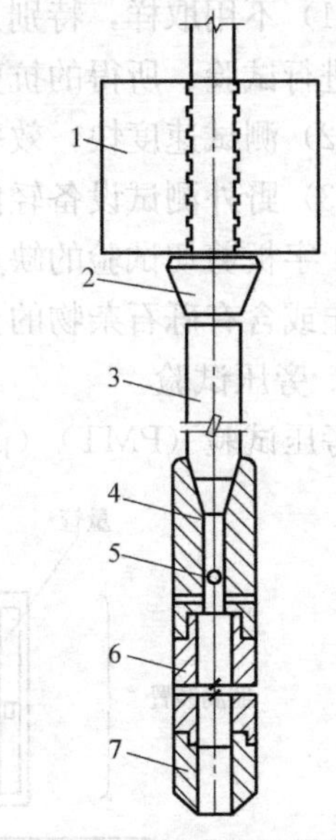

图 7-9 标准贯入设备
1—穿心锤；2—锤垫；3—钻杆；4—贯入器头；5—出水孔；6—两半圆形管合成的贯入器身；7—贯入器靴

5. 十字板剪切试验

十字板剪切试验（VST）（vane shear test），最初由瑞典人在 1919 年提出。其基本原理是利用插入土中的标准十字板探头，以一定速率扭转，量测土体破坏时的抵抗力矩，测定土的不排水抗剪强度，如图 7-10 所示。

十字板剪切试验适用于灵敏度小于 10 的均质饱和软黏土（$\varphi\approx0°$），可在现场基本保持原位应力的条件下进行扭剪，在我国沿海软土地区被广泛使用。对于不均匀土层，特别是夹有薄层粉细砂或粉土的软黏土，十字板剪切试验会有较大误差，使用时应谨慎。

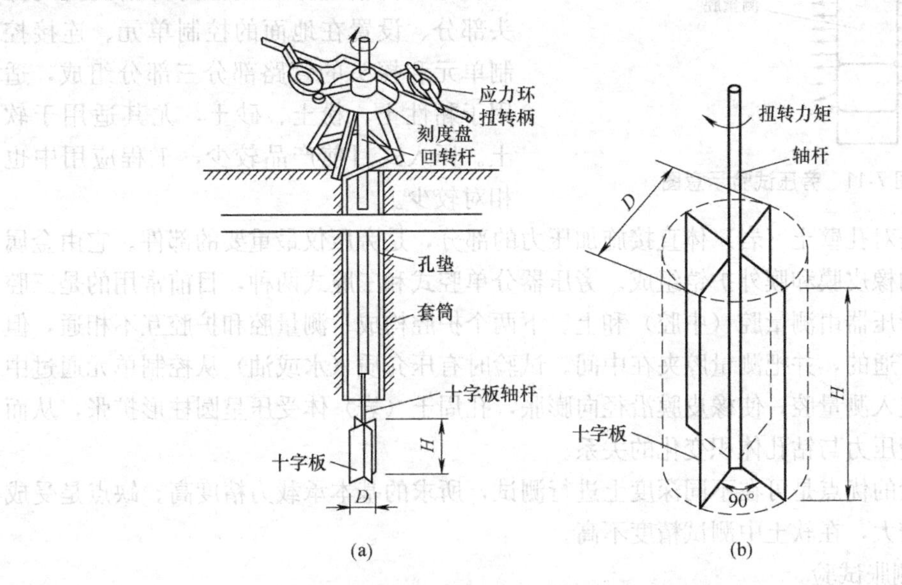

图 7-10 十字板剪切仪和试验原理
(a) 十字板剪切仪；(b) 十字板剪切原理

根据十字板仪的不同，十字板剪切试验可分为普通十字板剪切试验和电测十字板剪切试验。根据贯入方式的不同，可分为预钻孔十字板剪切试验和自钻式十字板剪切试验。从技术发展和使用方便的角度，自钻式电测十字板剪切试验具有明显优势。

十字板剪切试验的优点：

（1）不用取样，特别是对难以取样的高灵敏度黏性土，可在现场基本处于天然应力状态下进行试验，所得的抗剪强度指标比其他方法可靠。

（2）测试速度快，效率高，成果整理简单。

（3）野外测试设备轻便，操作容易。

十字板剪切试验的缺点：仅适用于江河湖海的沿岸地带的软土，适用范围有限，对硬塑性土或含有砾石杂物的土不宜采用，否则会损伤十字板头。

6. 旁压试验

旁压试验（PMT）（pressuremeter test），1930年起源于德国，最早的是单腔式旁压试验。旁压试验是用可侧向膨胀的旁压器，对钻孔孔壁周围的土体施加径向压力的原位测试，根据压力与变形之间的关系，计算土的模量和强度，旁压试验示意图如图7-11所示。

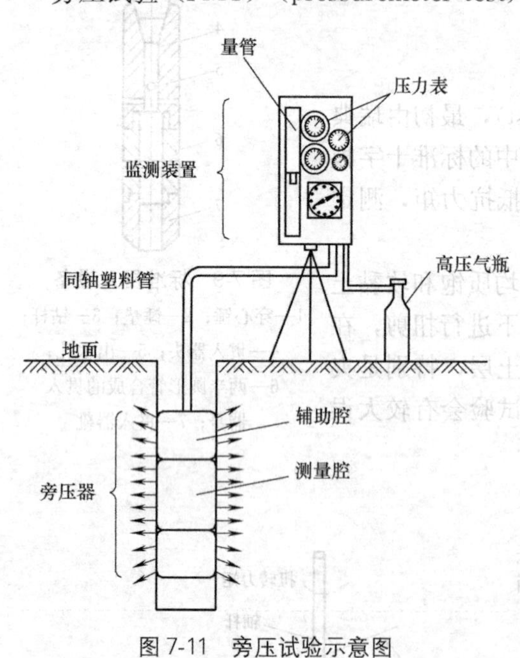

图7-11 旁压试验示意图

旁压试验可分为预钻式、自钻式和压入式三种。预钻式旁压试验是目前国内外应用最广泛的旁压试验，由旁压器、控制单元和管路三部分组成，适用于黏性土、粉土、砂土、碎石土、残积土、极软岩和软岩等。自钻式旁压试验由自钻机构的探头部分、设置在地面的控制单元、连接控制单元和探头的管路部分三部分组成，适用于黏性土、粉土、砂土，尤其适用于软土。压入式目前产品较少，工程应用中也相对较少。

旁压器是对孔壁土（岩）体直接施加压力的部分，是旁压仪最重要的部件。它由金属骨架、密封的橡皮膜和膜外护铠组成。旁压器分单腔式和三腔式两种，目前常用的是三腔式。三腔式旁压器由测量腔（中腔）和上、下两个护腔构成。测量腔和护腔互不相通，但两个护腔是互通的，并把测量腔夹在中间。试验时有压介质（水或油）从控制单元通过中间管路系统进入测量腔，使橡皮膜沿径向膨胀，孔周土（岩）体受压呈圆柱形扩张，从而可以量测孔壁压力与钻孔体积变化的关系。

旁压试验的优点是可在不同深度上进行测试，所求的基本承载力精度高。缺点是受成孔质量影响较大，在软土中测试精度不高。

7. 扁铲侧胀试验

扁铲侧胀试验（DMT）（dilatometer test），有时也称扁板侧胀试验，是20世纪70年代末Silvano Marchetti教授所提出的一种试验方法。扁铲侧胀试验是将带有膜片的扁铲压入土中预定深度，充气使膜片向孔壁土中侧向扩张，根据压力与变形关系，测定土的模量及其他有关指标，扁铲侧胀试验示意图如图7-12所示。

扁铲侧胀试验系统由扁铲探头、测控箱、气压源和贯入设备等部分组成。适用于软土、一般黏性土、粉土、黄土和松散至中密的砂土，不适用于含碎石的土等。随着土的坚硬程度或密实程度的增加，适应性逐渐变差。扁铲侧胀试验可用于土层划分与定名、不排水抗剪强度、应力历史、静止土压力系数、压缩模量、固结系数等的原位测定。

扁铲侧胀试验的优点：

(1) 具有操作简单、快速、安全，每1～2min即可完成一个试验点的试验。

(2) 每20cm即可进行一次试验，能得到土性随深度近似连续变化的曲线。

(3) 试验重复性好，能获得多个指标，能与多种原位及土工试验建立良好的相关关系，能够提供多种土性参数，大大降低勘察工作量及费用。

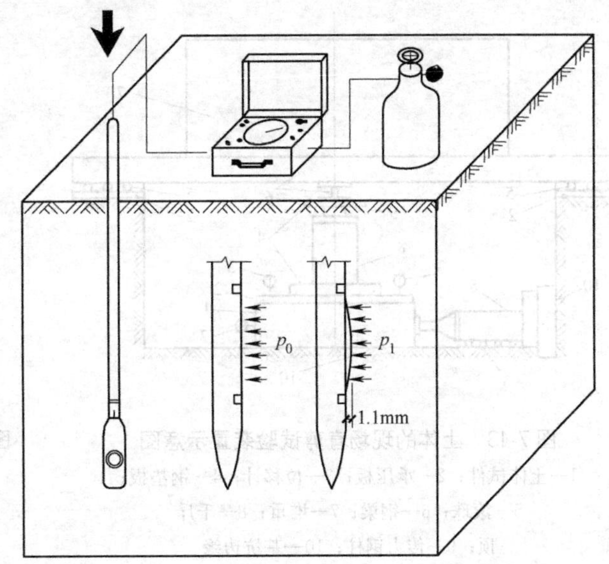

图 7-12 扁铲侧胀试验示意图

(4) 扁平状探头对土体的扰动很小，基本保持了土体的原位应力状态。

(5) 试验设备轻便，方便进出场地。

(6) 可采用多种贯入设备，方便工程上的灵活应用。

(7) 试验所需能源及材料很少，不会污染环境。

扁铲侧胀试验的缺点：

(1) 扁平状探头对灵敏性黏土及胶结砂土的扰动影响不可忽略。

(2) 在含有块石及密实粗砂中，扁铲的膜片容易损坏。

(3) 由于扁铲探头的复杂性，目前没有较理想的数学模型可以推导出各参数的求解公式，主要依靠各地工程资料统计分析获得。

(4) 试验前应将气电管路贯穿于钻杆中，若要加深试验深度时，会带来不便。

(5) 若采用动力作为贯入设备将对试验结果产生一定影响。

8. 现场直剪试验

现场直剪试验是指在现场对岩土体试样施加不同的法向荷载，待其固结稳定后再施加剪力使其破坏，同时记录试样破坏时的剪切应力，绘出剪应力与法向应力的关系曲线，继而可以得到岩土体在特定破坏面上的抗剪强度参数。现场直剪试验的原理和室内直剪试验的原理基本一致，由于现场直剪试验的岩土体较大，加上试验条件接近原位条件，因此试验结果更接近实际工程。现场直剪仪由加荷、传力和量测等三个系统组成。土体和岩体的现场直剪试验装置意图分别如图7-13和图7-14所示。

现场直剪试验可用于岩土体本身、岩土体沿软弱结构面和岩体与其他材料接触面的剪切试验。

现场直剪试验可分为三种：

(1) 抗剪断试验。岩土体试体在法向应力作用下沿剪切面剪切破坏的直剪试验。

(2) 抗剪试验（摩擦试验）。岩土体试体剪断后沿剪切面继续剪切的抗剪试验。

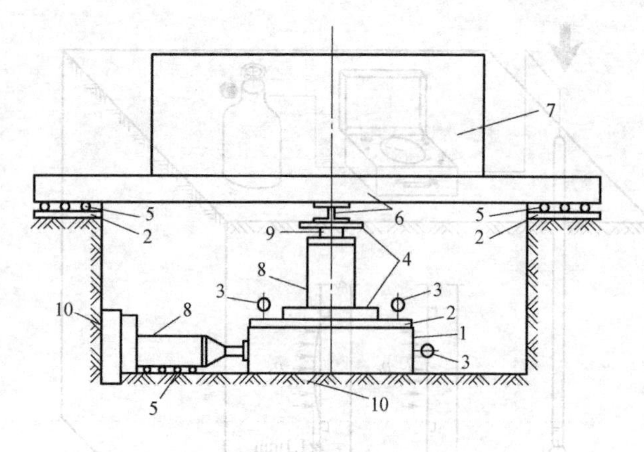

图 7-13 土体的现场直剪试验装置示意图

1—土体试件；2—承压板；3—位移计；4—钢垫板；5—滚珠；6—钢梁；7—堆重；8—千斤顶；9—传力钢柱；10—基坑边缘

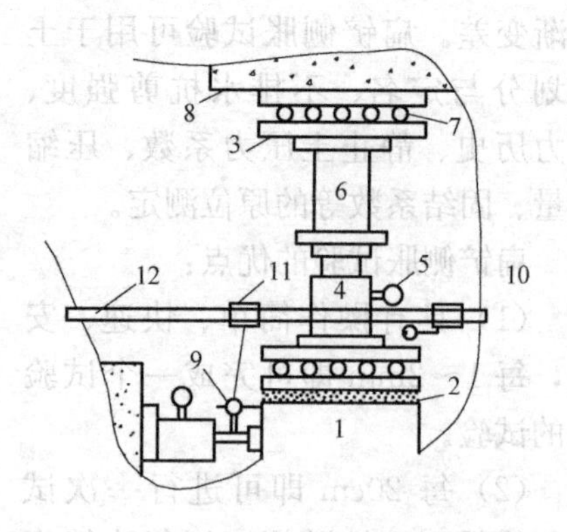

图 7-14 岩体的现场直剪试验装置示意图

1—岩体试件；2—水泥砂浆；3—钢板；4—千斤顶；5—压力表；6—传立柱；7—滚轴组；8—混凝土；9—千分表；10—围岩；11—磁性表架；12—U形钢梁

（3）抗切试验。法向应力为零时对岩体进行的直剪试验。

现场直剪试验可在试洞、试坑、探槽或大口径钻孔内进行。当剪切面水平或接近水平时，可采用平推法或斜推法；当剪切面较陡时，可采用楔形体法。

现场直剪试验的成果主要根据剪应力与剪切位移曲线、剪应力与垂直位移曲线来确定岩土体的强度。

现场直剪试验的主要优点是试验条件更接近岩土体原位情况，试验成果更符合实际，其缺点是受现场复杂性和多变性的影响，对试验方法和试验装置的要求更高，否则不易保证试验成果的合理性。

7.2.2.2 理论公式法

计算地基承载力的理论公式一般都是以某些假定条件为基础求得地基土的临界塑性变形时的荷载或极限荷载值，再来确定地基容许承载力。

理论公式法有临塑荷载法和极限荷载法两类。临塑荷载是指地基土中刚开始出现塑性剪切破坏时的临界压力。极限荷载是指地基丧失稳定性时作用于地基的压力，此时地基已完全剪切破坏。对于一定的基础，地基从开始出现塑性区一直到发生整体剪切破坏，相应的基础荷载变化范围很大。工程实践也表明，地基出现局部的塑性区域，对地基的整体安全影响并不是太大，而且此时距离极限荷载仍有足够的安全度。

1. 地基极限承载力理论公式

确定地基极限承载力的理论公式有很多，如太沙基公式、斯开普顿公式、魏锡克公式和汉森公式等。其中魏锡克公式和汉森公式考虑的影响因素很多，如基础底面形状、偏心和倾斜荷载、基础两侧覆盖层的抗剪强度、基底和地面倾斜、土的压缩性的影响等。

然后，根据理论公式计算得到的地基极限承载力来确定地基承载力特征值 f_a：

$$f_a=\frac{p_u}{K} \tag{7-1}$$

式中 f_a——地基承载力特征值（kPa）；

p_u——地基极限承载力（kPa）；

K——安全系数，大小与地基基础设计等级、荷载的性质、土的抗剪强度指标的可靠程度以及地基条件等因素有关，一般取 $K=2\sim3$。

2. 规范推荐的理论公式

我国的《建筑地基基础设计规范》GB 50007—2011 规定，当偏心距 e 小于或等于 0.033 倍基础底面宽度时，根据土的抗剪强度指标确定的地基承载力特征值可按式（7-2）计算，并应满足变形要求：

$$f_a = M_b\gamma b + M_d\gamma_m d + M_c c_k \tag{7-2}$$

式中 f_a——由土的抗剪强度指标确定的地基承载力特征值（kPa）；

M_b、M_d、M_c——承载力系数，按表 7-1 确定；

γ——基础底面以下土的重度（kN/m^3）；

b——基础底面宽度（m）；b 大于 6m 时按 6m 取值；对于砂土，小于 3m 时按 3m 取值；

γ_m——基础底面以上土的加权重度（kN/m^3）；

d——基础埋深（m）；

c_k——基底下一倍短边宽度的深度范围内土的黏聚力标准值（kPa）。

承载力系数 M_b、M_d、M_c 表 7-1

φ_k(°)	M_b	M_d	M_c	φ_k(°)	M_b	M_d	M_c	φ_k(°)	M_b	M_d	M_c
0	0.00	1.00	3.14	14	0.29	2.17	4.69	28	1.40	4.93	7.40
2	0.03	1.12	3.32	16	0.36	2.43	5.00	30	1.90	5.59	7.95
4	0.06	1.25	3.51	18	0.43	2.72	5.31	32	2.60	6.35	8.55
6	0.10	1.39	3.71	20	0.51	3.06	5.66	34	3.40	7.21	9.22
8	0.14	1.55	3.93	22	0.61	3.44	6.04	36	4.20	8.25	9.97
10	0.18	1.73	4.17	24	0.80	3.87	6.45	38	5.00	9.44	10.80
12	0.23	1.94	4.42	26	1.10	4.37	6.90	40	5.80	10.84	11.73

注：φ_k——基底下一倍短边宽度的深度范围内土的内摩擦角标准值（°）。

7.2.2.3 经验查表法

当受现场条件或其他条件限制，无法通过载荷试验或原位试验来确定地基承载力时，可通过规范经验值查表取得地基承载力。查表法是一种经验方法，它是在多年实践经验的基础上，总结了地基土的某些物理性质指标与地基承载力之间的相关关系，制定出的相应的表格。由于各地区各行业的特点，使用查表法时，必须注意适用范围，结合当地经验，以免发生误用。砂土按标准贯入试验锤击数 N 查取承载力特征值的表格，如表 7-2 所示。

砂土承载力特征值 f_{ak}（kPa） 表 7-2

砂土类别 \ 锤击数 N	10	15	30	50
中砂、粗砂	180	250	340	500
粉砂、细砂	140	180	250	340

承载力的取值是基于地表面的载荷试验或理论公式得到的，当一定尺寸的基础位于地表以下一定深度时，其所受的应力状态不同于试验和计算时的状态，因此需要对承载力进行修正。《建筑地基基础设计规范》GB 50007—2011 规定，当基础宽度大于 3m 或基础埋深超过 0.5m 时，用载荷试验、其他原位试验、经验表格取得的地基承载力均应按下式进行修正：

$$f_a = f_{ak} + \eta_b \gamma (b-3) + \eta_d \gamma_m (d-0.5) \tag{7-3}$$

式中 f_a——修正后的地基承载力特征值（kPa）；

f_{ak}——地基承载力特征值（kPa）；

b——基础底面宽度（m）；$b<3$m 时，按 3m 取值；$b>6$m 时，按 6m 取值；

d——基础埋深（m）；

γ——基础底面以下土体的重度（kN/m^3）；地下水位以下取浮重度；

γ_m——基础底面以上土体的加权平均重度（kN/m^3）；地下水位以下取有效重度；

η_b、η_d——基础宽度、基础埋深地基承载力修正系数，按表 7-3 取值。

基础宽度、基础埋深地基承载力修正系数 表 7-3

土的类别		η_b	η_d
淤泥和淤泥质土		0	1.0
人工填土，e 或 I_L 大于等于 0.85 的黏性土		0	1.0
红黏土	含水比 α_w 大于 0.8	0	1.2
	含水比 α_w 小于等于 0.8	0.15	1.4
大面积压实填土	压实系数大于 0.95、黏粒含量 ρ_c 大于等于 10% 的粉土	0	1.5
	最大干密度大于 2100kg/m³ 的级配碎石	0	2.0
粉土	黏粒含量 ρ_c 大于等于 10% 的粉土	0.3	1.5
	黏粒含量 ρ_c 小于 10% 的粉土	0.5	2.0
e 或 I_L 均小于 0.85 的黏性土		0.3	1.6
粉砂、细砂（不包括很湿与饱和时的稍密状态）		2.0	3.0
中砂、粗砂、砾砂和碎石土		3.0	4.4

注：1. 强风化和全风化岩石，可参照风化成的相应土取值，其他状态下的岩石不修正；
2. 地基承载力按深层平板载荷试验时深度不修正；
3. 含水比是土的天然含水量与液限的比值；
4. 大面积压实填土是指填土范围大于 2 倍基础宽度的填土。

7.3 地基工程地质问题的主要防治措施

7.3.1 合理选择基础类型

基础将上部建筑物的荷载传递给地基，使地基产生附加应力和变形，同时地基对基础也产生反力，地基和基础的相互作用决定了地基反力和基底应力的大小和分布。因此，基础设计不仅要求基础应具有足够的强度和刚度，还要满足地基的强度和变形要求，基础设计又称为地基基础设计。基础设计时应针对工程结构特点和地基的地质条件，结合基础的适用性，合理选择建筑物基础。如当上部结构对不均匀沉降敏感时，可选用箱形基础、筏板基础等整体刚度较好的基础；若浅基础不能满足承载力和变形要求时，可选用桩基础、沉井基础等深基础。

7.3.1.1 一般土地基的基础类型选择

（1）地基土由均匀的、承载力较高的土层组成，若上部荷载不大可采用无筋扩展基础，荷载较大时可采用扩展基础。

（2）地基土由均匀的、压缩性高的软土或软弱土层组成。一般的民用建筑或高层建筑需要设置地下室时可采用箱形基础或桩基础。箱形基础整体性好、刚度大，能适应地基软弱或荷载较大时产生的不均匀沉降。桩基础通过桩端或桩侧摩阻力将上部结构荷载传递给深层土体或侧向土体，由埋置于土中的桩体和桩顶承台组成。

（3）地基土由软、硬两层土组成。若上层较软，下层较硬时，可根据具体情况挖除上层软土将基础置于下伏的硬土层上或采用筏板基础、箱型基础或桩基础等。当上层土体较硬、下层较软时，如表层硬土厚度较大，对于一般的低矮的混合结构的民用建筑，可将基础埋深减小，充分利用表层硬土层的承载能力，否则应采取一定的工程处理措施。

（4）由多层软、硬土层互层组成的地基。基础类型的选择取决于持力层的选择和持力层的深度。当持力层为一定厚度的硬土且深度不大时，可采用筏板基础。若荷载必须传递到深部持力层时，一般可采用桩基础。

7.3.1.2 特殊土地基的基础类型选择

1. 软土地基

由于软土地基的承载力和沉降量一般都不能满足工程要求，多采用地基处理措施，对一般建筑或层数不高的高层建筑，首选箱形基础和桩基础，也可采用筏板加桩的复合基础等。

2. 膨胀土地基

吸水膨胀、失水收缩是膨胀土地基的主要危害，胀缩等级不同，基础类型的选择也有所不同。对较均匀的弱膨胀土地基，可采用埋深较大的扩展基础。强膨胀土地基可采用箱形基础，减小膨胀土层的厚度。如采用桩基，则应穿过膨胀土层到达不产生胀缩性的土层。

3. 湿陷性黄土地基

湿陷性是黄土地基的主要危害，若湿陷性较小且湿陷性土层不厚，对于一般的民用建筑在做好防水措施后，可采用浅基础的形式。对于重型建筑或大型工业厂房可采用桩基础的形式。

4. 冻土地基

冻胀和融陷是冻土地基的主要危害，对季节性冻土地基，基础埋深满足冻土的最小埋深并应在地下水位以上，采取必要的保温隔热及防水排水措施，同时在基础周围换填非冻胀散体材料。多年冻土地基，如强冻胀土厚度较大，可采用独立基础和桩基础，若采用条基，必须设砂垫层和钢筋混凝土圈梁和基础连系梁。对于永久冻土地基，如下卧冻土层很厚且永冻土层上的土层有足够厚度的非冻胀土，可采用扩大基础、连续基础、筏板基础等并做好保温隔热措施；若永冻土层上为很厚的淤泥、沼泽等冻融不稳定土层时，将基础底面直接置于永冻土上并做好隔热措施。

5. 盐渍土地基

腐蚀、盐胀和溶陷是盐渍土地基的主要工程问题，可采用预浸水、强夯法、预压法等，减小盐渍土地基的压缩性。采用耐腐蚀的建筑材料、控制材料的含盐量、做好基础防排水措施等。对于溶陷性大、地基承载力要求高的软弱盐渍土地基，可采用桩基、混凝土墩、灰土墩等进行处理。

7.3.2 采取必要的地基处理措施

无须经过人工加固和处理便能满足修建建筑物要求的地基称为天然地基。工程建筑物应尽量修建在天然地基上，但随着工程建设规模的增大，建筑物荷载也越来越大，能满足设计要求的天然地基日趋减少。对于不能满足工程要求的地基，必须经过必要的加固处理才能满足工程需求。

7.3.2.1 浅层软弱地基处理

若软弱土体厚度不大、埋深较浅时，可直接将浅部的软弱土体挖除，并换填强度更大、工程性质更好的土体，一般多采用渗透性好、级配良好的砂砾石或卵块石。换填法的适合的处理深度是 2～3m。对于深度为 5～10m 的一般黏性土、人工填土、粗颗粒土等，如果强度或压缩性不能满足设计要求，经常采用强夯法进行处理。

7.3.2.2 深层或深厚软弱地基处理

深层软弱地基主要是指计算持力层以上具有深部软弱夹层的地基。深厚软弱地基是指厚度超过常规处理深度的软弱地基。对于深层或深厚软弱地基，一般是设置穿过软弱地层的桩，将上部结构荷载传递到下部坚硬地层上，或通过一定材料置换部分地基土，形成复合地基，以提高地基承载力。

采用桩基处理软弱地基是目前应用较为广泛的方法，如混凝土桩、钢桩等，但仅适用于处理面积不大的单个场地，如房屋建筑地基。对工程中大面积、大范围的深层或深厚软弱地基，如机场、公路、铁路等，常采用深层搅拌桩、CFG 桩、碎石桩等进行处理。

7.3.2.3 土质改良加固

在软弱地基中掺入水泥、砂浆、石灰、高分子化学浆液等，改变土的结构、改善土的抗渗能力、提高土体的强度、减小土的压缩性，以达到变形和稳定性等方面的工程要求，是目前应用较多的土质改良方法。

此外，近年来越来越多的工程在土体中通过敷设强度较大的土工合成材料，形成加筋土，利用材料抗拉强度较大的优点，达到提高地基承载力、减小沉降的目的。常用的土工合成材料有土工织物、土工格栅、土工格室、筋带等。

7.3.2.4 特殊地质构造上的地基处理

1. 斜坡地基

斜坡地基主要有斜坡松散堆积层地基和在基岩斜坡上填筑的地基。松散堆积层透水性好，容易在松散堆积层与基岩接触带以上形成饱水带，降低接触带的抗剪强度，在荷载作用下，容易沿着接触带产生整体剪切滑动。另外，斜坡松散堆积层的坡脚容易受水流冲刷导致斜坡地基整体破坏。因此，这类地基除了进行稳定性加固外，还应避免坡脚处修建建筑或开挖坡脚。在基岩斜坡上修建地基基础，一方面要处理好地表，对地表松散的风化破碎土和植物根系清除干净，防止填筑后出现含腐殖质的软弱夹层；另外一方面要在地表开凿阶梯防滑。

2. 有地下空洞地基

在岩溶地区及地下采空区等，当地下洞穴的顶板的厚度不足可能产生塌陷时，需要对地下洞穴进行处理。常用的措施有坑道回填和钻孔充填。对能进入洞穴、坑道等，可采用片石直接回填。对不连通且无法进入的空洞，一般先钻孔，再向空洞中注入砂、碎石、黏土、粉煤灰等材料进行充填。对溶蚀裂隙和溶孔，可采用钻孔并注入水泥砂浆的方式形成隔水帷幕。

3. 下伏不均匀的软弱破碎带地基

下伏不均匀的软弱破碎带有两种形式，一种是基础跨越两种岩层时坐落在软硬不均的地基上，可采用换填、注浆加固、水泥搅拌桩、CFG 桩、碎石桩等加固软弱地层，减小不同地基的强度差异；另外一种是地基通常是局部存在断层破碎带、岩溶溶蚀破碎带、密集节理风化破碎带等，对这类地基除了需对局部破碎带进行加固处理外，还应采用合理的基础设置，如采用整体刚度大的基础、加大桥跨等。

7.3.3 合理设计与施工

地基的均匀沉降一般对建筑物的影响不是很大，可以通过预留沉降标高的方法加以解决。而当不均匀沉降超过限值时，建筑物就会发生倾斜、开裂等事故。可以从建筑、结构、施工等方面采取相应措施减小不均匀沉降的影响。如建筑措施可采用设计体型简单的建筑，在特定部位设置沉降缝，调整建筑物标高，控制建筑物间距等。结构措施可采用减轻建筑自重，增强结构物强度和刚度，采用柔性结构等。施工方面应尽量不扰动地基土，保持原状结构，及时开挖和回填，采用合理的施工顺序等。

本章小结

(1) 基础是将建筑物所承受的各种作用传递给地基的结构的最下部分，而地基是直接承受建筑物荷载、初始应力状态发生改变的岩土层。地基和基础相互作用，不可分割，基础设计时不仅要求基础应具有足够的强度和刚度，还要满足地基的强度和变形要求。

(2) 地基工程的主要工程地质问题是地基的有害变形和地基的剪切破坏。地基的有害变形包括地基变形过大和不均匀沉降。地基的剪切破坏都是由地基土体强度不足所引起，剪切破坏的类型有整体剪切破坏、局部剪切破坏和冲剪破坏三种。

(3) 地基承载力是指地基承受荷载的能力，分为地基极限承载力和地基容许承载力。地基极限承载力是指单位面积地基上所能承受的最大极限荷载能力。地基容许承载力是指为了保证建筑物的安全和地基的稳定性，限定建筑物基础底面的压力不超过规定值时的地基承载力。地基承载力的确定方法有现场试验法、理论公式法和经验查表法三种。

(4) 地基工程地质问题的防治措施有合理选择基础类型、采取必要的地基处理措施、合理设计与施工等。

思考与练习题

7-1　什么是地基？什么是基础？

7-2　地基工程的主要工程地质问题有哪些？

7-3　地基剪切破坏的机制？地基剪切破坏的类型有哪几种？

7-4　地基承载力的概念？地基承载力的确定方法有哪些？

7-5　地基工程地质问题的主要防治措施有哪些？

第 8 章　地下工程的地质问题

本章要点及学习目标

本章要点：

(1) 掌握岩体、岩体结构及地应力的基本概念。

(2) 了解地下洞室变形及破坏的基本类型及破坏机制。

(3) 掌握地下洞室的特殊地质问题。

(4) 了解围岩分级方法。

(5) 掌握围岩稳定性分析方法。

(6) 掌握地下工程地质问题的防治原则及措施。

学习目标：

(1) 掌握地下工程存在的主要地质问题。

(2) 掌握地下工程地质问题的主要防治措施。

8.1　岩体及地应力

8.1.1　岩体及岩体结构的概念

8.1.1.1　岩体

岩体是指由一种或多种岩石组成，并由各类结构面及其所切割的结构体所构成的，存在于一定的地质环境中的刚性地质体。任何岩体都发育有各种裂隙和断层，并被分割成大小、形状各异的岩块体，这就决定了岩体是岩块的集合体。不同的裂隙断层组合，就会有不同的岩块集合体形式，这也就决定了岩体的物理和力学性质。岩体经常被各种结构面（如层面、节理、断层等）切割，使岩体成为一种多裂隙的不连续介质。

8.1.1.2　岩体结构

岩体结构是指岩体中结构面和结构体两个要素的组合特征，它包括岩体中结构面的发育程度及组合，也反映结构体的大小、几何形式及排列（图 8-1、图 8-2）。结构面是指岩体中的各种裂隙、断层、层面等地质界面。结构体是指各种形状、大小的岩块块体。

8.1.2　地应力的概念

岩体中的应力是影响岩体稳定性的重要因素。人类工程活动之前存在于岩体中的应力，称为天然应力或地应力。一般认为，地应力是各种地质作用的起源力，它包括岩体自重应力、地质构造应力、地温应力、地下水压力以及结晶作用、变质作用、沉积作用、固

图 8-1　露出地表的岩体

图 8-2　岩体的微观结构

结脱水作用等引起的应力。由于工程开挖，使一定范围内岩体中的应力受到扰动而重新分布，则称为二次应力或扰动应力，在地下工程中称围岩应力。

洞室开挖后，地下形成了自由空间，在围岩应力的作用下，原来处于挤压状态的围岩，由于解除束缚而向洞室空间松胀变形。这种变形大小超过了围岩所能承受的能力，便发生破坏，从母岩中分离、脱落，导致坍塌、滑动、隆破和岩爆等。

8.2　地下洞室变形与破坏

8.2.1　洞室围岩的变形

8.2.1.1　弹性与塑性变形

导致围岩变形的根本原因是地应力的存在。洞室开挖前，岩（土）体处于自然平衡状态，内部储存着大量的弹性能，洞室开挖后，这种自然平衡状态被打破，弹性能释放。

洞室开挖前，岩土体一般处于天然应力平衡状态，称一次应力状态或初始应力状态(包括自重应力和构造应力)，是一个三向应力不等的空间应力场。由于影响天然应力的因素十分复杂，竖向应力与水平应力间的比例系数即使在同一地质环境里也有较大变化。实测结果表明，有些地区竖向应力大于水平应力；有的则水平应力大于竖向应力；也有的两者相近，特别是在地壳的相当深处，天然应力比值系数接近于1。

图 8-3　开挖中的地下洞室

如图 8-3 所示，洞室开挖后，便破坏了这种天然应力的平衡状态。洞室周边围岩失去原有支撑，就要向洞室空间松胀，结果又改变了围岩的相对平衡关系，形成新的应力状态。作用于洞室围岩上的外荷，一般不是建筑物的重量，而是岩土体所具有的天然应力。这种由于洞室的开挖，围岩中应力、应变调整而引起原有天然应力大小、方向和性质改变的过程和现象，称为围岩应力重分布，它直接影响围岩的稳定性。洞室内若有高压水流作用，对围岩便产生一种附加应力，它叠加到开挖、衬砌后围岩中的应力上，也是影响围岩稳定性的一种因素。

重新分布的围岩应力在未达到或超过其强度以前，围岩以弹性变形为主。由于围岩应力重新分布，各点的应力状态发生变化，导致围岩产生新的弹性变形。这种弹性变形是不均匀的，从而导致洞室周边位移的不均匀性。一般认为，弹性变形速度快、量值小，是随着开挖过程几乎同时完成的。当应力超过围岩强度时，围岩出现塑性区域，甚至发生破坏，此时围岩变形将以塑性变形为主。塑性变形延续时间长、变形量大，是围岩变形的主要组成部分。

8.2.1.2 结构面变形

如果围岩节理、裂隙十分明显或者围岩破坏严重时，节理、裂隙间的相互错位、滑动及裂隙张开或压缩变形将会占据主导地位，而岩块本身的变形退居次要地位。按照岩体结构力学原理，由于岩体中大小结构面的存在，围岩的变形会或多或少地存在结构面的变形。

8.2.1.3 围岩流变变形

由于岩石的流变效应十分明显，围岩长期处于一种动态变化的高应力作用之中，流变也是围岩变形不可忽略的组成部分。

固体介质在长期静载荷作用下，应力、应变随时间延长而变化的性质，称为流变性。蠕变和松弛则是流变性的两种宏观表现。蠕变是在一定温度和应力作用下的固体介质随时间而产生的缓慢、连续的变形；松弛是在一定温度和变形条件下的固体介质随时间而产生缓慢、连续的应力减小。工程实践证明，岩石具有流变性，某些受高温高压的岩石，蠕变现象更是多见。岩体同样也会发生蠕变。花岗岩一类岩石在低温、低应力下，蠕变量微小，可忽略不计；而黏土岩、泥质页岩和具有充填黏土和泥化结构面的岩体，蠕变量通常很大，必须重视，以便对岩体变形和稳定性做出正确论证。

试验表明，岩体蠕变可以划为三个阶段。第一阶段称为减速（初始）蠕变阶段。第二阶段为围岩应力调整期的变形阶段，称为等速蠕变阶段，其变形缓慢平稳，变形速度保持常量。第三阶段称为加速蠕变阶段，它出现在应力值等于或超过岩体的蠕变极限应力条件下，其变形速度逐渐加快，最终导致岩体破坏。

岩体的三个蠕变阶段，并不是在任何应力值下都可全部出现。应力值较小，岩体仅出现第一阶段或第一与第二阶段；应力值等于或超过岩体蠕变极限应力，岩体才可能蠕变至破坏。通常把蠕变破坏的最低应力值，称为长期强度。

研究软弱岩体和岩体沿某些结构面滑动的稳定性问题，应特别注意其长期强度和蠕变特性。根据原位剪切流变试验资料，软弱岩体和泥化夹层的长期抗剪强度与短期抗剪强度的比值约为0.8左右，大体相当于快剪试验的屈服极限与强度极限的比值。

根据变形与时间和变形与荷载的关系曲线，可以区分岩体的稳定变形和非稳定变形，恒定荷载作用下，若变形与时间的变化率减小，或者为一很小的常数，则变形稳定。若变形与时间的变化率增大，则变形不稳定，并将导致岩体发生全面破坏。荷载不断增加的条件下，若变形与载荷的比率减小，或者为某一个常数，则变形稳定。若变形与荷载的变化率增加，则变形不稳定，并将导致岩体发生全面破坏。

8.2.1.4 变形分布规律

从围岩变形与深度的关系上看，变形的分布以洞室的表面最大，随着深度的加大，变形将趋于零。

8.2.2 围岩的破坏

8.2.2.1 围岩破坏的形式

洞室围岩的变形与破坏程度，一方面取决于地下天然应力、重分布应力及附加应力，另一方面与岩土体的结构及其工程地质性质密切相关。

洞室开挖后，围岩应力大小超过了岩土体强度时，便失稳破坏。有的突然而显著，有的变形与破坏不易明显划分。洞室围岩的变形与破坏，二者是发展的连续过程。弹脆性岩石构成的围岩，变形尺寸小，发展速度快，不易由肉眼觉察；而一旦失稳则突然破坏，其强度、规模和影响都极显著。弹塑性岩石和塑性土构成的围岩，变形尺寸大，甚至堵塞整个洞室空间，但其发展速度极缓慢，而破坏形式有时很难与变形区别。一般情况下，洞室围岩的变形与破坏，按其发生的部位，可概括地划分为顶围（板）悬垂与塌顶、侧围（壁）突出与滑塌和底围（板）鼓胀与隆破。

（1）顶围悬垂与塌顶

洞室开挖时，顶壁围岩除瞬时完成的弹性变形外，还可由塑性变形及其他原因而继续变形，使洞顶壁轮廓发生明显改变，但仍可保持其稳定状态，这大都在开挖初始阶段中出现，而且在水平岩层中最典型。若进一步发展，围岩中原有结构面或由重分布应力作用下新生的局部破裂面会发展扩大，顶围原有的和新生的结构面相互汇合交截，便可能构成数量不一、形状不同、大小不等的分离体，在重力作用下与围岩母体脱离，突然塌落而终至形成塌落拱。多数塌落拱都大于洞室设计尺寸，有时还会发生严重的流砂和溜塌，如图8-4所示。

图8-4 开挖中的围岩塌顶事故

（2）侧围突出与滑塌

洞室开挖时，侧壁围岩继续变形使洞室轮廓会发生明显突出而产生破坏，这在竖向岩体中最为典型。若继续发展，由于侧围原有的和新生的结构面相互汇合、交截、切割，构成一定大小、数量、形状的分离体。具备滑动条件的结构面便向洞室滑塌，侧围滑塌改变了洞室的尺寸和顶围的稳定条件，在适当情况下又会影响到顶围，造成顶围塌落或扩大顶围塌落范围和规模如图8-5所示。侧围发生滑动位移是滑塌破坏过程的开始，防止滑塌往往需要规模较大的加固措施。

（3）底围鼓胀与隆破

洞室开挖时常见有底壁围岩向上鼓胀，它在塑性、弹塑性、裂隙发育、具有适当结构面和开挖深度较大的围岩中表现得最充分、最明显，但仍不失其完整性，一般情况下，这种现象极不明显，难以观察。洞室开挖后，底围总是或大或小，或隐或显地发生鼓胀现象，在适当条件下底围便可能被破坏、失去完整性甚至冲向洞室空间堵塞全部洞室而形成隆破，如图 8-6 所示。

图 8-5 围岩滑塌事故

图 8-6 围岩鼓胀与隆破

(4) 围岩缩径及岩爆

1) 围岩缩径

洞室开挖中或开挖以后，围岩变形可同时出现在顶围、侧围、底围之中，因所处地质条件或施工措施不同，它可在某一或某些方向上表现得充分而明显。实践证明，在塑性土层或弹塑性岩体之中，常可见到顶围、侧围、底围三者以相似的大小和速度向洞室空间方向变形，而不失其完整性，实际上已很难区分它的变形与破坏的界限，但可导致支撑和衬砌的破坏。这便是在黏性土或黏土岩、泥灰岩、凝灰岩中常见的围岩缩径，又称“全面鼓胀”，如图 8-7 所示。

2) 岩爆

洞室开挖过程中，周壁岩石有时会骤然以爆炸形式，呈透镜体碎片或岩块突然弹出或抛出，并发生类似射击的噼啪声响，这就是所谓“岩爆”。坚硬而无明显裂隙或者裂隙极稀微而不连贯的弹脆性岩体，开挖洞室，围岩的变形大小极不明显，并在短促的时间内完成这种变形。由于应力解除，其体积突然增加，而在洞室周壁上留下凹痕或凹穴，体积突然缩小。岩爆对地下工程常造成危害，可破坏支护，堵塞坑道，或造成重大伤亡事故，如图 8-8 所示。

岩爆多发生在深度大于 200m 的洞室中，有时深度不大，甚至在采石场或露天开挖中也可发生岩爆。岩爆本质上是在一定地质条件下，围岩弹性应变能的高度迅速集中而又突然剧烈释放的过程。围岩弹性应变能的高度迅速集中的原因很多，归纳起来主要有两个方面：一是机械开挖、施工爆破和重分布应力（有时有构造应力）的叠加影响，使围岩应力迅速高度集中；二是开挖断面的推进和渐进破坏，引起围岩应力迅速高度地向某些部位集中。由于这种迅速高度集中的应力作用，围岩便以爆炸形式骤然剧烈地破坏，形成岩爆。

8.2.2.2 岩体破坏机理与渐进破坏

工程岩体的破坏，主要受岩体本身的特性、天然应力状态、工程加荷与卸荷、地下水作用和时间因素的综合影响，构造应力可以引起自然岩体的破坏，另外还有围岩压力及温

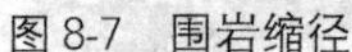

图 8-7　围岩缩径

图 8-8　岩爆事故现场

度效应等。就岩体破坏方式而言，基本上可划分为剪切破坏和拉断破坏两类。地壳断裂构造中经常看到的正断层、逆断层以及平移断层，基本上都属于剪切破坏，它们之间的区别仅在于破坏时的应力状态不同；而纯张断裂构造以及主干断裂在滑错运动中所派生的张性羽状断裂，则属于拉断破坏。

岩体剪切破坏可划分为重剪破坏、剪断破坏和复合剪切破坏三种形式。重剪破坏是沿着岩体原来已经剪断的面（包括结构面）再次发生剪切破坏。断裂构造中，表现为某些古老断裂在后期构造运动中再次或多次发生的滑动。工程岩体破坏中，通常看到岩体沿着结构面的滑动，重剪破坏为工程岩体破坏最普遍的形式。剪断破坏是横切先前存在的、已经分离的结构面的剪切破坏。虽然它是断裂运动的普遍产物，但在工程岩体的破坏中却比较少见，而且主要发生在超风化岩体和非常软弱的岩体中。复合剪切破坏是部分沿着结构面、部分横切结构面发生的剪切破坏，它主要发生在软弱岩体和裂隙岩体中。

岩体破坏是一个渐进发展的复杂过程。这个过程大体可划分为初裂前阶段、渐进破坏阶段和加速破坏阶段。各个阶段的主要特点是：

（1）初裂前阶段。随着加荷或卸荷，岩体仅发生包括可逆变形和不可逆变形在内的狭义变形，变形量常在毫米以内。

（2）渐进破坏阶段。随着应力的增加，岩体中某些点先开始破坏，直至出现显著的微型变位，包括不同部位上出现不同温度的位移和开裂，但变位发展较缓慢。该阶段持续时间的长短及变位达到的程度，均因具体条件不同而变化。

（3）加速破坏阶段。宏观变形加速发展，并导致岩体发生全面破坏，其持续时间比渐进破坏阶段短。

8.3　地下洞室特殊地质问题

8.3.1　洞室涌水

当地下洞室穿越含水层时，不可避免地会使地下水涌进洞内，为施工带来困难。

涌水的条件包括两个方面，一是遇相互贯通又富含水的节理、断层破碎带、蓄水洞穴或地下暗河等，可能产生涌水；二是已开挖洞室与地面有贯通裂缝，暴雨时可能产生涌水。

8.3.2 有害气体

天然存在的有害气体能够充满岩土中的孔隙。这种气体或许处于压力之下，并且曾有过受压气体突然进入地下井巷使岩石受爆炸力破坏的情况，很多气体是危险的，例如沼气、瓦斯等。下面以瓦斯为例进行说明：

（1）瓦斯的危害条件

危害条件：
- 瓦斯浓度小于 5%～6%，能在高温下燃烧
- 瓦斯浓度为 5%～6%-14%～16%，易爆炸（特别是含量为 8%）
- 瓦斯浓度 42%～57%，易使人窒息

（2）瓦斯的施工要求

施工要求：
- 瓦斯浓度大于 1%时，不准装药放炮
- 瓦斯浓度大于 2%时，工作人员撤离现场

8.3.3 地温

地壳中温度有一定的变化规律。地表下一定深度处的地温、常年不变的称为常温带。常温带以下，地温随深度增加，把深度每增加 100m 时地温所升高的温度称为地温梯度（或地温增高率，℃/100m）。一般地壳表层深度每增加 100m 温度升高约 3℃。

8.3.4 岩爆

地下洞室开挖过程中，围岩突然猛烈释放弹性变形能，造成岩石脆性破坏，或将大小不等的岩块弹射或掉落，并常伴有响声的现象叫做岩爆。

岩爆的特点包括：

（1）发生在高应力地区的坚硬岩石中；

（2）岩爆时伴有声音；

（3）岩爆过程分为启裂阶段、应力调整阶段、岩爆阶段；

（4）岩爆发生的临界深度为 200m。

8.3.5 腐蚀

地下洞室开挖过程中，由于地下水、地下矿床以及人为因素等作用，会产生岩土腐蚀现象，具体论述如下：

（1）腐蚀类型

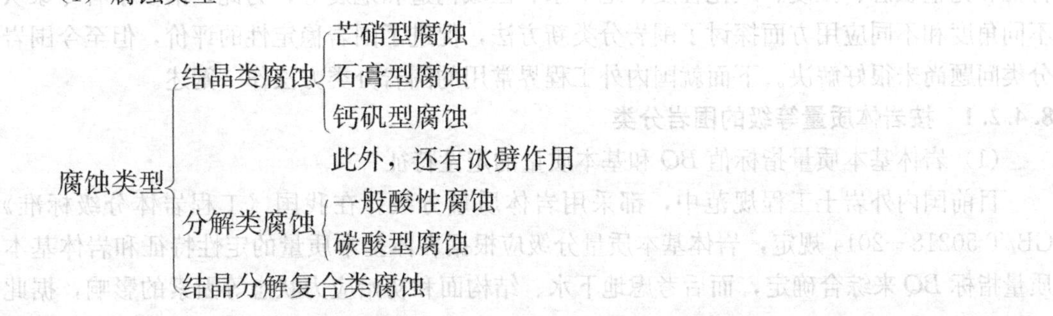

（2）腐蚀严重程度

腐蚀严重程度：
- 无腐蚀
- 弱腐蚀→局部砂浆剥落
- 中等腐蚀→局部骨料外露
- 强腐蚀→局部呈豆腐渣状，深度达 20cm 以上

（3）腐蚀易发生地区

腐蚀易发生地区：
- *R*、*K*、*J* 红层及 *T* 灰岩等中的含膏地层
- 泥炭、淤泥、沼泽等地
- 我国东南沿海有红树林残体的冲积层
- 我国长江以南的酸性红土
- 含硫矿床的地下水层
- 冶炼厂、化工厂、废渣场、堆煤场等地的地下水层

8.4 围岩分类及稳定性分析

随着我国建设事业的飞速发展，地下工程的数量越来越多，规模也越来越大。地下工程是一个较为广阔的范畴。它泛指修建在地面以下岩层或土层中的各种工程空间与设施，是地层中所建工程的总称，通常包括矿山井巷工程、城市地铁隧道工程、水工隧洞工程、交通山岭隧道工程、水电地下洞室工程、地下空间工程、军事国防工程、建筑基坑工程等。他们的共同特点是：都建设在地下岩土体内，具有一定断面形状和尺寸，并有较大的延伸长度。

8.4.1 围岩的概念

围岩是指地壳中受地下工程开挖影响的那一部分岩体，或是指对地下工程稳定性有影响的那一部分岩体。从力学分析的角度来看，围岩的边界应划在因开挖地下工程而引起的应力变化可以忽略不计的地方，或者在围岩的边界上因开挖地下工程而产生的位移应该为零，这个范围在横断面上约为 6～10 倍的洞径。

8.4.2 围岩分类

围岩分类是为解决地下洞室的围岩稳定和支护问题而建立的，但围岩分类问题是一个复杂的不确定性系统问题，受诸多模糊性、可变性、不确定性影响与控制，如岩体的结构特征和完整状态、强度、风化程度、地下水、区域构造和地震等，为此，诸多学者专家从不同角度和不同应用方面探讨了围岩分类新方法，促进了围岩稳定性的评价，但至今围岩分类问题尚未很好解决。下面就国内外工程界常用的围岩分类方法作一阐述。

8.4.2.1 按岩体质量等级的围岩分类

（1）岩体基本质量指标值 *BQ* 和基本质量的定性特征

目前国内外岩土工程规范中，都采用岩体质量分级。在我国《工程岩体分级标准》GB/T 50218—2014 规定，岩体基本质量分级应根据岩体基本质量的定性特征和岩体基本质量指标 *BQ* 来综合确定，而后考虑地下水、结构面和初始应力状态等因素的影响，据此

对 BQ 值修正，并称为岩体质量指标［BQ］。

岩体基本质量指标 BQ，应根据分级因素的定量指标 R_c 的兆帕数值和 K_v，按下式计算：

$$BQ=90+3R_c+250K_v \tag{8-1}$$

式中 R_c——岩石饱和单轴抗压强度（MPa），岩石坚硬程度的划分，如表 8-1 所示；

K_v——岩体的完整性系数，按其值的大小可将岩体划分为不同的完整程度，如表 8-2 所示。

K_v 值的大小是与岩体体积节理数 J_v 有关。岩体体积节理数是指每立方米岩体体积内的结构面数目（条/m³），并按下表 8-3 所列的 J_v 值来确定大 K_v 值。K_v 值也可用声波测试确定，这时岩体完整系数为岩体声波纵波速度与岩块声波纵波速度之比的平方。

同时，应遵循下列限制条件：

当 $R_c>90K_v+30$ 时，应以 $R_c=90K_v+30$ 和 K_v 代入计算 BQ 值。

当 $K_v>0.04R_c+0.4$ 时，应以 $K_v=0.04R_c+0.4$ 和 R_c 代入计算 BQ 值。

岩石坚硬程度 **表 8-1**

R_c(MPa)	>60	60～30	30～15	15～5	≤5
坚硬程度	硬质岩		软质岩		
	坚硬岩	较坚硬岩	较软岩	软岩	极软岩

K_v 与岩体完整程度的对应关系 **表 8-2**

K_v	>0.75	0.75～0.55	0.55～0.35	0.35～0.15	≤0.15
完整程度	完整	较完整	较破碎	破碎	极破碎

J_v 与 K_v 对照表 **表 8-3**

J_v(条/m³)	<3	3～10	10～20	20～35	≥35
K_v	>0.75	0.75～0.55	0.55～0.35	0.35～0.15	≤0.15

注：岩体体积节理数 J_v 系单位岩体体积内的节理（结构面）数目。

按式（8-1）求得 BQ 值，可按表 8-4 确定岩体基本质量级别。

岩体基本质量分级 **表 8-4**

岩体基本质量级别	岩体基本质量的定性特征	岩体基本质量指标 BQ
Ⅰ	坚硬岩，岩体完整	>550
Ⅱ	坚硬岩，岩体较完整； 较坚硬岩，岩体完整	550～451
Ⅲ	坚硬岩，岩体较破碎； 较坚硬岩，岩体较完整； 较软岩，岩体完整	450～351
Ⅳ	坚硬岩，岩体破碎； 较坚硬岩，岩体较破碎～破碎； 较软岩，岩体较完整～较破碎； 软岩，岩体完整～较完整	350～251
Ⅴ	较软岩，岩体破碎； 软岩，岩体较破碎～破碎； 全部极软岩及全部极破碎岩	≤250

当根据基本质量定性特征和岩体基本质量指标 BQ 确定的级别不一致时，应通过对定性划分和定量指标的综合分析，确定岩体基本质量级别。当两者的级别相差达 1 级及以上时，应进一步补充测试。

（2）岩体质量指标［BQ］

对工程岩体进行详细定级时，应在岩体基本质量分级的基础上，结合不同类型工程的特点，根据地下水状态、初始应力状态、工程轴线或工程走向线的方位与主要结构面产状的组合关系等修正因素，确定各类工程岩体质量指标。

岩体质量指标［BQ］应按下式计算：

$$[BQ]=BQ-100(K_1+K_2+K_3) \quad (8\text{-}2)$$

式中 K_1——地下工程地下水影响修正系数，按表 8-5 确定；

K_2——地下工程主要结构面产状影响修正系数，按表 8-6 确定；

K_3——地下工程初始应力状态影响修正系数，按表 8-8 确定。

当无表 8-5、表 8-6 和表 8-7 中所列的情况时，修正系数取零。［BQ］出现负值时，应按特殊情况处理，修正后的值仍按表 8-4 确定围岩质量级别。

地下水影响修正系数 K_1 值，可按表 8-5 所示确定。

地下工程地下水影响修正系数 K_1 **表 8-5**

地下水出水状态	BQ				
	>550	550～451	450～351	350～251	≤250
潮湿或点滴状出水，$p\leqslant 0.1$ 或 $Q\leqslant 25$	0	0	0～0.1	0.2～0.3	0.4～0.6
淋雨状或线流状出水，$0.1<p\leqslant 0.5$ 或 $25<Q\leqslant 125$	0～0.1	0.1～0.2	0.2～0.3	0.4～0.6	0.7～0.9
涌流状出水，$p>0.5$ 或 $Q>125$	0.1～0.2	0.2～0.3	0.4～0.6	0.7～0.9	1.0

注：1. p 为地下工程围岩裂隙水压（MPa）；
2. Q 为每 10m 洞长出水量（L/min・10m）。

主要结构面产状影响系数 K_2 值，可按表 8-6 所示确定。

地下工程主要结构面产状影响修正系数 K_2 **表 8-6**

结构面产状及其与洞轴线的组合关系	结构面走向与洞轴线夹角<30°、结构面倾角 30°～75°	结构面走向与洞轴线夹角>60°、结构面倾角>75°	其他组合
K_2	0.4～0.6	0～0.2	0.2～0.4

初始应力状态影响修正系数 K_3 值，可按表 8-7 和表 8-8 所示来确定。

高初始应力区岩体开挖主要现象 **表 8-7**

应力情况	主要现象	R_c/σ_{max}
极高应力	1. 硬质岩：开挖过程中时有岩爆发生，有岩块弹出，洞壁岩体发生剥离，新生裂缝多，成洞性差；基坑有剥离现象，成形性差； 2. 软质岩：岩芯时有饼化现象。开挖过程中洞壁岩体有剥离，位移极为显著，甚至发生大位移，持续时间长，不易成洞；基坑发生显著隆起或剥离，不易成形	<4
高应力	1. 硬质岩：开挖过程中可能出现岩爆，洞壁岩体有剥离和掉块现象，新生裂缝多，成洞性较差；基坑时有剥离现象，成形性一般尚好； 2. 软质岩：岩芯时有饼化现象。开挖过程中洞壁岩体位移显著，持续时间长，成洞性差；基坑有隆起现象，成形性差	4～7

注：σ_{max} 为垂直洞轴线方向的最大初始应力。

初始应力状态影响修正系数 K_3 表 8-8

围岩强度应力比 R_c/σ_{max}	BQ				
	>550	550~451	450~351	350~251	≤250
极高应力区	1.0	1.0	1.0~1.5	1.0~1.5	1.0
高应力区	0.5	0.5	0.5	0.5~1.0	0.5~1.0

8.4.2.2 中国科学院地质研究所提出的围岩分类

中国科学院地质研究所根据新中国成立以来我国一些建设部门的实践经验，运用地质力学观点，由岩体结构概念，提出了按不同结构类型的分类（表 8-9）。本分类的特点是将不同结构体类型与岩体的地质类型和结构面发育情况相联系起来，并给予明确的工程地质评价。这个分类在地质定性的分析评价方面比较清楚，但尚缺乏必要的定量指标，需进一步从这方面完善。

岩体结构类型及特征 表 8-9

序号	岩体结构类型	岩体地质类型	主要结构体形式	结构面发育情况	工程地质评价
1	块状结构	厚层沉积岩 岩浆侵入岩 火山岩 变质岩	块状 柱状	节理为主	岩体在整体上强度较高，但变形特征上接近于均质弹性，各向同性体。作为坝体及地下工程洞体具有良好的工程地质条件，在坝肩及边坡虽也属良好，但要注意不利于岩体稳定的平缓节理
2	镶嵌结构	岩浆侵入岩 非沉积变质岩	菱形 锥形	节理比较发育，有小断层错动带	岩体在整体上强度仍高，但不连续较为显著。在坝基处除局部处理后仍不失为良好地基，在边坡过陡时以崩塌形式出现，不易构成巨大滑坡梯，在地下工程中若跨度不大，塌方事故很少
3	碎裂结构	构造破碎较强烈的岩体	碎块状	节理、断层及断层破碎带交叉，劈理发育	岩体完整破坏较大，强度受断层及软弱结构面控制，并易受地下水作用影响，岩体稳定性较差，在坝基要求对规模较大的断层进行处理，一般可做固结灌浆，在边坡有时出现较大的塌方，在地下矿坑开采中易产生塌方、冒顶，要求支护紧跟。对永久地下工程要求衬砌
4	层状结构	薄层沉积岩 沉积变质岩	板状 楔形	层理、片理、节理比较发育	岩体呈层状，接近均一的各向异性介质。作为坝基、坝肩及边坡及地下洞体的岩体稳定与岩层产状关系密切，一般陡立的较为稳定，而平缓的较差，倾向不同也有很大差异，要结合工程具体考虑，但这类岩体在坝基、坝肩及边坡塌方事故出现很多
5	层状碎裂	较强烈的褶皱及破碎的层状岩体	碎块状 片状	层理、片理、节理断层、层间错动面发育	岩体完整性破坏大，整体强度降低，软弱结构面发育，易受地下水不良作用，稳定性很差。不宜选作混凝土坝基、坝肩，或要求处理；边坡设计角度较低，地下工程施工中常遇塌方，永久性工程要求加厚衬砌

续表

序号	岩体结构类型	岩体地质类型	主要结构体形式	结构面发育情况	工程地质评价
6	散体结构	断层破碎带 风化破碎带	鳞片状 碎屑状 颗粒状	断层破碎带、风化带及次生结构面	岩体强度遭到极大破坏，接近松散介质，稳定性最差。在坝基和人工边坡要作清基处理，在地下工程进出口也进行适当处理

8.4.2.3 我国铁道部铁路隧道围岩分类

《铁路隧道设计规范》TB 10003—2005 对围岩进行了基本分级，如表 8-10 所示。

围岩基本分级 **表 8-10**

级别	岩体特征	土体特征	围岩弹性纵波速度(km/s)
Ⅰ	极硬岩，岩体完整		>4.5
Ⅱ	极硬岩，岩体较完整； 硬岩，岩体完整		3.5～4.5
Ⅲ	极硬岩，岩体较破碎； 硬岩或软硬岩互层，岩体较完整； 较软岩，岩体完整		2.5～4.0
Ⅳ	极硬岩，岩体破碎； 硬岩，岩体较破碎或破碎； 较软岩或软硬岩互层，且以软岩为主，岩体较完整或较破碎； 软岩，岩体完整或较完整	具压密或成岩作用的黏性土、粉土及砂类土，一般钙质、铁质胶结的粗角砾土、粗圆砾土、碎石土、卵石土、大块石土，黄土(Q_1、Q_2)	1.5～3.0
Ⅴ	软岩，岩体破碎至极破碎； 全部极软岩及全部极破碎岩(包括受构造影响严重的破碎带)	一般第四系坚硬、硬塑黏性土，稍密及以上、稍湿、潮湿的碎(卵)石土、粗圆砾土、细圆砾土、粗角砾土、细角砾土、粉土及黄土(Q_3、Q_4)	1.0～2.0
Ⅵ	构造影响很严重呈碎石、角砾及粉末、泥土状的断层带	软塑状黏性土、饱和的粉土、砂类土等	<1.0(饱和状态的土<1.5)

围岩级别应在围岩基本分级的基础上，结合隧道工程的特点，考虑地下水状态、初始地应力状态等必要的因素进行修正。围岩初始地应力状态，当无实测资料时，可根据隧道工程埋深、地貌、地形、地质、构造运动史、主要构造线与开挖过程出现的岩爆、岩芯饼化等特殊地质现象作评估。

8.4.2.4 我国水工隧道设计规范中的围岩分类

根据中华人民共和国国家发展和改革委员会在 2004 年 6 月 1 日颁布的《水工隧洞设计规范》DL/T 5195—2004，其围岩分类如表 8-11。

围岩工程地质分类 **表 8-11**

围岩类别	围岩稳定性	围岩总评分 T	围岩强度应力比 S	支护类型
Ⅰ类	稳定。围岩可长期稳定，一般无不稳定块体	$T>85$	>4	不支护或局部锚杆喷薄层混凝土。大跨度时，喷混凝土、系统锚杆加钢筋网
Ⅱ类	基本稳定。围岩整体稳定，不会产生塑性变形，局部可能产生掉块	$85\geqslant T>65$	>4	

续表

围岩类别	围岩稳定性	围岩总评分 T	围岩强度应力比 S	支护类型
Ⅲ类	局部稳定性差。围岩强度不足，局部会产生塑性变形，不支护可能产生塌方或变形破坏。完整的较软岩，可能暂时稳定	$65 \geqslant T > 45$	>2	喷混凝土、系统锚杆加钢筋网。必要时采取二次支护（或衬砌）
Ⅳ类	不稳定。围岩自稳时间很短，规模较大的各种变形和破坏可能发生	$45 \geqslant T > 25$	>2	
Ⅴ类	极不稳定。围岩不能自稳，变形破坏严重	$T \leqslant 25$		根据具体情况确定

注：Ⅱ、Ⅲ、Ⅳ类围岩，当其强度应力比小于表规定时，围岩类别宜相应降低一级。

8.4.2.5 普氏分类

普氏分类在我国应用较广，主要是考虑岩性，未考虑岩体构造和围岩完整性，见表8-12。

普氏岩石分类　　表8-12

岩层种类	坚硬程度	地　层	坚固性系数 f
Ⅰ	极度坚硬	最坚硬、紧密及坚韧的石英岩和玄武岩，在强度方面为其他岩层所不及者	20
Ⅱ	很硬	很硬的花岗岩层、石英质斑岩，很硬的花岗岩、硅质片岩，比上述石英岩略弱的石英岩，最硬的砂岩和石灰岩	15
Ⅲ	坚硬	花岗岩（紧密的）、花岗岩层，很硬的砂岩和石灰岩，石英质矿脉、硬的砂岩、很硬的铁矿	10
Ⅲ-甲	坚硬	石灰岩（坚硬的）、不硬的花岗岩、硬的砂岩、硬大理石、黄铁矿、白云石	8
Ⅳ	相当坚硬	普通砂岩、铁矿	6
Ⅳ-甲	相当坚硬	砂质片岩、片岩状砂岩	5
Ⅴ	普通	硬的黏土质片岩、不硬的砂岩和石灰岩、软的砾石	4
Ⅴ-甲	普通	各种片岩（不硬的）、紧密的泥灰岩	3
Ⅵ	相当软	软片岩、软石灰岩、白垩、岩盐、石膏、冻结土、无烟煤、普通的泥灰岩、破坏的砂岩、胶结的卵石和碎石	2
Ⅵ-甲	相当软	碎石土、破坏的片岩、散处的卵石和碎石、硬煤	1.5
Ⅶ	软地层	黏土（紧密的）、普通煤、硬冲积土、黏土质土壤	1.0
Ⅶ-甲	软地层	略带砂的黏土、黄土，砂砾、软煤	0.8
Ⅷ	土质地层	种植土、泥炭、略带砂的沃土、湿砂	0.6
Ⅸ	散粒地层	砂、漂砾、小砂砾、松散土，开采出的煤	0.5
Ⅹ	流砂地层	流砂、沼泽土、含水黄土和其他含水土壤	0.3

这种方法曾在我国较长时期内得到广泛的应用。目前有些单位仍应用此分类。但是在长期工程实践中，也发现这种分类与其计算方法存在严重的缺陷。

(1) 它主要是为估计土石工程的工作量、确定施工开挖定额服务的。因此，它只能说明岩石开挖的难易程度，不能全面反映岩体的稳定性。

（2）坚固性系数 f 以岩石强度为基础，大量工程实践证明，决定岩体稳定性的主要因素是岩体结构特性，即它的完整性，在分类中虽然也规定要根据岩石的物理状态（风化的、破碎的）划归于较低一类，但是这样给确定 f 值的大小带来很大的主观臆断性。我国各部门出于工程特点不同，确定 f 值的标准也不同。甚至在同一地点对同一洞室的岩石，不同的人可以得出相差很大的 f 值。

（3）分类等级较多，给使用上带来不便。由于选用的 f 值的不同，相应计算得到的围岩压力也相差很大。$f=2$ 和 $f=4$ 时，压力可相差近一倍。

以上分别介绍了几种主要的围岩分类，国内外的其他围岩分类还有很多，但这些分类是建立在各个部门、各种结构和施工经验的基础上的。所以在考虑用各种围岩分类时，都必须考虑它的具体应用条件，参照工程的具体地质、施工条件与哪一种分类适用，然后才能参照不同分类而具体应用。

8.4.3　地下洞室围岩稳定性的分析方法

8.4.3.1　影响围岩稳定的因素

地下洞室围岩的稳定与岩性、岩体结构与构造等自然因素有关，与开挖方式、支护形式及支护时间等人为因素也有关。

（1）岩性

坚硬完整的岩石一般对围岩稳定性影响较小，而软弱岩石则由于岩石强度低、抗水性差、受力容易变形和破坏，对围岩稳定性影响较大。

岩石由于其矿物成分、结构和构造的不同，物理力学性质差别很大。如果地下洞室围岩为整体性良好、裂隙不发育的坚硬岩石，岩石本身的强度远高于结构面的强度，则岩石性质对围岩的稳定性影响很小。如果地下洞室围岩强度较低、裂隙发育、遇水软化，特别是具有较强膨胀性围岩，则二次应力使围岩产生较大的塑性变形，或较大的破坏区域。同时，裂隙间的错动，滑移变形也将增大，势必给围岩的稳定带来更大影响。

（2）岩体结构

块状结构的岩体作为地下洞室的围岩，其稳定性主要受结构面的发育和分布特点所控制，这时的围岩压力主要来自最不利的结构面组合，同时与结构面和临空面的切割关系有密切关系。碎裂结构围岩的破坏往往是由于变形过大，导致块体间相互脱落，连续性被破坏而发生坍塌，或某些主要连通结构面切割而成的不稳定部分整体冒落，其稳定性最差。

（3）地质构造

地质构造对于围岩的稳定性起重要作用。当洞室通过软硬相间的层状岩体时，易在接触面处变形或坍落。若洞室轴线与岩层走向近于直角，可使工程通过软弱岩层的长度较短，若与岩层走向近于平行而不能完全布置在坚硬岩层里，断面又通过不同岩层时，则应适当调整洞室轴线高程或左右变移轴线位置，使围岩有较好的稳定性，洞室应尽量设置在坚硬岩层中，或尽量把坚硬岩层作为顶围。

当洞室通过背斜轴部时，顶围向两侧倾斜，由于拱的作用，利于顶围的稳定。而向斜则相反，两侧岩体倾向洞内，并因洞顶存在张裂，对围岩稳定不利。另外，向斜轴部多易储存聚集地下水，且多承压，更削弱了岩体的稳定性。

当洞室邻近或处在断层破碎带，若断层带宽度越大，走向与洞室轴交角越小，它在洞内出露越长，对围岩稳定性影响便越大。

（4）构造应力

构造应力随地下洞室的埋深增加而增大，因此一般地下洞室埋藏越深，稳定性越差。根据经验，沿构造应力最大主应力方向延伸的地下洞室比垂直最大主应力方向延伸的地下洞室稳定；地下洞室的最大断面尺寸沿构造应力最大主应力的方向延伸时较为稳定，这是由围岩应力分布决定的。一般地质构造复杂的岩层中构造应力十分明显，尽量避开这些岩层，对地下洞室的稳定非常重要。

（5）地下水

围岩中地下水的赋存、活动状态，既影响着围岩的应力状态，又影响着围岩的强度。当洞室处于含水层中或地下洞室围岩透水性强时，这些影响更为明显。静水压力作用于衬砌上，等于给衬砌增加了一定的荷载，因此，衬砌强度和厚度设计时，应充分考虑静水压力的影响。另一方面，静水压力使结构面张开，减小了滑动摩擦力，从而增加了围岩坍塌、滑落的可能性；动水压力的作用促使岩块沿水流方向移动，也冲刷和带走裂隙内的细小矿物颗粒，从而增加裂隙的张开程度，增加围岩破坏的程度。地下水对岩石的溶解作用和软化作用，也降低了岩体的强度，影响围岩的稳定性。

地下洞室围岩的稳定性，除了受到上述天然因素的影响外，人为因素也是不可忽视的，比如开挖方法、开挖强度、支护方法和时间等因素。

8.4.3.2 地下洞室围岩稳定性的分析方法

由于不同结构类型的岩体变形和失稳的机制不同，不同类型的地下洞室对稳定性的要求不同，围岩稳定性分析和评价的方法多种多样，目前有以下几种方法。

（1）围岩稳定分类法

围岩稳定分类法是以大量的工程实践为基础，以稳定性观点对工程岩体进行分类，并以分类指导稳定性评价。围岩稳定分类方法很多，大体上可归纳为三类：岩体完整性分类、岩体结构分类、岩体质量的综合分类。

（2）工程地质类比法

即根据大量实际资料分析统计和总结，按不同围岩压力的经验数值，作为后建工程确定围岩压力的依据。这种方法是常用的传统方法，其适用条件必须是被比较的两个地下工程具有相似的工程地质特征。

（3）岩体结构分析法

1）借助赤平极射投影等投影法进行图解分析，初步判断岩体的稳定性。

2）在深入研究岩体结构特征基础上建立地质力学模型，通过有限单元法或边界元计算，得出工程岩体稳定性的定量指标，判断围岩的稳定性。

（4）数学力学计算分析法

岩体稳定性分析正处于由定性向定量的发展阶段，数学力学计算的方法已广泛应用。

（5）模拟试验法

模拟试验法是在岩体结构和岩体力学性质研究的基础上，考虑外力作用的特点，通过物理模拟和数学模拟方法，研究岩体变形、破坏的条件和过程，由此得出岩体稳定性的直观结果。

8.5 地下工程的地质问题

8.5.1 地下工程的主要地质问题

地下工程修建在各种不同地质条件的岩体内，所遇到的工程地质问题比较复杂。从现有的工程实践来看，地下建筑工程的工程地质问题主要是围绕着岩体稳定而出现的，一般说来，地下工程所要解决的主要工程地质问题有如下几方面：

（1）在选择地下建筑工程位置时，判定拟建工程的区域稳定性和山体岩体的稳定性（包括洞口边坡稳定和洞身岩体的稳定）。这时一般多从拟建洞室山体的地形、地貌、地层岩性、地质构造、水文地质条件及其他影响建设洞室的不良地质现象等方面来判定岩体的稳定性。

（2）在已选定的工程位置上判定地下建筑工程所在岩体的稳定性。这个阶段除进行一般的岩体稳定评价以外，还要解决一些与土建设计有关的岩体稳定方面的问题，这些问题有：

1）洞室四周岩体的围岩压力的评价（即岩体本身对衬砌支护的压力评价）；

2）岩体内地下水压力的评价（即地下水对衬砌支护的压力）；

3）提出保护围岩稳定性和提高稳定性的加固措施；

4）在需要时，进行岩体弹性抗力的评价（弹性抗力即在衬砌对围岩有作用力时，围岩变形所表现出来的抵抗力。此项评价对于洞室有内压力时较为有用，而对地下工厂则一般意义不大）。由于地下工程的重要性和各种自然地质现象的复杂多变，要想详细地弄清楚上述各种不同的工程地质问题，在进行洞室工程勘测时，应坚持必要的程序，按勘测设计阶段，由浅入深的做好勘测工作。

下面着重就地下工程的基本工程地质条件、地下工程总体位置和洞口、洞轴线的选择要求，分别加以分析和讨论。

（1）地下工程总体位置的选择

在进行地下工程总体位置选择时，首先要考虑区域稳定性，此项工作的进行主要是向有关部门收集当地的有关地震、区域地质构历史及现代构造运动等资料，进行综合地质分析和评价。特别是对于区域性深大断裂交会处，近期活动断层和现代构造运动较为强烈的地段，尤其要引起注意。

一般认为具备下列条件是适合建洞的：基本地震烈度一般小于8度，历史上地震烈度及震级不高，无毁灭性地震；区域地质构造稳定，工程区无区域性断裂带通过，附近没有发震构造；第四纪以来没有明显的构造活动。

区域稳定性问题解决以后，即地下工程总体位置选定后，进一步就要选择建洞山体，一般认为理想的建洞山体具有以下条件：

1）在区域稳定性评价基础上，将洞室选择在安全可靠的地段；

2）建洞区构造简单，岩层厚且产状平缓，构造裂隙间距大、组数少，无影响整个山体稳定的断裂带；

3）岩体完整，层位稳定，且具有较厚的、单一的、坚硬或中等坚硬的地层，岩体结构强度不仅能抵抗静力荷载，而且能抵抗冲击荷载；

4）地形完整，山体受地表水切割破坏少，没有滑坡、塌方等早期埋藏和近期破坏的地形，无岩溶或岩溶很不发育，山体在满足进洞生产面积的同时，又有50～100m覆盖厚度的防护地层；

5）地下水影响小，水质满足建厂要求；

6）无有害气体及异常地热；

7）其他有关因素，例如与运输、供给、动力源、水源等因素有关的地理位置等。

上述因素实际上往往不能十全十美，应根据具体情况综合考虑。

（2）洞口选择的工程地质条件

洞口的工程地质条件，主要是考虑洞口处的地形及岩性、洞口底部的标高、洞口的方向等问题。至于洞口数量和位置（平面位置和高程位置）的确定必须根据工程的具体要求，结合所处山体的地形、工程地质及水文地质条件等慎重考虑，因为出入口位置的确定，一般来说，基本上就决定了地下洞室轴线位置和洞室的平面形状。

1）洞口的地形和地质条件

洞口宜设在山体坡度较大的一面，岩层完整，覆盖层较薄，最好设置在岩层裸露的地段，以免切口刷坡时刷方太大，破坏原来的地形地貌。一般来说，洞口不宜设在悬崖绝壁之下，特别是在岩层破碎地带，容易发生山崩和土石塌方，堵塞洞口和交通要道。

2）洞口底标高的选择

洞底的标高一般应高于谷底最高洪水位以上0.5～1.0m的位置（千年或百年一遇的洪水位），以免在山洪暴发时，洪水泛滥倒灌流入地下洞室。如若离谷底较近，易聚集毒气，各个洞口的高程不宜相差太大，要注意洞室内部工艺和施工时所要求的坡度，便于各洞口之间的道路联系。

3）洞口方向

洞口最好应选在隐蔽而易于伪装地带，洞口位置应选在面对高山和沟谷不宽的山体的北坡背阴处。一般来说，山体北坡较陡，岩石风化程度较轻，岩石较坚固。洞口设置分散，最好不要在同一方向上设置。如受到地形限制，一定要在同一方向上设立若干个洞口，则各个洞口之间要保持一定距离。特别要注意洞口不要面对常年主导风向，以免毒气侵入洞室。

4）洞门边坡的物理地质现象

洞门边坡的物理地质现象等同于一般自然山坡和人工边坡的问题。但在选择洞口时，必须将进出口地段的物理地质现象调查清楚。洞口应尽量避开易产生崩塌、剥落和滑坡等地段，或易产生泥石流和雪崩的地区，以免对工程造成不必要的损失。

（3）洞室轴线选择的工程地质条件

洞室轴线的选择主要是由地层岩性、岩层产状、地质构造及水文地质条件等方面综合分析来考虑确定。

1）布置洞室的岩性要求

洞室工程的布置对岩性的要求：尽可能使地层岩性均一，层位稳定，整体性强，风化轻微，抗压与抗剪强度都较大的岩层中通过。一般说来，凡没有经受剧烈风化及构造影响的大多数岩层都适宜修建地下工程。岩浆岩和变质岩大部分均属于坚硬岩石，如花岗岩、闪长岩、辉长岩、辉绿岩、安山岩、流纹岩、片麻岩、大理岩、石英岩等。在这些岩石组成的岩体内建洞，只要岩石未受风化，且较完整，一般的洞室（地面下不超过200～300m，跨度不超过10m）的岩石强度是不成问题的。也就是说，在这些岩石组成的岩体内建洞，其围岩的稳定性取决于岩体的构造和风化程度等方面。在变质岩中有部分岩石是属于软质的，如黏土质片岩、绿泥石片岩、千枚岩和泥质板岩等，在这些岩石组成的岩体内建洞容易崩塌，影响洞室的稳定性。

沉积岩的岩性比较复杂，总的来说，比上述两类岩石差。在这类岩石中较坚硬的有石灰岩、硅质胶结的石英砂、砾岩等，较软弱的岩石有泥质页岩、黏土岩、泥砂质胶结的砂、砾岩和部分凝灰岩等，这些较软弱的岩石往往具有易风化的特性。在这类岩体中建洞易产生变形和崩塌，或只有短期的稳定性。

2）地质构造与洞室轴线的关系

洞室轴线的位置确定，纯粹根据岩性好坏往往是不够的。通常与岩体所处的地质构造的复杂程度有密切的关系。在修建地下工程时，岩层的产状及成层条件对洞室的稳定性有很大影响，尤其是岩层的层次多、层薄或夹有极薄层的易滑动的软弱岩层时，对修建地下工程很不利。

岩层无裂隙或极少裂隙的倾角平缓的地层中压力分布情况是：垂直压力大，侧压力小。相反，岩层倾角陡，则垂直压力小，侧压力增大。

8.5.2 地下工程地质问题的主要防治措施

研究地下洞室围岩稳定性，不仅在于正确地进行工程设计与施工，也为了有效地改造围岩，提高其稳定性。常采用光面爆破、掘进机开挖等先进的施工方法以及对围岩采取灌浆、锚固、支撑和衬砌等加固措施。从工程地质观点出发，保障地下洞室围岩稳定性的途径有二：第一，保护地下洞室围岩原有的强度和承载能力，如及时封闭围岩以防风化，及时衬砌阻止围岩产生过大变形和松动；第二，赋予围岩一定的强度使其稳定性有所提高，如给围岩注浆、封闭裂隙、用锚杆加固危岩等。前者主要是采用合理的施工和支护衬砌方案，后者主要是加固围岩。

(1) 合理施工，尽量减少围岩的扰动

围岩稳定程度不同，应选择不同的施工方案。尽可能全断面开挖，多次开挖会损坏岩体。若地下洞室断面较大，一次开挖成型困难时，可采用分部开挖逐步扩大的施工方法，并根据围岩的特征，采用不同的开挖顺序以保护围岩的稳定性。例如，当洞顶围岩不稳定而边墙围岩稳定性较好时，应先在洞顶开挖导洞并立即做好支撑，当洞顶全部轮廓挖出做好永久性衬砌后，再扩大下部断面。如整个洞室的围岩均不很稳定时，则应先开挖侧墙导洞并做好衬砌后，再开挖上部断面。

(2) 支撑、衬砌与锚喷加固

支撑是临时性加固洞壁的措施，衬砌是永久性加固洞壁的措施。此外还有喷浆护壁、喷射混凝土、锚筋加固、锚喷加固等。

1）支撑

支撑按材料可分为木支撑、钢支撑和混凝土支撑等。在不太稳定的岩体中开挖时，应考虑及时设置支撑，以防止围岩早期松动。实践证明，支撑是保护围岩稳定性的简易可行的办法，如图 8-9 所示。

2）衬砌

衬砌的作用与支撑相同，但经久耐用，使洞壁光坦。砖、石衬砌较便宜，钢筋混凝土、钢板衬砌的成本最高。衬砌一定要与洞壁紧密结合，填严塞实其间空隙才能起到良好效果。作顶拱的衬砌时，一般还要预留压浆孔。衬砌后，再回填灌浆，在渗水地段也可起防渗作用，如图 8-10 所示。

图 8-9 围岩支撑

图 8-10 围岩衬砌

3）锚喷加固

充分利用围岩自身强度来达到保护围岩并使之稳定的目的。此方法在我国的应用日益广泛，国外采用也很普遍。

锚喷支护是喷射混凝土支护与锚杆支护的简称，其特点是通过加固地下洞室围岩，提高围岩的自承载能力来达到维护地下洞室稳定的目的。它是近三十年来发展起来的一种新型支护方式。这种支护方法技术先进、经济合理、质量可靠、用途广泛，在世界各地的矿山、铁路交通、地下建筑以及水利工程中得到广泛使用，如图 8-11 所示。

在支护原理上，锚喷支护能充分发挥围岩的自承能力，从而使围岩压力降低，支护厚度减薄。在施工工艺上，喷射混凝土支护实现了混凝土的运输、浇筑和捣固的联合作业，且机械化程度高，施工简单，因而有利于减轻劳动强度和提高工效；在工程质量上，通过国内外工程实践表明是可靠的。

图 8-11 围岩锚喷支护

锚喷支护在危岩加固、软岩支护等方面均有其独到的支护效果，但是到现在为止，锚喷支护仍在发展和完善之中，无论是作用机理的探讨，还是设计与施工方法的研究均有待于科学技术工作者做出新的成就，以缩短理论和实践的差距。

① 喷层的力学作用

喷层的力学作用有两个方面。其一是防护加固围岩，提高围岩强度。地下洞室掘进后立即喷射混凝土可及时封闭围岩暴露面，由于喷层与岩壁密贴，故能有效地隔绝水和空气，防止围岩因潮解风化产生剥落和膨胀，避免裂隙中充填料流失，防止围岩强度降低。此外，高压喷射混凝土时，可使一部分混凝土浆液渗入张开的裂隙或节理中，起到胶结和加固作用，提高了围岩的强度。其二是改善围岩和支架的受力状态。含有速凝剂的混凝土喷射液，可在喷射后几分钟内凝固，及时向围岩提供了支护抗力（径向力），使围岩表层岩体由未支护时的双向受力状态变为三向受力状态，提高了围岩强度。

② 锚杆的力学作用

目前比较成熟和完善的有关锚杆的支护力学原理有悬吊作用、减跨作用和组合作用。

悬吊作用认为，锚杆可将不稳定的岩层悬吊在坚固的岩层上，以阻止围岩移动或滑落。这样，锚杆杆体中所受到的拉力即为危岩的自重，只要锚杆不被拉断，支护就是成功的，当然，锚杆也能把结构面切割的岩块连接起来，阻止结构面张开。

减跨作用是在地下洞室顶板岩层打入锚杆，相当于在地下洞室顶板上增加了新的支点，使地下洞室的跨度减小，从而使顶板岩石中的应力较小，起到了维护地下洞室的作用。

组合作用分两种。一种是在层状岩层中打入锚杆，把若干薄岩层锚固在一起，类似于将叠置的板梁组成组合梁，从而提高了顶板岩层的自支承能力，起到维护地下洞室稳定的作用，这种作用称为组合梁作用。另一种组合作用——组合拱，深入到围岩内部的锚杆，由于围岩变形使锚杆受拉，或在预应力作用下锚杆内受力，这样相当于在锚杆的两端施加一对压力，由于这对力的作用，使沿锚杆方向一个圆锥体范围的岩体受到控制，这样按一定间距排列的多根锚杆的锥体控制区连成一个拱圈控制带，这就是组合拱，组合拱间的围岩相互挤压相当于天然的拱碹，从而起到维护围岩的作用。

图 8-12 围岩灌浆加固

4）灌浆加固

在裂隙严重的岩体和极不稳定的第四纪堆积物中开挖地下洞室，常需要加固以增大围岩稳定性，降低其渗水性。最常用的加固方法就是水泥灌浆，其次有沥青灌浆、水玻璃灌浆等。通过这种办法，在围岩中大体形成一圆柱形或球形的固结层，起到加固的目的，如图 8-12 所示。

本章小结

（1）地下工程是与地质条件关系最为密切的工程建筑。地下工程的围岩稳定性对地下工程影响最为关键，而围岩的稳定性主要取决于岩体的物理力学性质、岩体结构状态与类型、地应力、地下水状况等。地下工程的设计与施工要充分考虑围岩稳定性的多种影响因素。

(2) 岩体是指由一种或多种岩石组成，并由各类结构面及其所切割的结构体所构成的，存在于一定的地质环境中的刚性地质体。岩体按工程性质可分为地基岩体、边坡岩体和洞室岩体。结构面按成因可分为原生结构面、构造结构面以及次生结构面。结构体是岩体中被结构面切割而产生的单个岩石块体，受结构面组数、密度、产状、长度等影响，结构体可以形成各种形状。岩体结构是指岩体中结构面与结构体的组合关系。不同的岩体结构，其力学性质有明显差别。

(3) 地应力也称天然应力、原岩应力、初始应力、一次应力，是指存在于地壳岩体中的应力。从实测地应力资料分析，地应力具有一定基本分布规律。

(4) 地下洞室变形及破坏的基本类型主要有两种，一是硬岩情况下，岩体破坏主要沿结构面剪切破坏；二是软岩情况下，岩体破坏主要是整体强度不足而破坏。地下洞室开挖后地应力重新分布，围岩应力的变化具有一定规律，围岩有可能发生变形或破坏。围岩变形，如地下洞室周边产生不均匀位移，长时间塑性变形导致的围岩压碎、拉裂或剪破，岩石发生流变效应等。围岩破坏，如围岩脆性破坏、块体滑落与塌落、层状岩体弯曲折断、碎裂岩体松动解脱、塑性变形与膨胀、松散围岩变形与破坏以及一些特殊地质问题（如涌水、有害气体、地温、岩爆、腐蚀等问题）。

(5) 保证洞室围岩稳定的工程措施首先应减少对围岩的扰动，其次可采用木、钢或混凝土支撑，也可采用钢筋混凝土衬砌或钢板衬砌等，还可采用锚喷加固或灌浆加固等方法。

思考与练习题

8-1 什么是岩体？什么是岩体结构？

8-2 什么是地应力？

8-3 围岩变形的种类有哪些？

8-4 影响围岩稳定性的因素有哪些？

8-5 简述地下工程施工中经常遇到的特殊地质问题。

8-6 保证洞室围岩稳定的工程措施有哪些？

第 9 章　边坡工程的地质问题

本章要点及学习目标

本章要点：

(1) 熟悉边坡变形破坏的基本类型。

(2) 了解影响边坡稳定性的因素。

(3) 掌握边坡稳定性分析的主要方法。

(4) 掌握边坡变形破坏的防治措施。

学习目标：

(1) 掌握边坡工程存在的主要地质问题。

(2) 掌握边坡工程地质问题的主要防治措施。

9.1　边坡变形破坏的类型

9.1.1　概述

边坡是指自然或人工形成的斜坡，是人类工程活动的地质环境之一，也是工程建设中的常见工程形式。在水电、交通、采矿等诸多的领域，边坡工程都是整体工程不可分割的部分。为保证工程运行安全，广大学者及工程技术人员对边坡的演化规律、边坡稳定性及边坡预测预报等进行了广泛研究。然而，随着人类工程活动的规模扩大及经济建设的急剧发展，边坡工程中普遍出现了高陡边坡稳定性及大型灾害性边坡预测问题，其中涉及的工程地质问题极为复杂，影响因素也多样，边坡灾害已成为一种常见的危害人民生命财产安全及工程正常运营的地质灾害，亟须投入大量精力进行研究解决。

根据构成介质不同，边坡一般分为岩质边坡和土质边坡。岩质边坡的特点是岩体结构复杂、断层、节理、裂隙互相切割，块体极不规则，因此岩坡稳定有其独特的性质。它同岩体的结构、块体密度和强度、边坡坡度、高度、岩坡表面和顶部所受荷载，边坡的渗水性能，地下水位的高低等有关。在工程中常遇到岩坡稳定的问题，例如在大坝施工过程中，坝肩开挖破坏了自然坡脚，使得岩体内部应力重新分布，常常发生岩坡的不稳定现象。又如在引水隧洞的进出口部位的边坡、溢洪道开挖的边坡、渠道的边坡以及公路、铁路、采矿工程等都会遇到岩坡稳定的问题。为此，在施工前必须做好岩质边坡的稳定分析工作。

岩体内的结构面，尤其是软弱结构面的存在，常常是岩坡不稳定的主要因素。大部分岩坡在丧失稳定性时的滑动面可能有三种。一种是沿着岩体软弱岩层滑动；另一种是沿着岩体中的结构面滑动；此外，当这两种软弱面不存在时，也可能在岩体中滑动，但主要是前面两种情况。在进行岩坡分析时，应当特别注意结构面和软弱层的影响。软弱岩层主要是黏土页岩、凝灰岩、泥灰岩、云母片岩、滑石片岩以及含有岩盐或石膏成分的岩层。这类岩层遇水浸泡后易软化，强度大大地降低，形成软弱层。在坚硬的岩层中（如石英岩、砂岩等）应当查明有无这类软弱夹层存在。

土质边坡由于土体强度较低，保持不了高陡的边坡，一般都在 20m 以下，只有黄土边坡由于其特殊结构特征，可保持较高陡的边坡。较高陡的边坡必须设置支挡工程才能保持其稳定，由于坡面容易被冲刷，常需要设置坡面防护工程。对地下水发育的边坡，更应设置疏排水工程才能保持其稳定，而且当不同土层的分界面倾向临空面且倾角较大、相对隔水时，容易沿此面发生滑塌。

9.1.2 边坡的破坏类型

9.1.2.1 岩质边坡

（1）岩质边坡的破坏类型

岩坡的破坏类型从形态上来看可分为岩崩和岩滑两种。

1）岩崩

岩崩一般发生在边坡过陡的岩坡中，这时大块的岩体与岩坡分离而向前倾倒，它经常产生于坡顶裂隙发育的地方。其起因或由于风化等原因减弱了节理面的凝聚力，或由于雨水进入裂隙产生水压力所致，或由于气温变化、冻融松动岩石；其他如植物根造成膨胀压力、地震、雷击等都可造成岩崩现象。

2）岩滑

岩滑是指一部分岩体沿着岩体较深处某种面的滑动。岩滑可分为平面滑动、楔形滑动以及旋转滑动。平面滑动是一部分岩体在重力作用下沿着某一软面（层面、断层、裂隙）的滑动，滑动面的倾角必大于该平面的内摩擦角。平面滑动不仅滑体克服了底部的阻力，而且也克服了两侧的阻力。在软岩中（例如页岩），如底部倾角远陡于内摩擦角，则岩石本身的破坏即可解除侧边约束，从而产生平面滑动。而在硬岩中，如果不连续面横切坡顶，边坡上岩石两侧分离，则也能发生平面滑动。楔形滑动是岩体沿两组或两组以上的软弱面滑动的现象。在挖方工程中，如果两个不连续面的交线露出，则楔形岩体失去下部支撑作用而滑动。法国马尔帕塞坝的崩溃（1959 年）就是岩基楔形滑动的结果。旋转滑动的滑动面通常呈弧形状，这种滑动一般产生于非成层的均质岩体中。

在进行岩坡稳定性分析时，首先应当查明岩坡可能的滑动类型，然后对不同类型采用相应的分析方法。严格而言，岩坡滑动大多属空间滑动类型，然而对只有一个平面构成的滑裂面或者滑裂面由多个平面组成而这些面的走向又大致平行者，且沿着走向长度大于坡高时，则也可按平面滑动进行分析，为使结果偏于安全，在平面分析中，常常对滑动面进行稳定验算。

（2）岩质边坡的滑动阶段

岩坡的滑动过程一般可分为三个阶段，分别是初期蠕动变形阶段、滑动破坏阶段和逐渐稳定阶段。

1）初期蠕动变形阶段

初期是蠕动变形阶段，这一阶段中坡面和坡顶出现拉张裂缝并逐渐加长和加宽，边坡前缘有时出现挤出现象，地下水位发生变化，有时会发出响声。

2）滑动破坏阶段

第二阶段是滑动破坏阶段，此时边坡后缘迅速下陷，岩体以极大的速度向下滑动，此一阶段往往造成极大的危害。

3）逐渐稳定阶段

最后是逐渐稳定阶段，这一阶段中，疏松的滑体逐渐压密，滑体上的草木逐渐生长，地下水渗出由浑变清等。

（3）岩质边坡破坏实例

例 9-1 意大利瓦依昂（Vajont）水库岩坡滑动而造成的事故是闻名于全世界的。水库的岸坡由分层的石灰岩组成，水库蓄水后在 1960 年 10 月就发现上坡附近有主要裂隙，同时直接在沿河的陡坡上曾经发生过一次较小的滑坡，从该时起，整个区域都处于运动中，运动的速度为每天若干个十分之一毫米到十毫米以上。在 1963 年 10 月 9 日夜晚，岸坡发生骤然的崩坍，在一分多钟时间内大约有 2.5 亿 m^3 的岩石崩入水库，顿时造成高达 150～250m 的水浪，洪水漫过 270m 高的拱坝，致使下游的郎加朗市镇遭到了毁灭性的破坏，2400 多人死亡。

在图 9-1 上示有瓦依昂山坡崩坍的二个断面图。由此看来，岩坡崩坍所造成的事故是危害极大的，必须严加防止。因此设计之前应当加强工程地质的勘测工作，以及在设计时做好岩坡稳定分析工作。

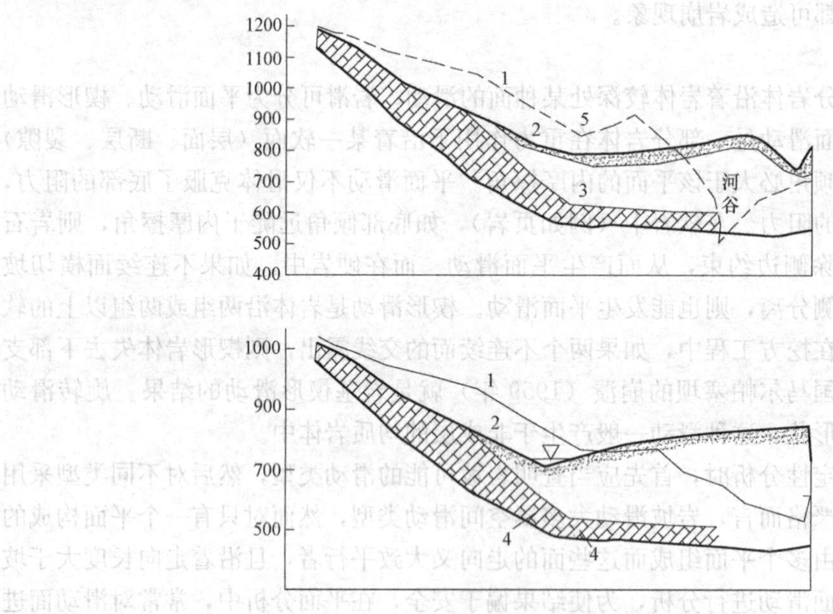

图 9-1 瓦依昂（Vajont）边坡断面图

1—滑前地面；2—滑后地面；3—滑面；4—断层；5—洼地

例 9-2 康德斯特格（Kandersteg）隧洞原来设计为无压隧洞，但后来却成为有压隧洞。中等程度的水压力使衬砌造成裂缝，隧洞中的水从裂缝中渗出，流过透水层最后聚集在不透水岩层的顶部。在山坡底部流出一股泉水，渗水使岩石性质恶化，山坡变的不稳定而造成山体崩滑，使附近居民的生命财产受到很大的损失。这次失事，主要是衬砌部分受力过高而地质条件又不好引起的。岩石中的渗水是这次事故中的外因，岩石强度不够是内因，外因通过内因而起作用，渗水使岩石强度降低，造成了这次事故，如图 9-2 所示。

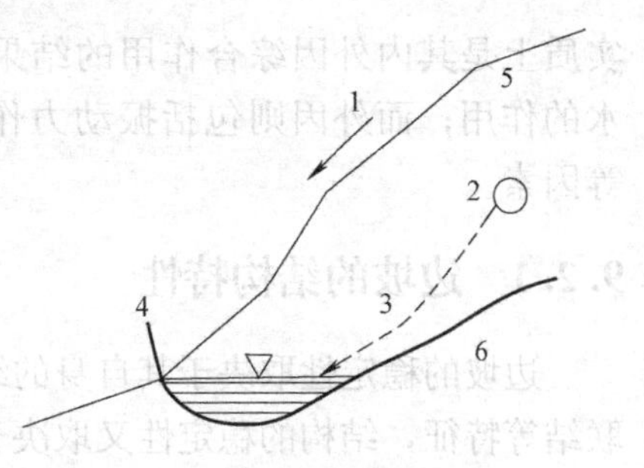

图 9-2 康德斯特格(Kandersteg) 隧洞

1—山崩；2—压力隧洞；3—渗水；4—泉水；5—透水岩石；6—不透水岩石

9.1.2.2 土质边坡破坏类型、特征及机理

根据破坏规模大小，土质边坡破坏类型包括整体失稳和坡面破坏两大类。其中，整体失稳根据形成形式可分为崩塌、滑坡、坍塌，坡面破坏包括坡面侵蚀、剥落。具体类型、特征及破坏机理见表 9-1。

土质边坡破坏类型、特征及机理 表 9-1

边坡破坏类型 类型	亚类		破坏特征	破坏机理
整体失稳	崩塌		边坡上局部岩土体松动、脱落，主要运动形式为自由坠落或滚动	弯曲-拉裂、剪切-滑移，存在临空面，结合力小于重力
	滑坡	圆弧形	受风化程度和深度影响，沿圆弧形滑动面滑移	剪切-滑移。人工开挖增大坡角，或地表水入渗使内摩擦角和内聚力降低
		平面形	岩土体沿某一软弱面或朝向坡外的结构面整体向下滑移	拉裂、剪切-滑移。层面或贯通性结构面形成滑动面，结构面临空
	坍塌		因自重应力超过岩土体强度而产生张剪性破坏，由坡顶向坡内逐渐扩展	张拉、剪切、弯折。自重应力和岩土体强度能够维持平衡的最深张裂面
坡面破坏	坡面侵蚀		松软岩土因表面径流冲蚀形成冲沟	因拉裂剪切产生的孤石在重力下失去平衡
	剥落		坡面岩土因风化、胀缩等原因形成碎落	风化作用、温度变化等外因

9.2 影响边坡稳定性的因素

边坡稳定性问题一直是岩土边坡的一个重要研究内容，它涉及水利、矿山、公路、铁道、港口、工民建等诸多工程领域。由于岩土边坡表面倾斜，在自身重量及其他外力作用下，整个岩土结构都有从高处向低处滑动的趋势，如果结构体内部某一面上的滑动力超过结构体抵抗滑动的能力就会发生边坡失稳。水利、矿山、公路、铁路、工民建等工程，存在大量的边坡，其稳定性对整个工程的可靠度、安全度以及社会经济效益都有重大的影响。因此，深入了解和掌握边坡的变形及发展规律，对边坡稳定性进行分析评价，提出合理的防治措施，避免出现边坡等地质灾害造成的损失，提高工程总体经济效益，是岩土力学与工程中最重要的理论与实践课题之一，也是当前岩土工程界研究的课题之一。

边坡稳定受自身结构、自然营力和人类活动的影响，具有许多很复杂的影响因素，实质上是其内外因综合作用的结果。影响边坡稳定的内因包括边坡自身的结构特性和水的作用；而外因则包括振动力作用、人类活动、气候条件的变化、风化作用及植被等因素。

9.2.1 边坡的结构特性

边坡的稳定性取决于其自身的结构稳定性，岩土体的结构包括其颗粒、孔隙、排列、联结等特征，结构的稳定性又取决于由这四个特征的综合作用而产生的结构面特别是软弱结构面。因此，在对岩土体强度及稳定性分析中，结构面被认为是特别重要的因素。由于结构面的强度比岩土体自身的强度低，特别是软弱结构面的存在，导致岩土体的整体强度大大降低，增大了岩土体的变形性能和流变性质，加深了岩土体的不均匀性、各向异性和非连续性。

大量的边坡工程事故证明，一个或多个结构面组合边界的剪切滑移、张拉破裂和错动变形是造成边坡失稳的主要原因。从边坡稳定性考虑，应特别研究岩土体结构面的成因类型、规模、连续性及间距、起伏度及粗糙度、表面结合状态及充填物、产状及边坡临空面的关系等。结构面的数量越多、规模越大，对边坡稳定性的影响越大；结构面的连续性好、间距小或密度大，则边坡的稳定性更差。决定结构面成为潜在滑动面的两个最重要因素是结构面的产状和抗剪强度，只有在结构面或结构面交线的倾角与坡向基本一致时，才存在潜在滑动面的可能性；而结构面的抗剪强度同时受结构面表面性质、充填物等的影响。表面颗粒间越光滑、泥质充填物越厚，越容易失稳。

9.2.2 水的作用

水对边坡岩土体稳定性的影响不仅是多方面的，而且是非常活跃的，大多数边坡岩土体的破坏都与水的活动有关。水作为自然界极其常见的流体，常常影响岩土的变形过程，在很多情况下会加速甚至诱发岩土体的变形与破坏。统计表明土坡失稳 90 % 是因为水的原因。水在岩土中的作用主要表现：(1) 水的物理作用，包括润滑作用、软化和结合水的强化作用；(2) 水的化学作用，包括溶解作用、水化作用、水解作用、溶蚀作用、氧化还原作用；(3) 水的力学效应，包括孔隙静水压力和孔隙动水压力作用。水通过前两种作用即物理作用和化学作用改变岩土体的物质成分或结构，从而改变其凝聚力和内摩擦角，后一种作用通过孔隙静水压力作用，影响岩土体的有效应力并降低其强度，通过孔隙动水压力作用，在岩土体中产生一个剪应力从而降低其抗剪强度。这三种作用往往相互耦合，对岩土的受力过程产生复杂的影响。

经验表明，许多滑坡的发生都与岩体内的渗水作用有关，这是由于岩体内渗水后岩石强度恶化和应力增加的缘故。因此，做好岩坡的排水工作是防止滑坡的手段之一。

9.2.3 人类活动的影响

随着社会的发展，人类工程活动对边坡稳定性的影响越来越大，大量公路、铁路、水库、港口、工民建等工程的修建，不可避免地破坏了边坡自身的稳定性和边坡的整体结构，改变了边坡的形状、高度和坡度以及边坡上的植被条件等。边坡越高、边坡越陡、人为对植被破坏越严重，边坡越容易失稳，反之则更稳定。人为对路堑或基坑开挖、路堤填筑或坡顶堆载等也会在一定程度上影响边坡的稳定。

9.2.4 气候条件

气候条件主要是指温差变化、降雨、降雪及冻融等因素。温差越大、降雨降雪越大、冻融作用越强，对边坡稳定性影响越大。通常，温差变化、降雨、降雪和冻融等因素，既可单独地又可综合地造成显著的边坡稳定问题。由于季节性降雨、突然的暴雨和坡面上冰的溶化会引起地下水位的变化，如高渗区紧靠开挖坡面，若边坡的岩土体稳定接近临界破坏状态的话，附加的水压力就会引起边坡的破坏。

9.2.5 风化作用及植被影响

边坡的稳定性还受到后期的风化作用、植被的覆盖情况等因素的影响。风化作用使岩土体的裂隙增加，强度降低，影响边坡的形状和坡度，使地面水易于侵入，改变地下水的动态等。沿裂隙风化时，可使岩土体脱落或沿边坡崩塌、堆积、滑移等。植物根系可吸收部分地下水有助于保持边坡的干燥，增强边坡的稳定性；但有时在岩质边坡上，生长在裂隙中的树根也可能引起边坡局部崩塌。

9.3 边坡稳定性分析方法

人们对边坡稳定性评价最早主要基于定性分析方法，如工程类比法和图解法等，它们可快速分析边坡的稳定状态与发展趋势，但往往基于经验，存在主观随意性，解决实际工程问题范围有限。20世纪60年代，意大利瓦伊昂水库岸坡工程事故研究表明，边坡稳定性分析应将地质分析与力学机制结合起来，从而出现刚性极限平衡分析方法，并重视岩土体结构面控制关键作用。而边坡实际是非线性和非连续体，随着计算机技术和计算理论的发展以及先进测试设备的开发，一系列数值分析方法和现场监测及试验方法应用于边坡稳定性的评价，促进了边坡稳定性分析研究。下面就经典的边坡稳定性评价方法作一阐述。

9.3.1 工程地质类比法

工程地质类比法是定性评价方法，该法为工程界广泛应用。它根据前人已经研究过的大量成果，按影响因素，尤其是土的类型、密实度与土的状态，得出极限坡角与坡高，如果此数小于斜坡实际坡度则是不稳定的。它适用于工程建筑等级不高或可行性研究阶段。工程地质类比方法的伸缩性很大，故应用时应正确划分边坡类型，考虑多种相关因素，以提高评价准确性。

9.3.2 理论分析与数值模拟方法

9.3.2.1 极限平衡分析法

边坡极限平衡分析方法针对不同形式滑动面有相应的分析方法，主要分析方法有Fellenius法、简化Bishop法、传递系数法、Janbu法和Spencer法。极限平衡方法是据边坡分块的静力平衡原理来分析相应破坏模式下的受力状态，并应用抗滑力与滑动力间关系，进行评价边坡或边坡的稳定性。下面主要阐述广泛应用的瑞典条分法和剩余推力方法（传递系数法）。

（1）瑞典条分法

瑞典条分法是条分法中最简单、最古老的方法之一。首先由彼德森（Petterson）于1915年提出，经费伦纽斯（Fellenius）和泰勒（Taylor）的进一步发展，并在瑞典首先被采纳应用，故通常称为瑞典法，该法已成为散体物质构成边坡和边坡稳定性分析的经典方法。

瑞典条分法的基本假定：

1）地质体由均质材料构成，其抗剪强度服从库仑定律；

2）破坏面为通过坡脚的圆弧面；

3）不考虑分条之间的相互作用关系，并按平面问题进行分析。

若边坡体形态如图9-3所示，ABC 为滑动体，虚线 AC 为滑动面，若将滑动体划分为 n 条块，取第 i 条块进行受力分析，因瑞典条分法假设不考虑条块间相互作用力，则水平荷载 H_i、H_{i-1}，垂直荷载 V_i、V_{i-1} 作用在同一条线上，且大小相等，方向相反，它们的合力相互抵消，则在滑动面 ab 上的抗滑力 R_i 和滑动力 T_i 分别为：

$$R_i = N_i \tan\varphi_i + c_i l_i = W_i \cos\theta_i \tan\varphi_i + c_i l_i \tag{9-1}$$

$$T_i = W_i \cdot \sin\theta_i \tag{9-2}$$

式中 W_i——第 i 条块重力；

θ_i——第 i 条块与滑动体临空顶点连线与竖直方向的夹角；

N_i——下部岩体对第 i 条块的支撑力；

c_i——第 i 条块的黏聚力；

φ_i——第 i 条块的内摩擦角；

l_i——第 i 条块底面长度。

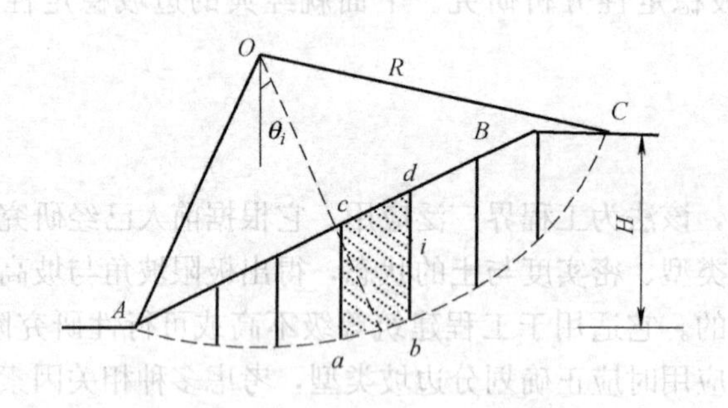

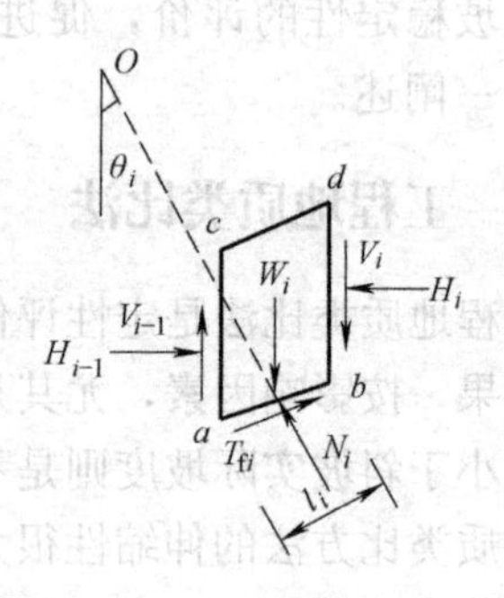

图9-3 瑞典条分法计算模型示意图

则相应对圆心 O 的抗滑力矩 M_{Ri} 和滑力矩 M_{Ti} 分别为：

$$M_{Ri} = R(W_i \cos\theta_i \tan\varphi_i + c_i l_i) \tag{9-3}$$

$$M_{Ti} = RW_i \cdot \sin\theta_i \tag{9-4}$$

边坡的安全系数 k 为：

$$k=\frac{M_{\mathrm{R}}}{M_{\mathrm{T}}}=\frac{R\sum_{i=1}^{n}(W_i\cos\theta_i\tan\varphi_i+c_il_i)}{R\sum_{i=1}^{n}W_i\sin\theta_i} \tag{9-5}$$

式中 M_{R}、M_{T}——总抗滑力矩和总滑力矩。

瑞典条分法由于假设滑动面为圆弧面，且忽略条块间的作用力，使分析模型极大简化，但也因此导致结果产生误差。它虽满足滑动土体整体力矩平衡条件，但不满足条块的静力平衡条件。实际边坡滑动面并不是真正的圆弧面，如山区的土层与岩面间的滑动，则应用瑞典条分法会出现较大误差。另外，无论何种类型的边坡内必然存在着一定的应力状态，以及边坡临界应力状态，这些必然在分条间产生作用力，主要为分条间的水平压力和竖向摩擦阻力，故若不考虑这些力的存在，不仅在理论上是不严谨的，且对安全分项系数也有相当的影响。瑞典条分法忽略了条间力，其计算安全系数 k 偏小，φ_i 越大（条间力的抗滑作用越大），k 越偏小。但考虑到分条间的作用力存在时，静力平衡条件则不足以解答所有的未知量，故现在只能进行某些人为的假定，例如传递系数法，假定分条间接触面上的水平力与竖向摩擦阻力的合力，其作用方向平行于该分条的滑动面，且作用于分条的中部，来求解这些多余未知量。

(2) 剩余推力方法

岩土体发生滑动，其滑动面可能由几组结构面组合而成，且软弱结构面常为折线，此时无法用瑞典条分法求解，而常用不平衡推力传递法来求解，该法假设条块间作用力的合力与上一条块的滑动相平行。若边坡条分后的剖面形态如图 9-4 所示，则垂直于第 i 条底面方向的静力平衡条件为：

$$N_i=[W_i\cos\alpha_i+P_{i-1}\sin(\alpha_{i-1})-\alpha_i] \tag{9-6}$$

平行于第 i 条底面方向的静力平衡条件为：

$$P_i-P_{i-1}\cos(\alpha_{i-1}-\alpha_i)-kW_i\sin\alpha_i+R_i=0 \tag{9-7}$$

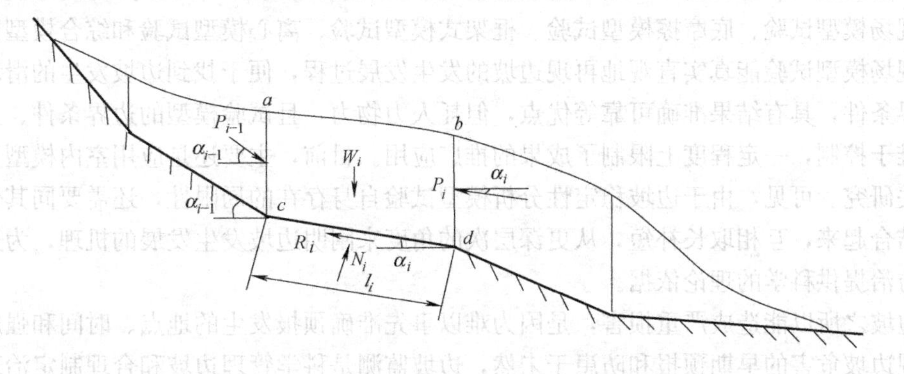

图 9-4 剩余推力法计算模型示意图

则第 i 条底面的抗滑力为：

$$R_i=N_i\tan\varphi_i+c_il_i=[W_i\cos\alpha_i+P_{i-1}\sin(\alpha_{i-1}-\alpha_i)]\tan\varphi_i+c_il_i \tag{9-8}$$

则基于式 (8-8) 可推得 P_i 为：

$$P_i=P_{i-1}\psi_i+kW_i\sin\alpha_i-W_i\cos\alpha_i\tan\varphi_i-c_il_i \tag{9-9}$$

$$\psi_i=\cos(\alpha_{i-1}-\alpha_i)-\sin(\alpha_{i-1}-\alpha_i)\cdot\tan\varphi_i \tag{9-10}$$

式中 P_i、P_{i-1}——第 i、$i-1$ 条块的剩余推力；

α_i、α_{i-1}——第 i、$i-1$ 条块与水平面的夹角；

ψ_i——传递系数。

剩余推力法计算求解时，由上向下计算，依次求得条块相应的剩余推力，直到最后条块，若最后条块的剩余推力小于等于0，则表明边坡是稳定的。若大于0，则不稳定。若求解中中间条块剩余推力小于0，则令其为零，继续求解下部条块。实际应用中常假设最后条块推力为0，并依次回推各条块推力，求得相应的安全系数，并按规范判定边坡是否安全。

9.3.2.2 数值分析方法

极限平衡法具有模型简单、可解决不同滑动面和能考虑各种加载形式等优点，但该法视岩土体为刚体，而实际岩土体是变形体，故该法不能满足变形协调条件，求得滑动面上应力状态并非真实的，且引入了人为简化条件和边界条件，计算结果也与复杂工程的实际情况存在一定差别。为此，人们为真实再现实际边坡的力学行为，将有限元方法、离散单元方法、有限差分方法和边界元等数值分析方法引入边坡的稳定性分析。数值方法能较大范围考虑边坡的复杂性、应力和变形性状，并能仿真边坡体从局部破坏演化至整体滑动过程，有助于揭示破坏模式和变形规律，随着计算理论的发展，数值分析方法已发展为非线性、多相耦合和大变形的分析方法，虽然数值分析方法具有参数敏感性研究方便且投资少，但数值计算方法精度依赖于参数的正确选取和边界条件的设置，工程应用中还应与模型试验及现场监测结果相互验证与反馈，以综合评价边坡的稳定性，提高工程决策的可靠性。

9.3.3 模型试验与现场监测及预警

边坡模型试验是基于相似理论选择相似材料并制作模型，将测试结果按照相似判据反推揭示原型边坡演化机制，以指导边坡防治与预测灾害，其主要有室内试验和现场试验，包括现场模型试验、底摩擦模型试验、框架式模型试验、离心模型试验和综合模型边坡试验。现场模型试验能真实直观地再现边坡的发生发展过程，便于找到边坡发生的滑动特征和临界条件，具有结果准确可靠等优点，但耗人力物力，且试验模型的边界条件、土层特性等难于控制，一定程度上限制了成果的推广应用。目前，主要还是应用室内模型开展边坡相关研究。可见，由于边坡稳定性分析模型试验自身存在的局限性，还需要同其他相关学科结合起来，互相取长补短，从更深层次的角度来阐明边坡发生发展的机理，为边坡的有效防治提供科学的理论依据。

边坡之所以能造成严重损害，是因为难以事先准确预报发生的地点、时间和强度，故为实现边坡危害的早期预报和防患于未然，边坡监测是科学管理边坡和合理制定治理对策的前提，是识别不稳定边坡的变形、潜在破坏的机制及其影响范围的有效方法，以制定防灾、减灾措施。边坡监测是通过测定一系列特定的、随时间的变化参量来评定边坡的变形和移动速度等动态特征，监测边坡稳定性。边坡监测方法由采用人工皮尺的测定方法发展到应用计算机技术、3S技术、高精度动态监测技术和信息技术的光纤传感边坡监测方法、GPS边坡远程监测法、数字边坡技术方法等，而且边坡灾害的预测预报理论基础和预测模型研究方面也取得了显著进展，并开展了边坡灾害风险评估与管理研究，以服务于边坡调查、监测、研究、边坡灾害评价、危险预测、灾情评估等工作，集中体现了边坡自然属性和社会属性。

9.4 边坡工程的防治措施

9.4.1 总体原则

经过多年的工程实践和总结，人们综合总结了边坡治理应遵循以下原则：

(1) 正确认识边坡；

(2) 预防为主；

(3) 一次根治不留后患；

(4) 全面规划分期治理；

(5) 治早治小；

(6) 技术可行、经济合理；

(7) 科学施工；

(8) 动态设计动态施工；

(9) 加强防滑工程维修保养。

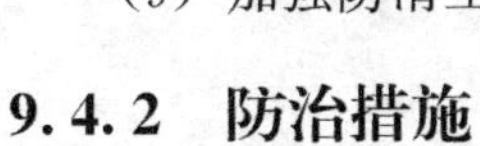

9.4.2 防治措施

边坡防治遵循以上总体原则，做到以防为主，整治为辅。工程活动中对能避开的大型边坡应尽量避开，能预防者应尽可能预防，对受条件限制不能避开的边坡，应一次根治，不留后患，治理中不仅需要工程治理，切断边坡灾害的发生，还应开展监测，构筑边坡工程监测预警预报系统，最大可能减少边坡灾害损失。防止古老边坡复活，工程中不应在边坡上方填方加载，以及在抗滑段开挖削弱支撑力，应采取措施防止地表水和地下水渗入滑体。对已变形边坡，应防止大滑动造成灾害，停止施工，加强监测。边坡防治工程措施主要有避绕、排水、力学平衡和边坡带土体改良等方法，如表 9-2、图 9-5～图 9-9 所示。

边坡防治对策及工程措施 表 9-2

类型	避绕边坡	排水	力学平衡	边坡带土体改良
对策及工程措施	1. 改移线路 2. 用隧道避开边坡 3. 用桥跨越边坡 4. 清除边坡	1. 地表排水系统 (1)滑体外截水沟(图 9-5) (2)滑体内排水沟(图 9-5) (3)自然沟防渗 2. 地下排水工程 (1)截水盲沟 (2)支撑盲沟(图 9-6) (3)水平钻孔群排水(图 9-7) (4)垂直孔群排水(图 9-7) (5)井群抽水 (6)虹吸排水 (7)盲(隧)洞(图 9-8) (8)边坡渗沟 (9)洞-孔联合排水 (10)电渗排水	1. 减重工程 2. 反压工程 3. 支挡工程(图 9-9) (1)抗滑挡墙 (2)挖孔抗滑桩 (3)钻孔抗滑桩 (4)锚索抗滑桩 (5)锚索 (6)支撑盲沟 (7)抗滑键 (8)排架桩 (9)钢架桩 (10)钢架锚索桩 (11)微型桩群	1. 滑带注浆 2. 滑带爆破 3. 旋喷桩 4. 石灰桩 5. 石灰砂桩 6. 焙烧

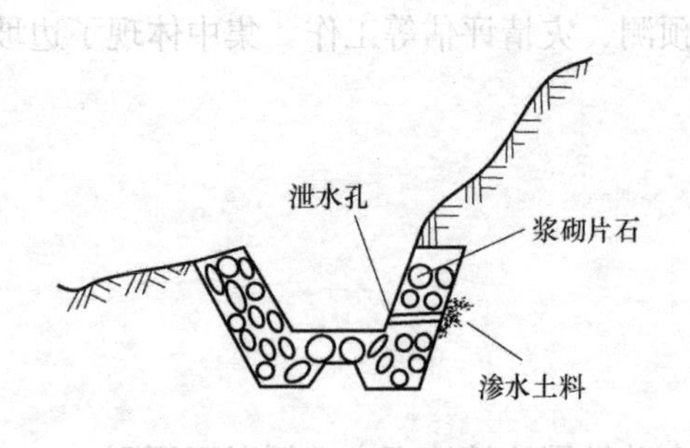

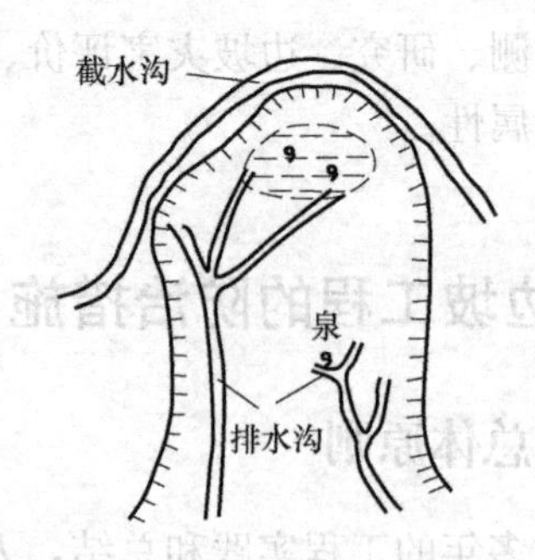

图 9-5 截水沟、排水沟示意图

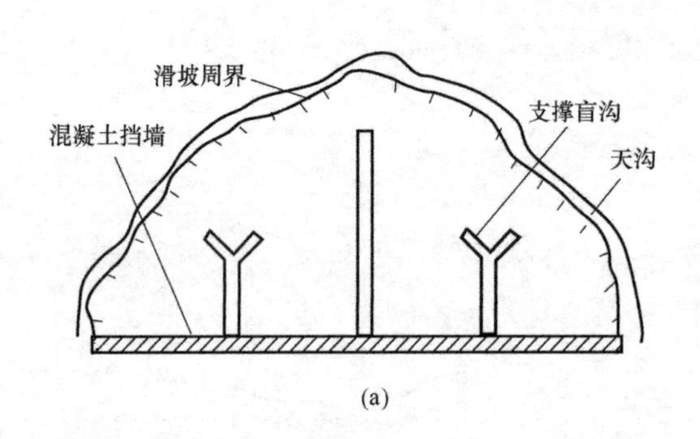

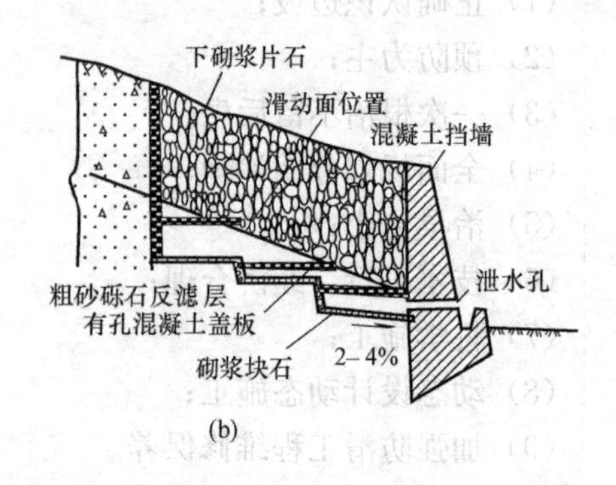

图 9-6 支撑盲沟示意图

(a) 平面图；(b) 剖面图

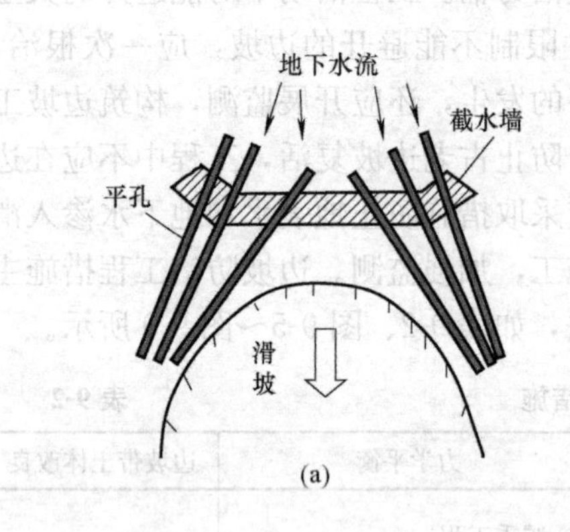

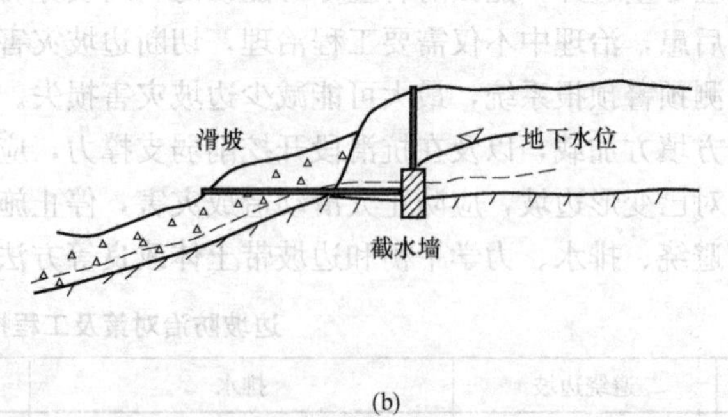

图 9-7 水平、垂直钻孔排水示意图

(a) 平面图；(b) 剖面图

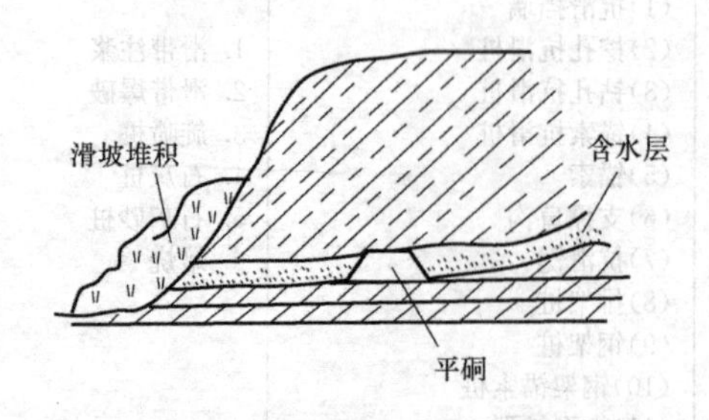

图 9-8 地下隧洞排水示意图

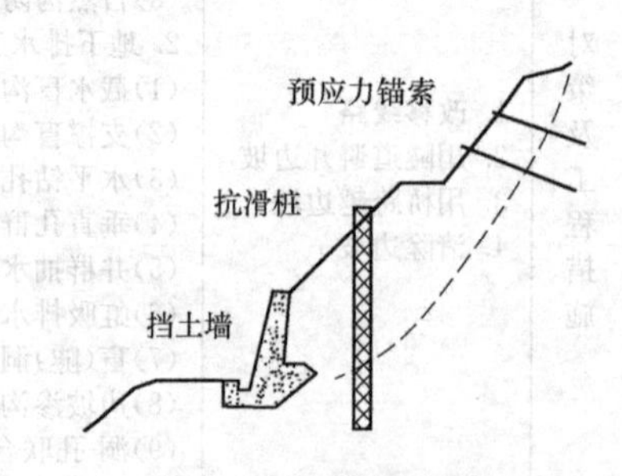

图 9-9 支挡工程示意图

9.4.3 工程实例

工程实例为南宁至昆明铁路线上的八渡车站边坡治理工程（邵艳、汪明武，2013），其边坡规模和整治难度之大，是我国铁路至今边坡病害治理工程中所罕见的，工程措施投资达近亿元，治理工程在动态条件下实施并取得成功，是工程活动引发巨型古边坡复活的工程边坡治理成功的典范。下面就边坡的特征、复活机理及工程措施作深入阐述和分析。

9.4.3.1 概况

八渡车站位于贵州省册亨县南盘江北岸的八渡渡口河谷斜坡上，铁路线路走向北西西，站坪长度1km，宽约50m，穿过九个山头。工程区域属亚热带东南季风区，年平均降水量约1174mm，降水主要转化为地表水，泄于南盘江。工程场地山顶高程830～960m，大部分坡面覆土薄，南盘江自西向东流经山脚。八渡车站巨型边坡原为一稳定的古边坡体，由于南昆铁路车站工程的施工、连续降雨和河流冲刷等影响，古边坡体于1997年7月全面复活，该边坡地貌特征及周界清晰，平面上呈一簸箕形，前缘呈宽约540m的弧形舌状，边坡面积近0.3km^2，体积约420万m^3，长约560m，轴向为N10°～20°E，厚度可达50m，前后缘高差约200m，边坡前缘覆盖在南盘江卵石层上。八渡边坡可分为主次两级，铁路线路开挖从次级边坡下部、主边坡上部通过（图9-10）。边坡若滑动严重影响到铁路的安全和全线通车的计划，以及造成南盘江的堵塞，引发严重的不良社会影响和经济损失，需对其进行综合治理。

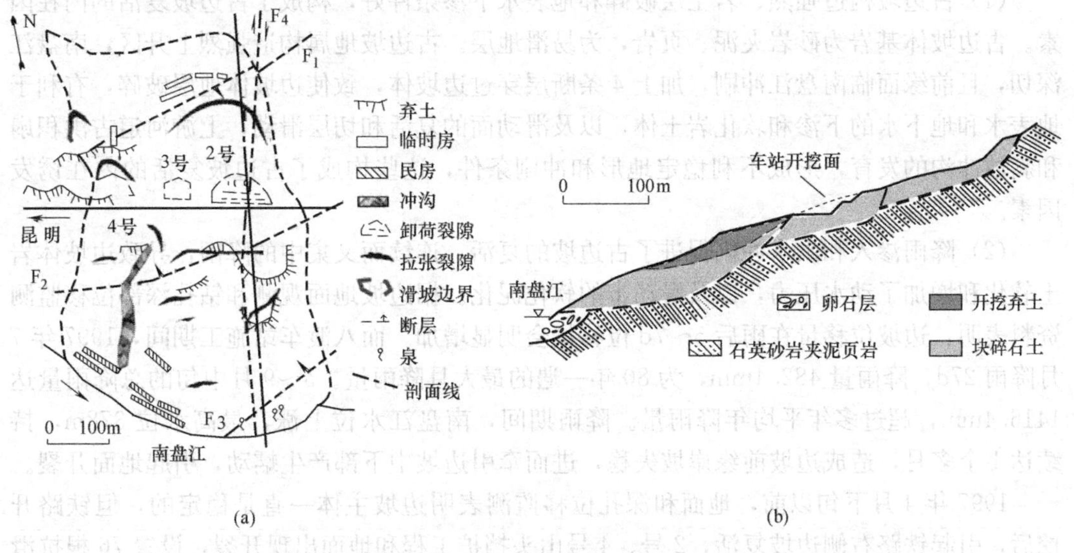

图9-10 八渡边坡示意图

（a）平面图；（b）剖面图

9.4.3.2 地质条件

八渡地区新构造运动强烈，阶地不发育，江水下切剧烈，形成“V”形谷坡，八渡渡口对岸上游不远处发育洪积扇，使在河道江水改向八渡古边坡前缘。八渡古边坡位于南盘江背斜北翼，发育F1、F2和F3三条走向逆断层和一条与线路相交的压扭性断层F4（图9-10）。F2断层在线路下方呈近东西向横穿整个边坡区，上盘富水。F4断层破碎带宽近百米，富水。工程区域基岩岩层为三叠系中统边阳组（T2b）地层，上部为风化极严重、黄褐色的砂、页、泥岩互层，下部多为风化较轻微的青灰色石英砂岩夹页岩，岩层均经历过强烈的构造挤压，十分破碎，且总体产状为向山体内倾斜。边坡体下部以碎块石和角砾状的滑动岩块为主，具不连续的成层性，夹有棕红色、黄褐色黏砂土、褐色砂黏土、角砾碎石土。边坡体后部分以黄色、棕黄色、灰黄色砂黏土为主，夹碎块石，不具成层性。深层滑动面位于基岩顶面上，深30～39m，为软塑—流塑状的灰绿色砂黏土和含次棱角状的角砾碎石构成，厚0.3～3m。滑动带底部部分由经过滑动后呈碎石、块石状的砂泥岩质的滑动岩块构成，厚1～3m。八渡车站开挖的2号、3号、4号山头为边坡堆积层，后缘部分以砂黏土为主，坡面陡，排泄条件好；边坡中部和前部横坡变缓且有平台，以碎石、块石、角砾土居多，利于地表水下渗；边坡区内地下水主要受降水和地表水补给，以孔隙水为主，富水性自北向南增大，部分地下水在边坡前缘以泉群形式溢出，流量0.02～0.1L/s，终年不干。

9.4.3.3　古边坡复活机理

八渡车站边坡原为一稳定的深层巨型切层古边坡体，规模巨大，滑体深厚和边坡体内断层发育，但在铁路施工前是基本稳定的，因古边坡下部江边的两棵百年老树，树干挺立，未见“马刀树”特征，多年大气降雨与南盘江洪水影响未有破坏边坡稳定性的记载或传说。20世纪30～40年代修建的公路通过古边坡坡脚西段，未曾发现边坡活动。八渡古边坡的复活原因主要有以下三个方面：

（1）古边坡构造强烈、岩土层破碎和地表水下渗条件好，构成了古边坡复活的内在因素。古边坡体基岩为砂岩夹泥、页岩，为易滑地层。古边坡地属构造强烈上升区，南盘江深切，且前缘面临南盘江冲刷，加上4条断层穿过边坡体，致使边坡体地层破碎，有利于地表水和地下水的下渗和软化岩土体，以及滑动面的复活和切层滑动，上游河道古洪积扇和斜坡冲沟的发育，形成不利稳定地形和冲刷条件，这些构成了古边坡复活的内在诱发因素。

（2）降雨渗入和洪水冲刷促进了古边坡的复活。连续而又集中的降雨，导致边坡体岩土软化和增加了动水压力，以及滑动带的软化泥化。据边坡地面观测和钻孔深部位移监测资料表明，边坡位移量在雨后5～7d位移量会明显增加。而八渡车站施工期间，1997年7月降雨27d，降雨量482.4mm，为80年一遇的最大月降雨量。5～9月中旬的总降雨量达1416.4mm，超过多年平均年降雨量。降雨期间，南盘江水位上涨，最高水位378m，持续达1个多月，造成边坡前缘岸坡失稳，进而牵引边坡中下部产生蠕动，引起地面开裂。

1997年4月下旬以前，地面和深孔位移监测表明边坡主体一直是稳定的，但铁路开挖后，引起铁路右侧边坡复活，2号、4号山头挡护工程和地面出现开裂，设置76根抗滑桩支挡后，3号、4号山头边坡基本稳定，但2号山头铁路右侧设置的第二排抗滑桩以下至铁路的边坡体仍在变形。雨季来临以后，铁路右侧边坡前部变形加剧，2号山头尤为严重，挡护工程歪斜，地面裂缝贯通，贯通最长者达120m，裂缝最宽50mm，前缘民房开裂、公路下错断道。钻孔深部位移监测测得深36～37m处的最大累积位移量达52.83mm，也表明雨季后边坡出现复活处于蠕动加剧阶段，整体滑动尚未产生。

（3）工程活动是导致古边坡复活的重要因素。车站工程地质勘察没有很好认识古边坡的特征和“漏判”，导致工程设计和后期工程活动没有按边坡防治施工控制，是造成这一大型古边坡复活的重要原因之一。加上工程活动严重破坏了边坡上天然植被和原建排水系统，且车站开挖土方量大，不仅加大了开挖面以上边坡的不稳定，而且大量弃土堆置边坡中下部，也直接破坏了原有边坡的平衡，造成工程开挖和堆载影响范围内的古边坡分段复活。

综上所述，八渡古边坡复活是前期地质认识不全和不足、后期工程设计和施工不当以及降雨和江水冲刷的叠加作用结果。

9.4.3.4 工程措施及监测

八渡边坡治理工程经反复论证，提出了“可靠、经济、及时”、“一次根治、分期实施”的整治原则，工程方案经过比选和优化，确定了以“排挡结合，以排为主”的综合整治方案，以确保整个边坡的稳定和确保在有限时间内铁路通车。八渡边坡综合治理方案主要包括：迅速搬迁出边坡范围内居住人员；夯填裂缝，整平坡面，植草绿化，减少地表水下渗和做好地表和地下立体排水系统，修建截水沟和排水沟及加固自然沟；严格控制弃土堆放，移除已有边坡体上的弃土；修建支挡和锚固工程；加强施工质量控制和边坡变形动态监测，建立边坡保护区改善地质环境等措施综合治理。工程布置见图 9-11。

（1）支挡工程。在线路左侧 100m 处设置第一排锚索桩，共 54 根，桩中距为 7m，桩长 28～50m，最大桩截面为 2.5m×3.5m。线路左侧 170～220m 处设第二排锚索桩（53 根）及抗滑桩（6 根），桩间距 7m，桩长 23～55m，最大桩截面为 2.5m×4m。每根锚索桩布置 1～2 根 2000kN 级锚索或 2～4 根 1000kN 级锚索，共用锚索 363 根，锚索最大长度 75m。线路右侧设置预应力锚索，2 号山头 79 根，3 号山头 52 根，最长 40m。抗滑桩 107 根。

（2）排水工程。为防止地表水下渗和迅速排泄边坡范围内的地表水，地面排水工程修筑了截、排水沟 8 条，铺砌自然沟 3 条，增设涵洞 1 座，以及绿化、平整或封闭坡面，硬化站坪，股道间、站坪增设排水沟等措施。地下排水工程（泄水洞）共 2 个，线路右侧泄水洞为 Y 字形，全长 245m，设于 2 号和 3 号山头之间。线路左侧泄水洞为 Π 字形，全长 598.93m，设于 1 号与 4 号山头之间。

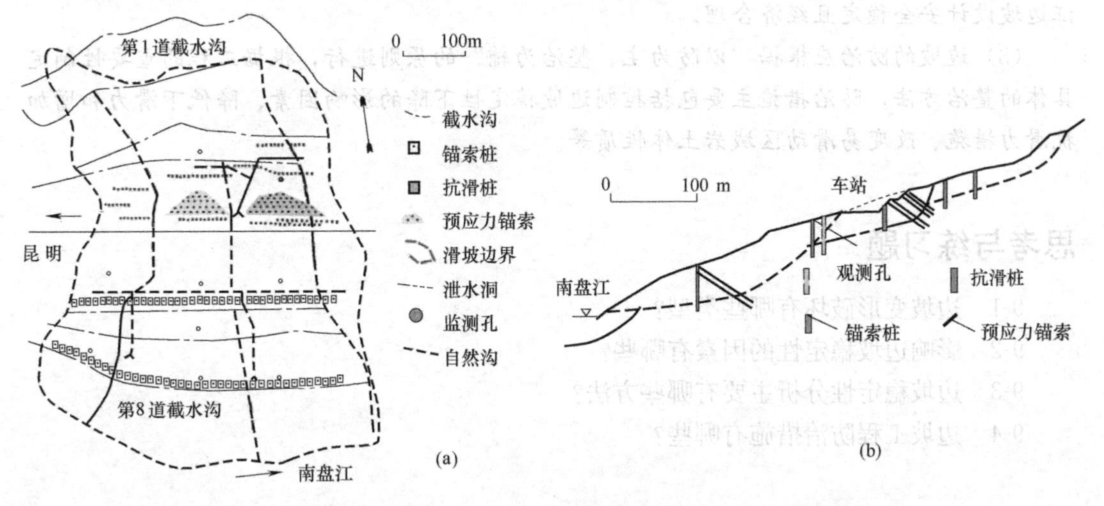

图 9-11 边坡治理工程措施示意图

（a）平面图；（b）剖面图

（3）施工控制与现场监测。为保证八渡边坡治理工程中的锚索桩和锚索施工质量和安全，进行了锚索现场拉拔试验、注浆体强度试验、锚索张拉试验等工程试验，并采用钻孔深部位移监测、地面和抗滑桩变形观测网、边坡区降雨量观测站和工程质量检测方法，实施工程控制和边坡稳定性动态监测。

（4）建立边坡保护区。为避免今后边坡区内人为活动增加对边坡稳定的不利因素，并考虑到新增工程及平整场地的需要，故将边坡区高便道以下至线路左侧第二排锚索桩之间划为边坡保护区均列为新征用地范围。

随着整治工程实施和完工，持续观测表明边坡变形趋于稳定；施工中各种检测和试验表明，工程质量可控且运行良好，综合治理取得成效，边坡抢险整治成功。八渡边坡规模之大、全面复活后危险程度之严重、整治工程之巨大及投入经费均是罕见的，该工程验证了当工程遇到大型古边坡时，应尽量避绕，如不避开，则对线路位置的确定和施工安排应慎之又慎，一定要按照在边坡区选线和施工要求开展，否则将带来巨大经济损失和安全隐患。

本章小结

边坡稳定问题在工程建设中常会遇到，因边坡失稳而造成工程事故也经常发生，因此正确认识边坡问题，分析其稳定性影响因素，掌握具体分析方法，从而制定有效措施保持边坡稳定，是保证工程建设顺利进行的前提。

（1）边坡的破坏类型分为岩质边坡的破坏和土质边坡的破坏，岩质边坡的破坏形态包括岩崩和岩滑两种，土质边坡的破坏类型有整体失稳和坡面破坏。影响边坡变形破坏的因素主要包括：岩土性质、岩土体结构、地质构造、水的作用、风化作用、地震和人类活动。

（2）边坡稳定性分析方法主要是根据场地地质条件，借助已有的研究设计经验，或利用工程地质分析方法、理论计算方法、模型试验方法等，综合评价边坡的稳定性，从而保证边坡设计安全稳定且经济合理。

（3）边坡的防治应根据“以防为主、整治为辅”的原则进行，根据工程的重要性制定具体的整治方法，防治措施主要包括控制边坡稳定性下降的影响因素、降低下滑力和增加抗滑力措施、改变易滑动区域岩土体性质等。

思考与练习题

9-1 边坡变形破坏有哪些类型？

9-2 影响边坡稳定性的因素有哪些？

9-3 边坡稳定性分析主要有哪些方法？

9-4 边坡工程防治措施有哪些？

第 10 章　工程地质勘察

本章要点及学习目标

本章要点：

(1) 了解工程地质勘察的分级和阶段的划分。

(2) 了解工程地质测绘的主要内容。

(3) 掌握现场原位测试的常用方法及适用范围。

(4) 了解工程地质图件的类型、勘察报告的编制及编写组成部分。

学习目标：

(1) 掌握工程地质勘察的任务、要求、内容和方法。

(2) 掌握工程地质勘探的方法。

(3) 掌握勘探资料内业整理的步骤，能正确阅读和使用工程地质勘察报告。

10.1　工程地质勘察的任务、等级和阶段的划分

10.1.1　工程地质勘察的任务

工程地质勘察是指为查明影响工程建筑物的地质因素而进行的地质调查研究工作。所需勘察的地质因素包括地形地貌、地质构造、水文地质条件、物理地质现象、岩土类型及工程性质、地理物质环境、天然建筑材料等。

工程地质勘察的目的是查明建设地区的工程地质条件，提出工程地质评价，为选择设计方案、设计各类建筑、制定施工方法、整治地质病害等提供可靠依据。

工程地质勘察的具体任务可归纳如下：

(1) 阐述建筑场地的工程地质条件，指出场地内不良地质现象的发育情况及其对工程建设的影响，对场地的稳定性做出评价。

(2) 查明工程范围内岩土体的分布、性状和地下水活动条件，提供设计、施工和整治所需的地质资料和岩土技术参数。

(3) 分析评价与建筑有关的工程地质问题，为建筑物设计、施工和运行提供可靠的地质依据。

(4) 根据场地的工程地质条件，对建筑总平面布置及各类工程设计、岩土体加固处理、不良地质现象整治等具体方案做出相关论证和建议。

(5) 预测工程施工和运行过程中对地质环境和周围建筑物的影响，并提出保护措施的建议。

10.1.2 工程地质勘察的等级

《岩土工程勘察规范》GB 50021—2001（2009年版）中规定根据工程重要性等级、场地复杂程度等级和地基复杂程度等级，工程地质勘察的等级可划分为甲级、乙级和丙级三种，如表10-1所示。工程重要性等级、场地复杂程度等级和地基复杂程度等级的划分如表10-2、表10-3和表10-4所示。

勘察等级 表10-1

勘察等级	工程重要性、场地复杂程度和地基复杂程度等级
甲级	在工程重要性、场地复杂程度和地基复杂程度等级中，有一项或多项为一级
乙级	除勘察等级为甲级和丙级以外的勘察项目
丙级	工程重要性、场地复杂程度和地基复杂程度等级均为三级

工程重要性等级 表10-2

工程重要性等级	工程重要性 （工程的规模和特征，以及由于岩土工程问题造成工程破坏或影响正常使用的后果）
一级工程	重要工程，后果很严重
二级工程	一般工程，后果严重
三级工程	次要工程，后果不严重

场地复杂程度等级 表10-3

场地复杂程度等级	场地复杂程度
一级场地 （复杂场地）	符合下列条件之一： (1)对建筑抗震危险的地段； (2)不良地质作用强烈发育； (3)地质环境已经或可能受到强烈破坏； (4)地形地貌复杂； (5)有影响工程的多层地下水、岩溶裂隙水或其他水文地质条件复杂，需专门研究的场地
二级场地 （中等复杂场地）	符合下列条件之一： (1)对建筑抗震不利的地段； (2)不良地质作用一般发育； (3)地质环境已经或可能受到一般破坏； (4)地形地貌较复杂； (5)基础位于地下水位以下的场地
三级场地 （简单场地）	符合下列条件： (1)抗震设防烈度等于或小于6度，或对建筑抗震有利的地段； (2)不良地质作用不发育； (3)地质环境基本未受破坏； (4)地形地貌简单； (5)地下水对工程无影响

10.1.3 工程地质勘察的阶段

工程地质勘察阶段的划分是与设计阶段相对应的。一般的建筑工程设计可分为可行性

地基复杂程度　　表 10-4

地基复杂程度等级	地基复杂程度
一级地基 （复杂地基）	符合下列条件之一： (1)岩土种类多，很不均匀，性质变化大，需特殊处理； (2)严重湿陷、膨胀、盐渍、污染的特殊性岩土，以及其他情况复杂，需作专门处理的岩土
二级地基 （中等复杂地基）	符合下列条件之一： (1)岩土种类较多，不均匀，性质变化较大； (2)除一级地基中规定以外的特殊性岩土
三级地基 （简单地基）	符合下列条件： (1)岩土种类单一，均匀，性质变化不大； (2)无特殊性岩土

研究、初步设计和施工图设计三个阶段。为了提供各个设计阶段所需的工程地质资料，勘查工作也相应划分为可行性研究勘察（选址勘察）、初步勘察和详细勘察三个阶段。对于工程地质条件复杂或有特殊施工要求的重要建筑物，还要进行预可行性研究勘察和施工勘察。而对于已有较充分工程地质资料或工程经验的工程，可简化勘察阶段或简化勘察工作内容。

10.1.3.1 可行性研究勘察阶段

可行性研究勘察的目的是从总体上判定拟建场地的工程地质条件能否适宜工程建设。可行性研究勘察需要对待选场址的工程地质资料进行分析，对拟选场址的稳定性和适宜性做出工程地质评价，这对于大型工程非常重要。选择场址阶段应开展的工作有：

(1) 搜集区域地质、地形地貌、地震、矿产、当地的工程地质资料和建筑经验等资料。

(2) 在充分收集和分析已有资料的基础上，通过踏勘了解场地构造、地层、岩性、不良地质作用及地下水等工程地质条件。

(3) 若拟建场地的工程地质条件复杂，已有的资料不能满足要求时，应根据需要开展工程地质测绘和必要的勘探工作。

可行性研究勘察的手段主要是以工程地质测绘为主，配合以勘探、原位测试、室内试验及长期观测工作，对可能的建筑场地进行对比评价。

10.1.3.2 初步勘察阶段

初步勘察的目的是对场地内建筑地段的稳定性做出评价，确定建筑总平面布置，选择主要建筑物地基基础设计方案和对不良地质现象的防治措施进行论证。初步勘察阶段应在收集分析已有资料的基础上，根据需要开展工程地质测绘、勘探及测试工作。初步勘察阶段的主要工作如下：

(1) 搜集拟建工程的有关文件、工程地质和岩土工程资料，以及工程场地范围的地形图。

(2) 初步查明地层结构、地质构造、岩土体的性质、地下水的埋藏条件、冻结深度、不良地质现象的成因和分布范围及其对场地稳定性的影响程度和发展趋势。当场地条件复杂时，应进行工程地质测绘与调查。

(3) 对抗震设防烈度为 7 度及 7 度以上的建筑场地，应判定场地和地基的地震效应。

初步勘察的手段主要是以勘探和试验为主，必要时进行相当数量的原位测试和大型野外试验，地球物理勘探和工程地质测绘工作必要时也会进行补充。

10.1.3.3 详细勘察阶段

详细勘察的目的是提出设计所需的工程地质条件的各项参数，对建筑地基做出岩土工程评价，为基础设计、地基处理、不良地质现象的防治等具体方案做出论证和结论。详细勘察阶段的主要工作有：

（1）取得附有坐标及地形的建筑物总平面布置图，各建筑物地面的整平标高、建筑物的性质和规模，可能采取的基础形式与尺寸和预计埋置的深度，建筑物的单位荷载和总荷载、结构特点和对地基基础的特殊要求。

（2）查明不良地质现象的类型、分布范围、成因、发展趋势和危害程度，提出评价与整治所需的岩土技术参数和整治方案建议。

（3）查明建筑物范围各层岩土的类别、厚度、结构、坡度和工程特性，计算和评价地基的承载力和稳定性。

（4）对需进行沉降计算的建筑物，提出地基变形计算参数，预测建筑物的沉降、差异沉降或整体倾斜。

（5）对抗震设防烈度大于或等于6度的场地，应划分场地土的类型和场地类别。对抗震设防烈度大于或等于7度的场地，还应分析预测地震效应，判定饱和砂土及粉土的地震液化可能性，并评价液化等级。

（6）查明地下水的埋藏条件，判定地下水对建筑材料的腐蚀性。如需进行基坑降水设计，还应查明水位变化幅度与规律，并提供地层渗透性系数。

（7）提供为深基坑开挖边坡稳定计算和支护设计所需的岩土技术参数，论证和评价基坑开挖、降水等对邻近工程和环境的影响。

（8）为选择桩的类型和长度、确定单桩承载力、计算群桩沉降以及施工方法选择提供岩土技术参数。

详细勘察的主要手段是以勘探、原位测试和室内土工试验为主，必要时可以补充一些地球物理勘探、工程地质测绘和调查工作。

10.2 工程地质调查测绘

10.2.1 工程地质调查测绘的内容

工程地质调查测绘的内容宜包括以下内容：

（1）地形地貌：查明地形、地貌特征及其与地层、构造、不良地质作用的关系，并划分地貌单元。

（2）地层岩性：调查岩土的年代、成因、性质、厚度和分布；对岩层应鉴定其风化程度，对土层应区分新近沉积土、各种特殊性土。

（3）地质构造：查明岩体结构类型，各类结构面（尤其是软弱结构面）的产状和性质，岩、土接触面和软弱夹层的特性等，新构造活动的形迹及其与地震活动的关系。

（4）水文地质：查明地下水的类型、补给来源、排泄条件，井泉位置，含水层的岩性特征、埋藏深度、水位变化、污染情况及与地表水体的关系。

（5）水文气象：搜集气象、水文、植被、土体的标准冻结深度等资料；调查最高洪水位及其发生时间、淹没范围。

（6）不良地质现象：查明滑坡、崩塌、泥石流、岩溶、土洞、冲沟、地面沉降、断裂、地震震害、地裂缝、岸边冲刷等不良地质作用的形成、分布、形态、规模、发育程度及其对工程建设的影响。

（7）人类活动：调查人类活动对场地稳定性的影响，包括人工洞穴、地下采空、大挖大填、抽水排水和水库诱发地震等。

（8）工程经验：调查建筑物的变形和工程经验。

10.2.2 工程地质调查测绘的比例尺

工程地质测绘的比例尺大小主要取决于设计要求，建筑物设计的初期阶段属于选址阶段，一般有多个比较场地，测绘范围较大，对工程地质条件研究的程度并不详细，所以采用小比例尺。随着设计工作的推进，建筑场地的选定，建筑物的位置、大小等越来越具体，对工程地质条件的研究程度越来越详细，所采用的比例尺也逐渐增大。而进入设计后期，为了解决与施工、运营等有关专门的地质问题，所选用的比例尺可以很大。

在同一设计阶段，比例尺的大小主要取决于建筑物的类型、规模和重要性以及场地工程地质条件的复杂程度。建筑物的规模和重要性越大，场地的工程地质条件越复杂，则所采用的比例尺也越大。

根据一般的情况，大面积工程地质测绘比例尺通常为：

（1）可行性研究勘察阶段：1∶50000～1∶5000，属小、中比例尺测绘。

（2）初步勘察阶段：1∶10000～1∶2000，属中、大比例尺测绘。

（3）详细勘察阶段：1∶2000～1∶500或更大，属大比例尺测绘。

10.2.3 工程地质调查测绘的方法

10.2.3.1 像片成图法

像片成图法是指利用地面摄影或航空（卫星）摄影的像片，在室内根据判识标志，结合区域地质资料，把判明的地层岩性、地质构造、地貌、水系和不良地质现象等，调绘在单张像片上，并在像片上选择需要调查的若干地点和线路，然后据此作实地调查，进行核对、修正和补充，将调查的结果转绘在地形图上形成工程地质图。

10.2.3.2 实地测绘法

当该地区没有航测等像片时，工程地质测绘主要依靠野外工作，即实地测绘法。常用的实地测绘法有路线法、布点法和追索法三种。

1. 路线法

路线法是指沿着一定的路线穿越测绘场地，将沿线所观测或调查的地层界限、构造线、地质现象、水文地质现象、岩层产状和地貌界线等填绘在地形图上。路线形式可为直线形或折线形。观测路线应选择在露头及覆盖层较薄的地方。观测路线方向应大致与岩层走向、构造线方向及地貌单元相垂直，以便用较小的工作量获得更多的工程地质资料。

2. 布点法

布点法是指根据地质条件的复杂程度和测绘比例尺的要求，预先在地形图上布置一定数量的观测路线和观测点。观测点一般布置在观测线路上，并要考虑观测目的和观测要求，如观测研究不良地质现象、地质构造、水文地质等。布点法是工程地质测绘中的基本方法，常用于大、中比例尺的工程地质测绘。

3. 追索法

追索法是指沿地层走向或某一地质构造线，或某些不良地质现象界线进行布点追索，主要用于查明局部工程地质问题。追索法通常是在布点法或路线法基础上进行的，是一种辅助方法。

10.2.4 工程地质调查测绘的精度

工程地质测绘的精度是指在工程地质测绘中对地质现象观察描述的详细程度和工程地质条件各因素在工程地质图上表示的详细程度和准确程度。为了保证工程地质图的质量，测绘精度必须与工程地质图的比例尺相适应。

观测描述的详细程度是以单位测绘面积上观测点的数量和观测线路的长度控制的，一般以与测绘比例尺相同的地形底图上每1cm^2 范围内平均有一个观测点来控制，复杂的地段多布，简单的地段少布。例如，测绘比例尺为 1∶10000，地形图为 1∶10000，此时图上 1cm 代表实际的 100m，图上 1cm^2 代表实际的 10000m^2，则控制标准为 100 点/km^2。为了保证工程地质图的详细程度，还要求工程地质条件各因素的单元划分与比例尺相适应。一般规定在图上投影宽度大于 2mm 的地层或地质单元体，均应按比例尺在图上反映出来。投影宽度小于 2mm 的重要地质单元，如软弱夹层、滑坡、断层、溶洞等，应采用扩大比例尺表示。

图上表示的准确程度是指图上各种界线的准确程度，对于地质界线和地质观测点的测绘精度，在图上不应低于 3mm。一般来说，对地质界线要求严格，大比例尺测绘采用仪器定点。地质观测点要求布置在地质构造线、地层接触线、岩性分界线、不同地貌单元及微地貌单元的分界线、地下水露头以及各种不良地质现象分布的地段。

10.3 工程地质勘探

当地表缺乏足够的、良好的露头，不能对地下一定深度的地质情况做出有根据的判断时，就必须进行适当的地质勘探工作。工程地质勘探是探明深部地质情况的一种可靠方法，一般在工程地质测绘的基础上进行，它可以直接或间接深入地下岩土层取得所需的工程地质资料。勘探的主要方法有钻探、简易勘探和地球物理勘探等。

10.3.1 钻探

10.3.1.1 钻探概述

钻探是指利用钻机向地下钻孔，取出土样或岩芯进行分析，从而获得场地的工程地质资料。钻探基本不受地形、地层软硬及地下水深浅等条件的限制，可以克服各种困难，直接从地下深处取出土石试样，满足勘探的多种要求。钻探是目前应用最广泛的工程地质勘探手段。但是钻探需要大量设备和经费，需要较多的人力，劳动强度较大，施工工期较长，成为野外工程地质工作控制工期的因素。

钻探是利用钻机在地层中钻孔，以鉴别地层和查明地下水的埋藏情况，并可以沿孔深取样进行室内试验或直接在钻孔中进行原位试验。在地层内钻成直径较小并具有相当深度的圆筒形孔眼的孔称为钻孔。钻孔上面的直径较大，越往下越小，剖面上呈阶梯状。钻孔的上口称孔口，底部称孔底，四周侧部称孔壁。钻孔断面的直径称为孔径，由大孔径变为小孔径称为换径，从孔口到孔底的距离称为孔深，如图 10-1 所示。

钻孔的直径、深度、方向取决于钻孔用途和钻探地点的地质条件。钻孔的直径一般为 75～150mm，但在一些大型建筑物工程中，孔径往往大于 150mm，有时甚至可达 500mm。钻孔的深度由数米至上百米，视工程要求和地质条件而定，一般的建筑工程钻探深度多在数十米以内。钻孔的方向一般是垂直的，倾斜的钻孔称为斜孔。在地下工程中有水平的钻孔，还有直立向上的钻孔。

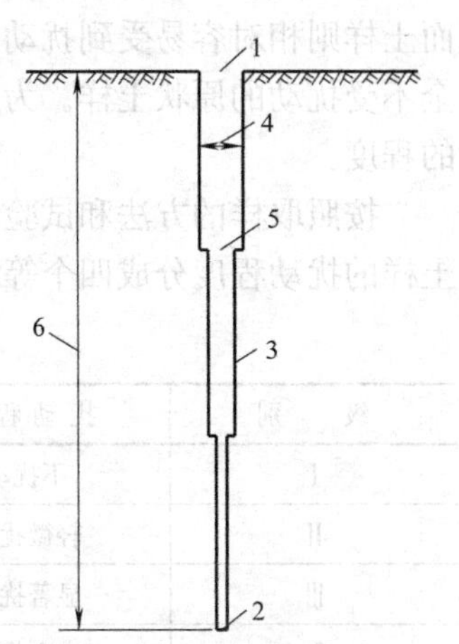

图 10-1 钻孔要素示意图

1—孔口；2—孔底；3—孔壁；4—孔径；5—换径；6—孔深

10.3.1.2 钻探过程

钻探过程中有三个基本程序，即破碎岩土、采取岩土及保全孔壁。

1. 破碎岩土

钻探中一般采用机械或人力的方法，使小部分岩土脱离整体而成为粉末、岩土块或岩土芯的过程，称为破碎岩土。

2. 采取岩土

用冲洗液（或压缩空气）将孔底破碎的碎屑冲到孔外，或者用钻具（抽筒、勺形钻头、螺旋钻头、取土器、岩芯管等）靠机械或人力将孔底的碎屑或样芯取出地面。

3. 保全孔壁

为了顺利进行钻探工作，必须保护好孔壁，不使其坍塌。一般采用套管或泥浆来护壁。

10.3.1.3 钻进方法

根据破碎岩土方法的不同，钻探可分为回转钻进、冲击钻进、振动钻进和冲洗钻进四种方法。

1. 回转钻进

它是指通过钻杆将旋转力矩传递至孔底探头，同时施加一定的轴向力实现钻进的方法。根据钻头的主要功能和类型，回转钻进可分为螺旋钻进、环状钻进和无岩芯钻进。

2. 冲击钻进

它是指使用钢绳等工具将钻具提升到一定高度，利用钻具自重产生的冲击动能破碎岩土。破碎后的碎屑等由循环液冲出地面或由带活门的提筒提出地面。

3. 振动钻进

它是指将振动器产生的振动通过钻杆及钻头传递到钻头周围的土中，使土的抗剪强度急剧减小，同时钻头依靠钻具的重力及振动器的重力切削土层钻进。

4. 冲洗钻进

通过高压射水破坏孔底土层从而实现钻进，土层破碎后由水流冲出地面。冲洗钻进适用于砂层、粉土层和不太坚硬的黏性土层，是一种简单快捷、成本低廉的钻探方法。

10.3.1.4 岩土取样

工程地质钻探的主要任务之一是在岩土层中采取岩芯或原状土试样。为保证土工试验所得出的指标的可靠性，在采取试样过程中应该是保留天然结构的原状试样，若试样的天然结构遭到破坏，则称为扰动试样。对于岩芯试样，由于坚硬性，其天然结构难于破坏，而土样则相对容易受到扰动，并且由于取土器的切入，因此在实际工程中，不可能取得完全不受扰动的原状土样。为此，在取土样过程中，应力求使土样的扰动程度降至尽可能小的程度。

按照取样的方法和试验目的，《岩土工程勘察规范》GB 50021—2001（2009 年版）将土样的扰动程度分成四个等级，各级试样可进行的试验项目如表 10-5 所示。

土样质量等级划分　　表 10-5

级　别	扰动程度	试验内容
Ⅰ	不扰动	土类定名、含水量、密度、强度试验、固结试验
Ⅱ	轻微扰动	土类定名、含水量、密度
Ⅲ	显著扰动	土类定名、含水量
Ⅳ	完全扰动	土类定名

注：1. 不扰动是指原位应力状态虽已改变，但是土的结构、密度、含水量变化很小，能满足室内试验各项要求；
2. 除了地基基础设计等级为甲级的工程外，在工程技术要求允许的情况下可用Ⅱ级土试样进行强度和固结试验，但宜先对土试样受扰动程度作抽样鉴定，判定用于试验的适宜性，并结合地区经验使用试验成果。

在钻孔中采取Ⅰ、Ⅱ级土样时，应满足下列要求：

（1）在软土、砂土中宜采用泥浆护壁；如使用套管，应保持管内水位等于或稍高于地下水位，取样位置应低于套管底三倍孔径的距离。

（2）采用冲洗、冲击、振动等方式钻进时，应在预计取样位置 1m 以上改用回转钻进。

（3）下放取土器前应仔细清孔，清除扰动土，孔底残留浮土厚度不应大于取土器废土段长度（活塞取土器除外）。

（4）采取土试样宜用快速静力连续压入法。

10.3.2 井探、槽探和洞探

当钻探方法难以准确查明地下情况时，可采用探井、探槽进行勘探。在坝址、地下工程、大型边坡等勘查中，当需要详细查明深部岩层性质、构造特征时，可采用竖井或平洞。

探井的深度不宜超过地下水位。竖井和平洞的深度、长度、断面按工程要求确定。对探井、探槽和探洞除文字描述记录外，尚应以剖面图、展示图等反映井、槽、洞壁和底部的岩性、地层分界、构造特征、取样和原位试验位置，并辅以代表性部位的彩色照片。

10.3.3 地球物理勘探

10.3.3.1 物探概述

地球物理勘探（简称物探）是指利用专门仪器探测地壳表层各种地质体的物理场，如电场、磁场、重力场、弹性波应力场等，通过测得的物理场特性和差异来判明地下各种地质现象，并获得某些物理性质参数的一种勘探方法。

物探是一种先进的勘探方法，它的优点是设备轻便、效率高、成本低、能从较大范围勘察地质构造和测定地层各种物理参数等。合理利用物探，可以提高地质工作质量、加快勘探进度、节省勘探费用。但是物探是一种非直观的勘探方法，物探资料往往具有多解性，而且，物探方法的有效性，取决于探测对象是否具备某些基本条件。为了获得较为确切的地质成果，在物探工作之后，还常利用钻探、井探或槽探来进行验证。

10.3.3.2 物探适用范围

岩土工程勘察中可在下列方面采用地球物理勘探：

（1）作为钻探的先行手段，了解隐蔽的地质界线、界面或异常点。

（2）在钻孔之间增加地球物理勘探点，为钻探成果的内插、外推提供依据。

（3）作为原位测试手段，测定岩土体的波速、动弹性模量、动剪切模量、卓越周期、电阻率、放射性辐射参数、土对金属的腐蚀性等。

10.3.3.3 物探适用条件

应用物探方法，应具备下列条件：

（1）被探测对象与周围介质之间有明显的物理性质差异。

（2）被探测对象具有一定的埋藏深度和规模，且地球物理异常有足够的强度。

（3）能抑制干扰，区分有用信号和干扰信号。

（4）在有代表性地段进行方法的有效性试验。

10.3.3.4 常用物探方法

按照物探利用岩土物理性质的不同，工程地质勘探中常用的物探方法有电法和电磁法勘探、地震波法和声波法勘探、地球物理测井等勘探方法。其中应用最广泛的是电法勘探和地震波法勘探，并常在初期的工程地质勘探中使用，配合工程地质测绘，初步查明勘察区的地下地质情况，此外在查明古河道、地下管线、地下洞穴等具体位置时也经常使用。

1. 电法和电磁法勘探

它是指通过测定地层中岩土体的电磁学性质（导电性、导磁性、介电性）和电化学特性的差异来识别工程地质情况的方法。经常使用的方法有电阻率法（如图 10-2 所示）、高密度电阻率法、充电法、自然电场法、激发极化法、地质雷达、电磁感应法、地下电磁波法等。可用于确定基岩埋深，岩层分界线位置，地下空洞，地下水流向、流速及滑坡带的寻找等。

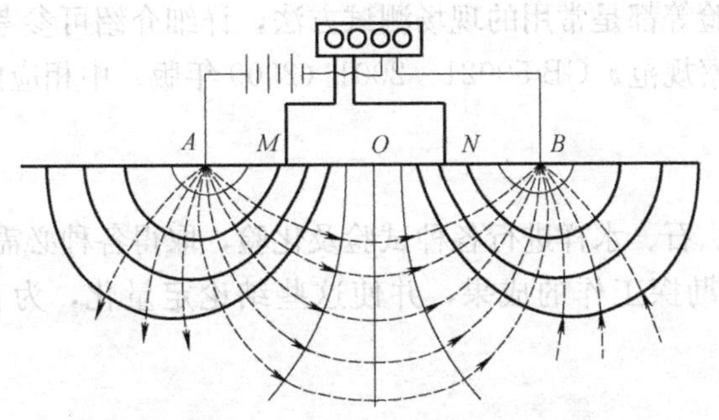

图 10-2 电阻率法原理示意图

2. 地震波法和声波法勘探

地震波法勘探和声波法勘探都属于弹性波勘探，主要是利用地震波和声波等弹性波在岩土介质中的传播特征来确定地质情况的勘探方法。

地震波法勘探是根据岩土体密度的不同，利用人工地震产生的地震弹性波穿过不同岩土体时，其传播速度不同的原理，用地震仪收集这些弹性波传播的数据，借以分析地下地质情况。地震波法勘探适用于探测覆盖层厚度，岩层埋藏深度及厚度，断层破碎带位置及产状，地下洞穴大小和分布等。还可根据弹性波传播速度推断岩石某些物理力学性质、裂隙和风化发育情况等。按地震波的传播方式，地震波法勘探可分为直达波法、反射波法和折射波法。地震波法勘探使用的是低频弹性波，频率为几赫兹到几百赫兹，主要是利用反射波和折射波勘探大范围地下较深处地层的地质情况。地震波法勘探广泛应用于工程地质勘探。

声波法勘探是利用直达波的传播特点，了解小范围岩体的结构特征，研究节理、裂隙发育情况，评价隧道围岩稳定性等，以解决岩土工程中的问题。声波法勘探探测用的高频声振动，频率通常为几千赫兹到 20kHz，主要是利用直达波的传播特点。

3. 地球物理测井

地球物理测井是指在钻孔中进行的各种地球物理勘探的方法，如放射性测井、电测井、电视测井等。正确应用地球物理测井可以有效提高钻孔使用率、检验钻探质量，充分发挥物探与钻探相结合的良好效果。

10.4 试验测试及长期观测

10.4.1 现场测试

现场测试是指在现场进行的水文参数测试和岩土体参数测试，主要包括现场水文试验、荷载试验、静力触探试验、圆锥动力触探试验、十字板剪切试验、旁压试验、扁铲侧胀试验、现场直剪试验等。由于现场测试是在接近实际的状态下开展的，因此试验结果相比室内试验更可靠，应创造条件进行原位测试。

现场水文试验主要是为获得地下水的渗透系数、计算涌水量及采取供化验用的地下水水样等。现场水文试验常用的方法有抽水试验、压水试验、注水试验等。

载荷试验、静力触探试验、圆锥动力触探试验、十字板剪切试验、旁压试验、扁铲侧胀试验、现场直剪试验等都是常用的现场测试方法，详细介绍可参考本书 7.2.2 章节部分内容或《岩土工程勘察规范》GB 50021—2001（2009 年版）中相应内容。

10.4.2 室内试验

通过对所取的土、石、水样进行各种试验及化验，取得各种必需的数据，用以验证和补充工程地质测绘和勘探工作的成果，并使这些结论定量化，为合理设计和施工提供依据。

10.4.2.1 岩土取样

土、石试样可分原状的和扰动的两种。原状土、石试样要求比较严格，取回的试样要能恢复其在地层中原来的位置，保留原有的结构、状态、成分、含水量、产状、构造等各种性质。因此，原状土、石试样现场取出后要作各种标志，并迅速妥善密封起来，密封方法有蜡封和粘胶带缠绕等。在运输、保存等过程应注意避免暴晒、冰冻或震动，对易于震动液化和水土分离的土样应就近进行试验。此外，应尽量缩短取样至试验之间的时间，一般不宜超过3周。

10.4.2.2 岩土试验

根据不同工程的要求，对原状及扰动岩土试样进行试验，求得岩土的各种物理力学性质指标：(1) 表征岩、土结构和成分的指标，如比重、密度、吸水率、含水量、液塑限、颗粒级配等；(2) 渗透性指标，主要是渗透系数；(3) 强度和变形指标，如岩、土的黏聚力和内摩擦角、单轴抗压强度、抗拉强度、压缩系数、弹性模量等。主要的仪器有电子天平、圆锥仪、液塑限联合测定仪、分析筛、固结仪、直剪仪、三轴仪等。

10.4.2.3 水质分析

采取一定数量的水样，使用物理或化学方法测定水中所含的各种成分，从而正确确定水的种类、性质，以判定水的侵蚀性等，称为水质分析。通过水质分析可以了解环境水中的化学成分可能对岩土造成的破坏以及对建筑物安全可能造成的影响等。工程地质勘察中水质分析的主要检测项目包括水的pH值、总硬度、总碱度、矿化度、游离CO_2、侵蚀CO_2、主要阴离子含量、主要阳离子含量等。

10.4.3 长期观测

工程地质勘察工作中，常会遇到一些特殊问题，对这些问题的调查测绘往往不能在短时间内得到全面而正确的解决，必须在调查测绘的基础上，开展有计划、有目的的长期观测，以便积累丰富的原始实际资料，为合理设计和施工提供依据。根据观测目的的不同，长期观测工作既可安排在建筑物设计之前进行，也可在施工过程中进行，或者是在建筑完工使用的过程中进行。

10.4.3.1 已有建筑物的变形

主要观测既有建筑物基础沉降或建筑物裂缝发展情况，常见的有房屋、桥梁、隧道、边坡、坝体等建筑物的变形观测。取得的变形观测数据可用于分析建筑物的变形情况、变形原因，对建筑物的变形趋势作出预测，对建筑物的稳定性进行评价，以便采取有效的工程措施。

10.4.3.2 地表水和地下水活动

主要是观测地表水和地下水的动态变化及对工程建筑的影响。地表水活动观测主要是对河岸冲刷和水库坍岸情况进行观测，以便为岸坡破坏形式、破坏速度分析及拟定防护工程方案提供可靠依据。地下水动态变化规律的长期观测资料则有多方面的用途，如评价地基土的承载力、预测道路冻害的严重程度、了解基坑降水对基坑稳定性及邻近建筑物的影响等。由于长期观测的目的和对象不同，因此观测方法、设备及内容等也不相同。

10.4.3.3 不良地质现象发展过程

各种不良地质现象的发展过程多是长期逐渐变化的过程，如滑坡的发展和产生、泥石流的形成和活动、岩溶的发展等。观测数据对了解各种不良地质现象的形成条件、发展规律、灾害预测、防治措施等都有非常重要的意义。

10.5 勘察成果的整理

外业资料应及时进行分析、整理，在确认原始资料准确、完善的基础上编制工程地质报告和工程地质图件。工程地质说明书要求言简意赅、结论明确，并附有必要的照片和插图；工程地质图件则要求清晰明了、整洁美观。

完成的工程地质勘察资料一般包含三部分：（1）工程地质勘察报告（工程地质说明书）；（2）各种工程地质图、工程地质断面图；（3）各种调查访问、勘探、试验、化验、观测等原始资料。

10.5.1 工程地质勘察报告

不同工程类型、工程阶段的工程地质勘察报告内容有一定差别，一般情况下，工程地质勘察报告的基本内容应包括下列内容：

1. 工作概况

它包括任务依据、工作时间、工作方法、人员分工、完成工作量、资料利用等。

2. 自然地理概况

它包括勘察区域的地形地貌条件、气象条件、交通条件、土的冻结深度段落划分等。

3. 工程地质特征

它包括勘察区域的地层岩性、地质构造、水文地质、地震基本烈度等。

4. 工程地质条件评价

它包括不良地质条件、特殊岩土、各类重大工程的工程地质条件概况、评价及处理措施的主要原则等。

5. 有待解决的问题

6. 勘察区域的建筑名目及附件目录

专门工点的工程地质说明书，应包括上述基本内容，只是应当简明扼要，针对本工点的实际情况，突出本工点遇到的问题，如建筑深基坑、大型桥梁、特长隧道等。

10.5.2 工程地质图件

10.5.2.1 工程地质图的类型

工程地质图是反映各种工程地质现象和表达工程地质要素空间特征与工程建设相互关系的图解模型，是地质图的一种分支类型。其目的是通过将各种对工程规划、设计与施工合理性及经济效益有直接影响的工程地质条件和因素汇总，编制成不同比例尺与不同内容类型的专题图件，为城市规划、工业与民用建筑工程、铁路工程、道路工程、港口工程、输电及管线工程、水利工程、采矿与地下工程等提供基础资料与评价。由于工程建设的类型、规模各不相同，而且同一工程不同设计阶段对勘察工作的要求也不相同，所以工程地质图的内容、表达形式、编图原则及工程地质图的分类等很难一致。

工程地质图按工程要求和内容，一般可分为以下类型：

（1）工程地质勘察实际材料图，反映勘察的实际工作，包括地质点、钻孔点、勘探坑洞、试验点及长期观测点等。从实际材料图上可以获得勘察工作量、勘察点位置及勘察工作布置的合理性等信息。

（2）工程地质编录图，是由一套图件构成，包括钻孔柱状图、基坑编录图、平洞展示图及其他地质勘探和测绘点的编录。

（3）工程地质分析图，图中突出反映一种或两种工程地质因素或岩土某一性质的指标的变化情况。这种图所表示的内容通常是为分析某一重大工程的地质问题，或者是对拟建工程具有决定意义时所必备的图件。

（4）专门工程地质图，是为勘察某一专门工程地质问题而编制的图件。图中突出反映与该工程地质问题有关的地质特征、空洞分布及相互组合关系，评价与该地质问题有关的地质和力学数据等。

（5）综合性工程地质图和分区图，综合性工程地质图也称为工程地质图，是针对建筑类型把有关的地质条件和勘探试验成果综合反映在图上，并对拟建场地的工程地质条件做出总体评价。综合性工程地质分区图是在综合性工程地质图的基础上，按建筑的适宜性和具体工程地质条件的相似性进行分区或分段，对各分区或分段还要系统地反映有关的工程地质条件和分析工程地质问题必需的资料，此外还要附上分区工程地质特征说明表。

10.5.2.2 工程地质图的内容

工程地质图的内容主要反映该地区的工程地质条件，根据工程特点和要求对该地区的工程地质条件的综合表现进行分区和工程地质评价。

一般工程地质图中反映的内容主要有以下几个方面：

（1）地形地貌，包括地形起伏变化、高程和相对高差，地面起伏情况，如冲沟的发育程度、形态、方向、密度、深度及宽度，场地范围、山坡形状、高度、坡度，河流冲刷及阶地情况等。

（2）岩土类型及工程性质，包括地层年代、地基土的成因类型、变化情况、分布规律以及物理力学指标的变化范围和代表值。

（3）地质构造。在工程地质图上应反映基岩地区或有地震影响的松软土层地区的地质构造，内容包括各种岩土层的分布范围、产状、褶曲轴线，断层破碎带的类型、位置及活动性等。

（4）水文地质。图上应反映地下水位，包括潜水水位、对工程有影响的承压水水位及其变化幅度，地下水的化学成分和侵蚀性等。

（5）物理地质现象，包括各类物理地质现象（如滑坡、泥石流、岩溶等）的形态特征、发育强度及活动性等。

10.5.2.3 工程地质图的编制

工程地质图是根据工程地质条件各个方面相应比例尺的一些原始资料编制而成的，这些原始资料分为基础图和辅助图。基础图包括：（1）地质图；（2）地貌图；（3）水文地质图；（4）物理地质现象图等。辅助图主要有：（1）实际材料图；（2）各种分析图；（3）勘探和试验成果图表等。

工程地质图表示的内容就是这些原始内容移绘上去的，移绘时根据编图目的选择相应资料，并应系统化和突出重点。

首先，工程地质图上有一系列界线，如地质构造单元界线、地貌单元界线、岩土单元界线、水文地质单元界线、含水层隔水层界线、物理地质现象发育强度分区界线等。由于工程地质条件各要素之间是密切联系的，因此很多界线是彼此重合的，如地质构造单元线与地貌单元界线、岩层界线等常常是重合的。几种界线重合时，应根据重要性决定界线性质。如工程地质分区界线与其他界线重合时，应作为分区界线，并保证分区界线能完整地表示出来。各种界线的绘制方法，一般肯定者使用实线，不肯定者采用虚线。界线还可以用粗细相区别，分区界线一般由高级区向低级区线条由粗变细。

颜色和花纹一般用以表示最重要的因素。若为综合分区图，则颜色总是用以表示分区，一般使用绿色表示建筑条件最好的区，黄色表示差一些的区，而红色表示条件最差的区。在不分区的综合工程地质图上，颜色一般用以表示岩土单元，还可用同种颜色的不同花纹表示同一岩土单元的不同岩性，覆盖层一般是用黄色表示，用灰色的花纹表示下部的基岩。此外，为了说明岩性在垂直方向上的变化，也常根据勘探资料，在一些典型地点绘以小柱状图，小柱状图内绘出不同深度的岩性花纹，并在小柱状图的右侧用数字表明各层的厚度。

除了分区界线，还可以有效使用各种颜色的线条、花纹、符号、代号、等值线等来区分各种岩层，如活动性断层可用红线表示，活动性的物理地质现象也可用红色符号表示，井泉及地下等水位线可用蓝色符号和线条表示。符号主要用于表示岩层产状、坑井位置、物理地质现象等。代号常用于表示地貌单元、工程地质分区等。

复杂条件的工程地质图反映的内容较多，必须恰当地利用色彩、花纹、线条、代号、符号等，合理地加以安排，清楚地区分疏密浓淡，使工程地质图既能充分地反映实际工程地质条件，又能清晰易读、整洁美观。

本章小结

(1) 工程地质勘察是在工程建设之前首先开展的工作，一般为工程设计各个阶段提供所需的工程地质资料。勘察阶段与设计阶段相适应，一般可分为可行性研究勘察（选址勘察）、初步勘察和详细勘察三个阶段，各个阶段的勘察任务和要求也不相同。

(2) 工程地质勘察的基本方法有调查测绘、勘探、试验及长期观测等。工程地质调查测绘是最基本的勘察方法，主要有像片成图法和实地测绘法（路线法、布点法、追索法）。工程地质勘探是探明深部地层地质情况的可靠方法，一般在工程地质调查测绘的基础上开展，分为钻探、井探、槽探、物探等。试验主要有现场原位测试和室内试验，可以获得岩土体各种物理力学参数，通过长期观测可以获得丰富的原始实际资料，以便为设计和施工各阶段采取有效措施提供依据。

(3) 勘察成果的整理是在现场勘察工作结束之后进行的，在进行分析、整理，确认原始资料准确、完善的基础上，编制工程地质勘察报告和工程地质图件。工程地质勘察报告综合反映和论证勘察地区的工程地质条件和工程地质问题，并做出工程地质评价，它是合理设计和施工的重要资料和依据。工程地质图是反映各种工程地质现象和表达工程地质要素空间特征与工程建设相互关系的图解模型，与工程地质勘察报告一起作为工程地质勘察的总结性文件，为规划、设计和施工服务。

思考与练习题

10-1 工程地质勘察的目的和任务是什么？勘察等级和勘察阶段是如何划分的？

10-2 工程地质勘察的方法有哪些？

10-3 工程地质调查测绘的方法有哪些？

10-4 工程地质勘探的方法有哪些？钻探和物探各有什么优缺点？

10-5 原位测试与室内试验相比有哪些优缺点？

10-6 工程地质勘察报告主要包括哪些内容？

主要参考文献

［1］ 中华人民共和国建设部．土的工程分类标准 GB/T 50145—2007［S］．北京：中国计划出版社，2008.

［2］ 中华人民共和国建设部．岩土工程勘察规范 GB 50021—2001（2009 年版）［S］．北京：中国建筑工程出版社，2009.

［3］ 中华人民共和国住房和城乡建设部．工程岩体分级标准 GB/T 50218—2014［S］．北京：中国计划出版社，2014.

［4］ 中华人民共和国住房和城乡建设部．建筑地基处理技术规范 JGJ 79—2012［S］．北京：中国建筑工业出版社，2012.

［5］ 中华人民共和国住房和城乡建设部．建筑地基处理设计规范 GB 50007—2011［S］．北京：中国建筑工业出版社，2011.

［6］ 中华人民共和国住房和城乡建设部．冻土地区建筑地基基础设计规范 JGJ 118—2011［S］．北京：中国建筑工业出版社，2011.

［7］ 中华人民共和国国家发展和改革委员会．水工隧洞设计规范 DL/T 5195—2004［S］．北京：中国电力出版社，2004.

［8］ 中华人民共和国铁道部．铁路隧道设计规范 TB 10003—2005［S］．北京：中国铁道出版社，2005.

［9］ 高等学校土木工程学科专业指导委员会．高等学校土木工程本科指导性专业规范［M］．北京：中国建筑工业出版社，2011.

［10］ 工程地质手册编写委员会．工程地质手册（第 4 版）［M］．北京：中国建筑工业出版社，2007.

［11］ 王思敬．工程地质力学进展［M］．北京：地震出版社，1994.

［12］ 王思敬，黄鼎成．中国工程地质世纪成就［M］．北京：地质出版社，2004.

［13］ 李广诚，王思敬．工程地质决策概论［M］．北京：科学出版社，2006.

［14］ 罗国煜，李生林．工程地质学基础［M］．南京：南京大学出版社，1990.

［15］ 唐辉明．工程地质学基础［M］．北京：化学工业出版社，2008.

［16］ 李智毅，王智济，杨裕云．工程地质学基础［M］．武汉：中国地质大学出版社，1990.

［17］ 李智毅，杨裕云．工程地质学概论［M］．北京：中国地质大学出版社，1994.

［18］ 张倬元，王士天，王兰生，等．工程地质分析原理（第三版）［M］．北京：地质出版社，2009.

［19］ 施斌，朱志铎，刘松玉．土工试验原理及方法［M］．南京：南京大学出版社，1994.

［20］ 施斌，王宝军，周国云．环境地质中的 GIS［M］．北京：科学出版社，2010.

［21］ 施斌．我国工程地质学发展战略的思考［J］．工程地质学报，2005，13（4）：433-436.

［22］ 周志芳．水文地质计算［M］．北京：水利电力出版社，1995.

［23］ 周志芳，窦智．实验水文地质学［M］．北京：科学出版社，2015.

［24］ 陆兆溱．工程地质学（第二版）［M］．北京：中国水利水电出版社，2001.

［25］ 陈祥军．工程地质学基础［M］．北京：中国水利水电出版社，2011.

［26］ 谢强，郭永春．土木工程地质（第三版）［M］．成都：西南交通大学出版社，2015.

［27］ 李隽蓬，谢强．土木工程地质（第二版）［M］．成都：西南交通大学出版社，2009.

［28］ 胡厚田，白志勇．土木工程地质（第 2 版）［M］．北京：高等教育出版社，2009.

［29］ 倪宏革，周建波．工程地质（第 2 版）［M］．北京：北京大学出版社，2013.

［30］ 王桂林．工程地质［M］．北京：中国建筑工业出版社，2012.

［31］ 朱济祥．土木工程地质［M］．天津：天津大学出版社，2007.

[32] 戴文亭. 土木工程地质 [M]. 武汉：华中科技大学出版社，2008.
[33] 孙家齐，陈新民. 工程地质（第三版）[M]. 武汉：武汉理工大学出版社，2008.
[34] 郭抗美，王健. 土木工程地质 [M]. 北京：机械工业出版社，2005.
[35] 李治平. 工程地质学 [M]. 北京：人民交通出版社，2002.
[36] 李智毅，唐辉明. 岩土工程勘察 [M]. 武汉：中国地质大学出版社，2000.
[37] 高金川，杜广印. 岩土工程勘察与评价 [M]. 武汉：中国地质大学出版社，2003.
[38] 周德荣. 岩土工程勘察技术与应用 [M]. 北京：人民交通出版社，2008.
[39] 邓安，彭涛. 成都某膨胀土深基坑支护事故分析 [J]. 四川地质学报，2015，35（1）：126-131.
[40] 陈孟春. 湿陷性黄土地区建筑物浸水纠偏的技术方法研究 [D]. 西安：长安大学，2005.
[41] 高大钊. 上海城市建设中的土力学问题 [A]；海峡两岸岩土工程、地工技术交流研讨会 [C]. 上海，2002.
[42] 蒋衍洋. 海上静力触探测试方法研究及工程应用 [D]. 天津：天津大学，2012.
[43] 杨琳. 冻土地基房屋基础处理 [J]. 煤炭工程，2008，(12)：62-63.
[44] 曹云. 基础工程 [M]. 北京：北京大学出版社，2012.
[45] 何培玲，张婷. 工程地质 [M]. 北京：北京大学出版社，2006.
[46] 王丽琴，赖天文，栾红. 工程地质 [M]. 北京：中国铁道出版社，2013.
[47] 张忠苗. 工程地质学 [M]. 北京：中国建筑工业出版社，2014.
[48] 王贵荣. 工程地质学 [M]. 北京：机械工业出版社，2009.
[49] 孙家齐. 工程地质（第三版）[M]. 武汉：武汉工业大学出版社，2007.
[50] 王大纯，张人权，史毅虹. 水文地质学基础 [M]. 北京：地质出版社，1995.
[51] 刘春原，朱济祥，郭抗美. 工程地质学 [M]. 北京：中国建材工业出版社，2000.
[52] 孔思丽. 工程地质学 [M]. 重庆：重庆大学出版社，2005.
[53] 孔宪立. 工程地质学 [M]. 北京：中国建筑工业出版社，1997.
[54] 减秀平. 工程地质 [M]. 北京：高等教育出版社，2006.
[55] 江级辉，徐国宝. 工程地质学 [M]. 成都：成都科技大学出版社，1995.
[56] 陈洪江. 土木工程地质 [M]. 北京：中国建材工业出版社，2005.
[57] 胡厚田，吴继敏，王健，白志勇. 土木工程地质 [M]. 北京：高等教育出版社，2001.
[58] 张人权，梁杏，靳孟贵. 水文地质学基础 [M]. 北京：地质出版社，2010.
[59] 张士彩. 工程地质 [M]. 武汉：武汉大学出版社，2013.
[60] 邵艳，汪明武. 工程地质 [M]. 武汉：武汉大学出版社，2013.
[61] 周建波. 工程地质 [M]. 北京：北京大学出版社，2013.
[62] 石振明，孔宪立. 工程地质学 [M]. 北京：中国建筑工业出版社，2011.
[63] 周桂云. 工程地质 [M]. 南京：东南大学出版社，2012.
[64] 夏邦栋. 普通地质学（第 2 版）[M]. 北京：地质出版社，1995.
[65] 黄润秋，许强，陶连金，林峰. 地质灾害过程模拟和过程控制研究 [M]. 北京：科学出版社，2002.
[66] 张忠苗. 工程地质学 [M]. 重庆：重庆大学出版社，2011.
[67] 胡建平. 苏锡常地区地下水禁采后的地面沉降效应研究 [D]. 南京：南京大学，2011.
[68] 朱菊艳. 沧州地区地面沉降成因机理及沉降量预测研究 [D]. 北京：中国地质大学，2014.
[69] 殷跃平，张作辰，张开军. 我国地面沉降现状及防治对策研究 [J]. 中国地质灾害与防治学报，2005，16（2）：1-8.